全国高职高专食品类、保健品开发与管理专业"十三五"规划教材

（供食品营养与检测、食品质量与安全专业用）

U0741637

食品标准与法规

主　　编　杨兆艳

副 主 编　崔俊林　胡红娟

编　　者　（以姓氏笔画为序）

王　洋（黑龙江民族职业学院）

付晶晶（广西卫生职业技术学院）

冯　斌（太原市食品药品检验所）

杨兆艳（山西药科职业学院）

杨春杰（运城职业技术学院）

宋　瑜（黑龙江生物科技职业学院）

沈　娟（吉林省经济管理干部学院）

张　玲（山西药科职业学院）

周慧恒（铜仁职业技术学院）

胡红娟（山西省食品工业研究所）

崔俊林（重庆三峡职业学院）

覃　涛（铜仁市质量技术监督检测所）

中国健康传媒集团

中国医药科技出版社

内容提要

本教材为"全国高职高专食品类、保健品开发与管理专业'十三五'规划教材"之一，系根据本套教材的编写指导思想和原则要求，结合专业培养目标和本课程的教学目标、内容与任务要求编写而成。本教材具有专业针对性强、紧密结合新时代行业要求和社会用人需求、与职业技能鉴定相对接等特点；内容主要包括食品法律法规和标准基础知识、中国和国际食品法律法规和标准体系等。本教材为书网融合教材，即纸质教材有机融合电子教材、教学配套资源（PPT、微课、视频、图片等）、题库系统、数字化教学服务（在线教学、在线作业、在线考试）。

本教材主要供高职高专食品营养与检测、食品质量与安全专业师生使用，也可作为从事食品生产、科研、销售等工作的专业技术人员的参考用书。

图书在版编目（CIP）数据

食品标准与法规／杨兆艳主编. —北京：中国医药科技出版社，2019.1
全国高职高专食品类、保健品开发与管理专业"十三五"规划教材
ISBN 978-7-5214-0414-2

Ⅰ. ①食… Ⅱ. ①杨… Ⅲ. ①食品标准-中国-高等职业教育-教材 ②食品卫生法-中国-高等职业教育-教材 Ⅳ. ①TS207.2 ②D922.16

中国版本图书馆 CIP 数据核字（2018）第 266063 号

美术编辑　陈君杞
版式设计　南博文化

出版　**中国健康传媒集团** | 中国医药科技出版社
地址　北京市海淀区文慧园北路甲 22 号
邮编　100082
电话　发行：010-62227427　邮购：010-62236938
网址　www.cmstp.com
规格　889×1194mm ¹⁄₁₆
印张　12 ½
字数　263 千字
版次　2019 年 1 月第 1 版
印次　2023 年 4 月第 6 次印刷
印刷　三河市航远印刷有限公司
经销　全国各地新华书店
书号　ISBN 978-7-5214-0414-2
定价　**33.00 元**

获取新书信息、投稿、为图书纠错，请扫码联系我们。

数字化教材编委会

主　　编　杨兆艳

副 主 编　崔俊林

编　　者　（以姓氏笔画为序）

　　　　　王　洋（黑龙江民族职业学院）

　　　　　付晶晶（广西卫生职业技术学院）

　　　　　冯　斌（太原市食品药品检验所）

　　　　　杨兆艳（山西药科职业学院）

　　　　　杨春杰（运城职业技术学院）

　　　　　宋　瑜（黑龙江生物科技职业学院）

　　　　　沈　娟（吉林省经济管理干部学院）

　　　　　张　玲（山西药科职业学院）

　　　　　周慧恒（铜仁职业技术学院）

　　　　　崔俊林（重庆三峡职业学院）

　　　　　覃　涛（铜仁市质量技术监督检测所）

出版说明

为深入贯彻落实《国家中长期教育改革发展规划纲要（2010—2020年）》和《教育部关于全面提高高等职业教育教学质量的若干意见》等文件精神，不断推动职业教育教学改革，推进信息技术与职业教育融合，对接职业岗位的需求，强化职业能力培养，体现"工学结合"特色，教材内容与形式及呈现方式更加切合现代职业教育需求，以培养高素质技术技能型人才，在教育部、国家药品监督管理局的支持下，在本套教材建设指导委员会专家的指导和顶层设计下，中国医药科技出版社组织全国120余所高职高专院校240余名专家、教师历时近1年精心编撰了"全国高职高专食品类、保健品开发与管理专业'十三五'规划教材"，该套教材即将付梓出版。

本套教材包括高职高专食品类、保健品开发与管理专业理论课程主干教材共计24门，主要供食品营养与检测、食品质量与安全、保健品开发与管理专业教学使用。

本套教材定位清晰、特色鲜明，主要体现在以下方面。

一、定位准确，体现教改精神及职教特色

教材编写专业定位准确，职教特色鲜明，各学科的知识系统、实用。以高职高专食品类、保健品开发与管理专业的人才培养目标为导向，以职业能力的培养为根本，突出了"能力本位"和"就业导向"的特色，以满足岗位需要、学教需要、社会需要，满足培养高素质技术技能型人才的需要。

二、适应行业发展，与时俱进构建教材内容

教材内容紧密结合新时代行业要求和社会用人需求，与职业技能鉴定相对接，吸收行业发展的新知识、新技术、新方法，体现了学科发展前沿、适当拓展知识面，为学生后续发展奠定了必要的基础。

三、遵循教材规律，注重"三基""五性"

遵循教材编写的规律，坚持理论知识"必需、够用"为度的原则，体现"三基""五性""三特定"。结合高职高专教育模式发展中的多样性，在充分体现科学性、思想性、先进性的基础上，教材建设考虑了其全国范围的代表性和适用性，兼顾不同院校学生的需求，满足多数院校的教学需要。

四、创新编写模式，增强教材可读性

体现"工学结合"特色，凡适当的科目均采用"项目引领、任务驱动"的编写模式，设置"知识目标""思考题"等模块，在不影响教材主体内容基础上适当设计了"知识链接""案例导入"等模块，以培养学生理论联系实际以及分析问题和解决问题的能力，增强了教材的实用性和可读性，从而培养学生学习的积极性和主动性。

五、书网融合，使教与学更便捷、更轻松

全套教材为书网融合教材，即纸质教材与数字教材、配套教学资源、题库系统、数字化教学服务有机融合。通过"一书一码"的强关联，为读者提供全免费增值服务。按教材封底的提示激活教材后，读者可通过电脑、手机阅读电子教材和配套课程资源（PPT、微课、视频、动画、图片、文本等），并可在线进行同步练习，实时反馈答案和解析。同时，读者也可以直接扫描书中二维码，阅读与教材内容关联的课程资源（"扫码学一学"，轻松学习PPT课件；"扫码看一看"，即刻浏览微课、视频等教学资源；"扫码练一练"，随时做题检测学习效果），从而丰富学习体验，使学习更便捷。教师可通过电脑在线创建课程，与学生互动，开展布置和批改作业、在线组织考试、讨论与答疑等教学活动，学生通过电脑、手机均可实现在线作业、在线考试，提升学习效率，使教与学更轻松。

编写出版本套高质量教材，得到了全国知名专家的精心指导和各有关院校领导与编者的大力支持，在此一并表示衷心感谢。出版发行本套教材，希望受到广大师生欢迎，并在教学中积极使用本套教材和提出宝贵意见，以便修订完善，共同打造精品教材，为促进我国高职高专食品类、保健品开发与管理专业教育教学改革和人才培养做出积极贡献。

中国医药科技出版社

2019年1月

全国高职高专食品类、保健品开发与管理专业"十三五"规划教材

建设指导委员会

吴美香（湖南食品药品职业学院）

张　挺（广州城市职业学院）

张　谦（重庆医药高等专科学校）

张　镝（长春医学高等专科学校）

张迅捷（福建生物工程职业技术学院）

张宝勇（重庆医药高等专科学校）

陈　瑛（重庆三峡医药高等专科学校）

陈铭中（阳江职业技术学院）

陈梁军（福建生物工程职业技术学院）

林　真（福建生物工程职业技术学院）

欧阳卉（湖南食品药品职业学院）

周鸿燕（济源职业技术学院）

赵　琼（重庆医药高等专科学校）

赵　强（山东商务职业学院）

赵永敢（漯河医学高等专科学校）

赵冠里（广东食品药品职业学院）

钟旭美（阳江职业技术学院）

姜力源（山东药品食品职业学院）

洪文龙（江苏农林职业技术学院）

祝战斌（杨凌职业技术学院）

贺　伟（长春医学高等专科学校）

袁　忠（华南理工大学）

原克波（山东药品食品职业学院）

高江原（重庆医药高等专科学校）

黄建凡（福建卫生职业技术学院）

董会钰（山东药品食品职业学院）

谢小花（滁州职业技术学院）

裴爱田（淄博职业学院）

前言

QIANYAN

食品标准与法规是现实社会经济与科学技术发展到一定阶段的产物，又随着现实社会经济与科学技术的不断发展而变化。为了满足行业人才培养需求，与社会发展同步，本教材主要根据高职高专食品类、保健品开发与管理专业培养目标和主要就业方向及职业能力要求，按照本套教材编写指导思想和原则要求，结合本课程教学大纲与国内外食品法律法规和标准的最新进展，由全国 11 所高职院校和科研院所从事教学和生产一线的教师、学者悉心编写而成。

食品标准与法规是高职高专食品类、保健品开发与管理专业基础课，学习本课程教材主要为学生从事食品类、保健品开发与管理等专业相关岗位的具体工作奠定理论知识基础，是培养食品类、保健品开发与管理等专业技术人才的一个必备环节。本教材依据最新颁布的《中华人民共和国食品安全法》和其他现行国家法律法规标准，系统地介绍了食品法律法规基础知识、《中华人民共和国食品安全法》及配套法规、中国食品相关其他法律法规、标准与标准化、中国食品标准体系、国际食品法规与标准、食品企业标准体系等内容。

本教材具有以职业能力培养为根本、突出"能力本位"和"就业导向"特色、与时俱进构建教材内容等特点。编写内容主要依据现行国家法律法规和标准，遵循其先进性、通用性、实践性和实用性，及时纳入专业新标准、新要求和新规范，使本书更贴近专业发展和实际需要。同时，本教材增加了丰富的可操作性强的实训内容，注重对学生职业能力的培养，通过实训活动提升学生的能力和素质。

本教材主要供高职高专院校食品营养与检测、食品质量与安全专业的教学使用，也适用于食品生产、科研、销售单位的技术人员，各级食品监督、检验机构的人员，以及食品质量安全管理部门等的工作人员参考使用。

本教材编写分工如下：第一章由宋瑜编写，第二章由沈娟编写，第三章由杨兆艳、覃涛、周慧恒共同编写，第四章由崔俊林编写，第五章由付晶晶编写，第六章由冯斌、张玲共同编写，第七章由杨春杰编写，第八章由王洋编写；全书由胡红娟审定大纲及筛选内容，由杨兆艳统稿。

本教材的编写出版得到了各编者单位的大力支持，谨此表示感谢。在本教材的编写过程中，参考了许多文献、资料以及网上资料，难以一一鸣谢作者，在此一并表示感谢。本教材中列举了部分食品品牌，仅供教学使用，不作为商业用途，特此说明。由于食品法律法规及标准内容广泛和发展迅速，加之编者水平和能力有限，书中疏漏和不妥之处在所难免，敬请同行专家和广大读者批评指正，以便今后修订完善。

因 2018 年国家机构改革，部分机构名称和职责等发生变化，因此本教材中涉及的有关食品法律法规内容将陆续更新，但教材的修订改版需要一定的周期，请各位师生在教学中涉及相应内容时，以国家最新颁布的相关内容为准。

编　者
2019 年 1 月

目录
MULU

第一章　绪　论

第一节　法规与标准的定义

👉 **案例讨论**

加工"毒羊血"卖到菜市场，自己也吃

案例：为了延长保鲜期，孟某在羊血豆腐中非法添加福尔马林，并销售给菜市场的个体户。2018 年 6 月 26 日，西安市××区人民法院公开审理了这起销售有毒有害食品案。

孟某，53 岁，河南人，以销售羊血豆腐为业。检察机关指控，自 2017 年 5 月起，孟某在其销售的羊血豆腐中非法添加福尔马林溶液用于保鲜，同年 9 月 20 日被公安机关查获。经检测，孟某向多名个体经营户销售的羊血豆腐甲醛成分均严重超标。孟某在销售的食品中，掺入有毒、有害的非食品原料，情节严重，应当以销售有毒、有害食品罪追究其刑事责任，建议判处其 5 年以上、7 年以下有期徒刑。

6 月 26 日，××区人民法院开庭审理该案。公诉人说，孟某销售羊血，于送货前会往装满水的桶里加上十几滴福尔马林，用棍子搅匀后倒在放羊血的箱子里，共有 20 次左右。被告人孟某称，添加福尔马林就是为了让羊血在夏天延长保鲜期，这些毒羊血主要卖给几个菜市场的个体户。"添加过福尔马林的羊血豆腐，你自己吃不吃？"面对公诉人的问题，孟某的回答竟然是"吃的"。

法庭审理后，将择日宣判。据了解，福尔马林是甲醛的水溶液，添加甲醛的食物会引起慢性中毒，轻者损伤肺、肾功能，重者致癌。

扫码"学一学"

问题：1. 孟某的行为违反了哪部食品法律法规？构成什么违法行为？
　　　2. 依据相关法律法规规定，可给予其什么样的行政处罚？

一、法规

法规是由国家权力机关通过的，有约束力的法律规范性文件，是法律、法令、条例、规则、章程的总称。法规由国家强制力保证实施，具有法律效力。

就我国来说，近些年来，我国的立法速度加快，并且形成了中国特色社会主义法律体系。我国法律主要包括宪法及宪法相关法、民法商法、行政法、经济法、社会法、刑法、诉讼与非诉讼程序法等七个法律部门。根据法的效力等级的不同，我国法律可以分为宪法、法律、行政法规和部门规章、地方性法规和地方政府规章、民族自治区的自治条例和单行条例、特别行政区的规范性法律文件、法律解释等。

1. 技术法规　规定产品或其相关工艺和生产方法特点的文件，以及适用于产品、工艺或生产方法的具体术语、符号、包装、标记或标签要求。技术法规是规定技术要求的法律、法规，直接规定技术要求，或者引用标准、技术规范、规章提供技术要求，或者将标准、技术规范、规章的内容纳入法律法规。技术法规与其他规范性文件的主要区别在于，既包含技术内容，又得到主管部门的批准或发布。

技术法规具有强制性，即只有满足技术法规要求的产品方能销售或进出口。而凡是不符合这一标准的产品，不予销售或进出口。

2. 食品法律法规　由国家强制力制定或认可，以加强食品监督管理，保障食品安全卫生，防止食品污染和危害人体健康，保护人民健康，增强人民的体质，通过国家强制保证实施的法律法规的总和。

二、标准

1. 标准的概念　GB/T 20000.1—2014《标准化工作指南 第1部分：标准化和相关活动的通用术语》对"标准"的定义：通过标准化活动，按照规定的程序经协商一致制定，为各种活动或其结果提供规则、指南或特性，供共同使用和重复使用的文件。

标准定义中，规定的程序指制定标准的机构颁布的标准制定程序。标准宜以科学、技术和经验的综合成果为基础，以促进最佳的共同效益为目的。

2. 标准的内涵

（1）制定标准的目的　制定标准是为各种生产活动或生产结果提供参考、指南和方向。通过标准的制定和实施，使对应的标准化对象达到最佳状态。

此外，标准是作为公共资源来使用的，比如国际标准在全球范围内适用，国家标准只适用于某个国家，地方标准只适用于某个地方，而企业标准仅适用于企业内部。标准不追求任何一方的效益。

（2）标准产生的基础　制定一项标准必须做好两方面的基础工作：①要把科研成果和技术进步的新成果与实践中积累的先进经验结合起来。经过分析、比较和选择，纳入标准，为标准的科学依据奠定基础。②标准中所反映的不应是局部片面的经验，也不能仅仅反映局部的利益。不能仅凭少数人的主观意志，而应该同有关人员、有关方面，如用户、生产方、政府、科研机构及其他利益相关方进行认真的讨论，充分地协商一致，最后要从共同利益出发作出规定。这样制定的标准才能既体现出它的科学性，又体现出它的民主性和公正性。

（3）标准化对象的特征　制定标准的对象是"重复性事物"。"重复"就是某一事物一次又一次地出现。例如，批量生产的产品在生产过程中重复输入、重复加工、重复检验、重复生产。

事物具有重复出现的特征，标准才能重复使用，才有制定标准的必要。对重复事物制定标准的目的是总结以往的经验，选择最佳的方案，成为今后实践的目标和依据。

（4）由公认机构批准　国际标准、区域性标准以及各国的国家标准，是社会生活和经济技术活动的重要依据，是消费者以及标准各相关利益的体现，它必须能代表各方面的利益，并为社会所公认的权威机构批准，方能为各方所接受。

（5）标准的属性　国际标准化组织（international organization of standardization，ISO）和国际电工委员会（international electrotechnical commission，IEC）将其定义为"规范性文件"；世界贸易组织将其定义为"非强制性的提供规则、指南和特性的文件"。这有微妙的差别，但本质上都是为公众提供一种可共同使用和反复使用的最佳选择，或为各种活动或其结果提供规则、导则、规定性的文件。企业标准则不同，它不仅是企业的私有资源，而且在企业内部具有强制力。

3. 标准的特点

（1）非强制性　WTO/TBT 协定明确规定了标准的非强制性的特征，非强制性也是标准区别于技术法规的一个重要特点。尽管标准是一种规范，但它本身不具有强制力，即使是所谓的强制性标准，其强制性质也是法律授予的，如果没有法律支持，它是无法强制执行的。因为标准中不规定行为主体的权利和义务，也不规定不行使义务应承担的法律责任，它与其他规范立法程序完全不同。

大多数国家的标准是由国家授权的民间机构制定的，即使是政府机构颁发的标准，它也不由像法律、法规那样象征国家的权力机构审议批准，而是由各方利益的代表审议，政府行政主管部门批准。所以标准是通过利益相关方之间的平等协商达到的，是协调的产物，不存在一方强加于另一方的问题，更不具有代表国家意志的属性，它更多的是以科学合理的规定，为人们提供一种适当的选择。

值得说明的是，我国出台的国家标准既有非强制性标准，也有强制性标准。我国的强制性标准，如食品安全国家标准，是必须执行的强制性标准。

（2）标准的制定出于合理目标　一般情况下，标准的制定需出于合理目标，如保证产品质量，保护人类（或动物、植物）的生命或健康，保护环境，防止欺诈行为等。

（3）应用广泛性和通用性　标准应用非常广泛，影响面大，涉及行业和领域的方方面面。食品标准中除了大量的产品标准以外，还有术语标准、生产方法标准、试验方法标准、包装标准、标识或标签标准、安全标准以及合格评定标准、质量管理标准、制定标准的标准等，广泛涉及人类生产、生活及消费的各个方面。

（4）标准对贸易的双向作用　对市场贸易而言，标准是把双刃剑，良好的标准可以提高生产效率、确保产品质量、促进国际贸易、规范市场秩序，但同时人们也可以利用标准技术水平的差异设置国际贸易壁垒、保护本国市场和利益。

标准对产品本身及生产过程的技术要求是明确的、具体的，一般都是量化的。因此，其对进入国际贸易产品的影响也是显而易见的，即显形的贸易壁垒。与之比较，技术法规的技术要求虽然明确，但通常是非量化的，有很大的演绎和延伸的余地，因此其对进入国际贸易的产品的壁垒作用是隐性的。

（5）标准对贸易的壁垒作用可以跨越　标准对国际贸易的壁垒作用主要是由于各国经济技术发展水平的差异造成的，甚至可以认为是一种"客观"的壁垒。这种壁垒由于其制定初衷的合理性不能被"打破"，而只能通过提高产品生产的技术水平、增加产品的技术含量、改善产品的质量以达到标准的要求等方式予以"跨越"。

第二节　法规与标准的作用

一、法规的作用

法的作用可以分为社会作用和规范作用。其中社会作用是目的，规范作用是手段。

1. 法的社会作用　维护特定人群的社会关系和社会秩序。在阶级对立的社会中，法律的社会功能可以概括为维护阶级统治和执行社会公共事务两个方面。法律的目的是维护有利于统治阶级的社会关系和社会秩序，维护统治阶级统治是法治社会功能的核心，法律在调整统治阶级与其盟友之间的关系方面也发挥着重要作用。

社会公共事物的作用是与阶级规则对称的活动。在不同阶级的社会中，这类社会公共事物的性质、功能和范围以及相关的法律都有很大的不同。总的来说，执行这些活动的法律大体上有以下几种。

（1）维护人类社会基本生活条件的法律，如有关自然资源、医疗卫生、环境保护、交通通讯以及基本社会秩序的法律。

（2）有关生产力和科学技术的法律。

（3）有关技术规范的法律，即使用设备工序、执行工艺过程，对产品、劳动、服务质量提出要求的法律。

（4）有关一般文化事物的法律。

2. 法的规范作用

（1）指引作用　这是一种参考，作为一种行为准则，提供一种特定的行为模式，引导人们这样做、必须这样做或不得那样做，从而对行为者本人的行为产生影响。

（2）评价作用　这是指法律作为一种社会规范来判断和衡量他人的行为是合法的还是有效的。法律作为一种社会规范，具有判断和评价他人行为是否合法或有效的功能。这里的评价对象是他人的行为。在评价他人的行为时，必须始终有确定、客观的评价标准。法律是衡量某一行为是否合法的重要的普遍标准。此外，作为一种评价准则，与政策、道德规范等相比，法律还具有比较明确、具体的特征。

（3）教育作用　这意味着通过法律的实施，法律规范直接或间接地影响着人们未来的行为。教育作为一种社会规范，法律也具有一定的教育作用。这个角色的目标是一般人的行为。对违法行为实行制裁这一事实不仅对一般民众有指导意义，而且对被制裁者

本人也具有指导意义。反过来，人民的合法行为及其法律后果对一般民众的行为具有模范作用。

（4）预测作用　这意味着根据法律规范的规定，人们可以事先估计当事人的行为和行为的法律后果，从而为自己的行为作出合理的安排。由于法律作为一种社会规范，人们可以预见他们之间的行为。预测的对象是人的行为，包括国家机关的行为。

（5）强制作用　这是为了确保法律能够得到充分实现，使用国家强制力来制裁和惩罚非法行为。法律的强制效力是法律其他功能的保障。

（6）制裁、惩罚违法犯罪行为　这种规范作用的对象是违法者的行为。法的强制行为不仅在于制裁违法犯罪行为，还在于预防违法犯罪行为，增强社会成员的安全感。

二、标准的作用

1. 规范生产流程，提高产品质量　标准是实践经验的总结，标准化是对科学、技术和经验加以消化、提高和概括的过程，通过制定和采纳标准，企业可以对复杂的生产过程进行科学的组织和管理，促进新技术的应用和专业化水平的提高，改善生产工艺，优化生产流程，从而加快产品生产的节奏和进度。标准不仅可以对企业的最终产品提出严格的市场准入要求，而且能够对企业的中间产品进行层层把关，保证产品质量，为企业在激烈的市场竞争中胜出奠定基础。

2. 规范市场运行秩序　标准有利于规范市场参与者的行为和市场对象（产品和服务）的质量，作为市场准入制度的补充，那些不符合标准、危害人的安全和健康的产品可以被排除在市场之外，以确保货物流通的安全，维护消费者和诚实企业的利益。在商品交易过程中，产品制造商可以声明产品符合某一标准，从而对产品质量作出承诺。标准能为消费者传递有关产品或服务质量水平的信息，让消费者以此为依据，对产品和服务进行选择，提高市场交易的成功率，减少欺诈和投机现象，引导公平竞争的市场秩序。标准和技术法规所包含的有关条款，可以成为解决市场纠纷和进行贸易仲裁的参照文本，一旦贸易双方发生质量争议，可以按合同所引标准中规定的质量要求、试验方法进行检验，由法院或有关部门仲裁，从而起到规范市场，公平、公正地解决贸易纠纷的作用。

3. 为国际竞争提供手段　发达国家把国际标准的竞争及其主导作为经济竞争的最高目标。另一方面，发展中国家把提高本国技术标准对国际标准的影响、追求国际标准和规则的公平及合理性作为国际经济竞争的目标。

4. 为提高人们的生活质量提供技术支撑　通过在标准中规定生产和操作的流程以及最终产品应符合的安全指标，为消费者提供基本的安全保障；在标准中明确规定哪些产品标志、标签、说明书等需要明确，这可以保护消费者的知情权；对标准中所包含的各项指标进行细分，可以满足人们多样化的需求，实现以顾客为中心的定制服务。

5. 为社会可持续发展提供保障　通过标准的各项指标控制，可以对企业生产的每个环节层层把关，防止超量排放污染物。技术标准在资源的开采、能耗限定、产品节能等方面可以进行直接或间接的规定，通过调整相关的要求和技术指标，淘汰能耗高、资源利用率及回收率低的工艺过程和相关设备，以保证资源的可持续利用，促进经济社会的可持续发展。

第三节　法规与标准的关系

一、法规与标准的相同之处

1. 法规和标准都是现代社会和经济活动中必不可少的统一规定，都由权力机关按照法定的职权和程序制定、修改或废止，都用严谨的文字进行表述。

2. 制定和实施的过程都公开、透明。

3. 实施和执行的目标都是为经济和社会的发展创造良好的外部秩序。

4. 在规范和控制社会方面发挥主导作用，享有威望，得到广泛认可和普遍遵守。

5. 要求社会各组织和个人服从法规和标准的规定，作为行为的准则。

6. 由于法规和标准都是由权威部门发布和实施的，都具有稳定性和连续性，因此不允许擅自改变和轻易修改。

二、法规与标准的不同之处

1. 法规是由国家立法机构发布的规范性文件；标准是依据相关法律法规，由公认机构发布的规范性文件。法规具有基础性和本源性，涉及各个方面；标准主要涉及技术领域。

2. 法规是根据立法程序制定的，在其管辖范围内是强制性的，有关人员有义务执行条例的要求；标准发行机构没有立法权，而是以市场为主体，以企业主导来制定，更具有民主性，其强制力源于法规的赋予。

3. 法律法规涵盖国家和社会生活的各个方面，并调整政治、经济、社会、公民等方面；标准主要涉及技术层面。法规宏观，标准微观。

三、法规与标准的联系

1. 标准所涉及的是技术问题，以保护人类的健康、安全为目的；法规中也常常涉及技术问题，技术法规就常常引用标准。

2. 标准反映的是"当今技术水平"，它是技术、市场的"晴雨表"；标准的更新速度要比法规快，能及时反映市场的变化。

3. 法规中涉及技术的内容时，需要充分利用标准资源。利用标准化的成果，既能节约资金，又能快速反映"当今技术水平"。

标准是技术法规实施的基础，技术法律法规的实施促进了标准的实施，标准的制定考虑了法律法规的需要。法律和法规只规定了基本要求，具体要求要么通过直接参照现有的法规标准来实现，要么通过具体规定标准被视为符合法律的要求。

> ? 思考题
>
> 1. 简述标准与法规的定义和特点。
> 2. 简述食品标准与法规的异同。
> 3. 试举一例你所知道的食品安全标准。
> 4. 关于《中华人民共和国食品安全法》你了解多少？

（宋瑜）

第二章 食品法律法规基础知识

知识目标

1. **掌握** 我国食品安全法规体系及其制定原则与依据。
2. **熟悉** 食品法规的实施与监督管理。
3. **了解** 食品法律法规的渊源与分类。

能力目标

会制定食品企业部门规章。

第一节 食品法律法规的概述

一、法的分类

从不同的角度，按照不同的标准可以对法律进行不同的分类。就现代各国的法律分类而言，有适用于各国比较普遍共有的分类，如国内法与国际法、成文法与不成文法、实体法与程序法、一般法与特别法等；也有仅适用于部分国家的法律分类，如实行成文宪法制的国家有根本法和普通法之分，实行普通法系的国家有普通法与衡平法、判例法与制定法之分。

1. 成文法与不成文法 这是按照法的创造方式和表达方式不同对法进行的分类。成文法是指国家机关制定和公布的、以比较系统的法律条文形式出现的法，又称作制定法。不成文法是指由国家认可的、不具有规范的条文形式的法，它大体分为习惯法、惯例法和法理三种。

2. 实体法与程序法 这是根据法的内容对法进行的分类。实体法是直接规定人们权利和义务的实际关系，即确定权利和义务的产生、变更和消灭的法。程序法是规定保证权利和义务得以实现的程序的法律。

3. 根本法与普通法 这是根据法的地位、内容和制定程序的不同对法进行的分类。这种分类仅适用于成文宪法制国家。根本法即宪法，有的国家又称基本法，是规定国家各项基本制度、基本原则和公民的基本权利等国家根本问题的法。在成文宪法制国家，它通常具有最高的法律地位和法律效力。这里所说的普通法是指宪法以外的、确认和规定社会关系各个领域问题的法。其法律地位和效力低于基本法。

4. 一般法与特别法 这是按照法律效力的不同对法进行的分类。一般法是指针对一般人或一般事项，在全国适用的法；特别法是针对特定的人群或特别事项，在特定区域有效

的法。

一般法与特别法的划分是相对的。有时，一部法律相对某一法律是特别法，而相对于另一部法律，则是一般法。但是这种划分并不是没有意义，因为，特别法的效力优先于一般法，即特别法颁布以后，一般法的相应规定在特殊地区、特定时间，对特定人群将终止或暂时终止失效。

二、我国的立法体制

（一）立法概念

立法，又称法律制定。广义的立法泛指国家机关依照其职权范围和法定程序制定（包括修改或废止）法律规定的活动，既包括拥有立法权的国家机关的立法活动，又包括被授权的其他国家机关制定从属于法律的规范性法律文件的活动。狭义的立法专指拥有立法权的国家机关（立法机关或国家最高权力机关）依一定程序制定（包括修改或废止）法律规范的活动。在制定法本身意义上使用，是某一类别法律规范的总称，如经济立法、民事立法、刑事立法等。严格意义上的立法是指狭义上的立法。

（二）立法主体

立法主体是指根据宪法和有关法律规定，有权制定、修改、补充、废止各种规范性法律文件以及认可法律规范的国家机关、社会组织、团体和个人。立法主体是立法权的载体，是立法权的行使者。

当代世界各国的立法主体主要有以下几个：①具有代表性质的权力机关，即议会或代表大会。②具有管理性质的行政机关，即政府。③具有创制判断性质的司法机关，即法院及法官。④被国家机关授权或由法律规定的社会组织、团体。⑤由宪法和法律规定的享有全民公决权或立法否决权的公民个人。根据《中华人民共和国宪法》（以下简称《宪法》）和《中华人民共和国立法法》（以下简称《立法法》）的规定，我国的立法主体只包括前两类。

（三）立法过程

立法过程是指在法形成的过程中，各种立法活动所经历的发展阶段。各国的立法活动虽然不尽相同，但是从理论上基本可以分为三个相互独立而又有联系的阶段，即立法的准备阶段、立法的确立阶段和立法的完善阶段。

1. 立法的准备阶段 又可以称为立法的起草阶段。这一阶段从提出的立法建议被列入起草工作开始，主要是指围绕起草规范性文件所进行的各相工作，如进行有关的调查研究，草拟具体的法律条文，按照立法技术的要求对其进行相应的修改、补充，同有关机关、组织和人员协商、征求意见等，直到把草案提交到有权制定法律的机关进行审议和讨论为止，结束立法的准备阶段。

2. 立法的确立阶段 又可以称为立法的通过阶段。在这一阶段中，各种立法活动主要围绕着有关的四个程序进行，即法律、法规、规章案的提出；法律、法规、规章案的审议和讨论；法律、法规、规章案的通过和决定；法律、法规、规章的公布。因为立法的确立阶段较立法的准备阶段，在形式上更要法律化、制度化和程序化，所以通常所说的"立法程序"主要就是指这个阶段的过程和步骤。各国的宪法和有关法律对有关国家机关特别是对立法机关在这一阶段的活动通常都有专门的规定。在我国，除《宪法》外，《全国人民代表大会组织法》和《地方各级人民代表大会和地方各级人民政府组织法》《全国人民代表大会议事规则》《全国人民代表大会常务委员会议事规则》，特别是《立法法》等法律以及国务院的《行政法规制定程序条例》等法规，对制定各种规范性文件的权限、程序均有严格和具体的规定。

（1）法律议案的提出　依法享有提案权的国家机关或个人向立法机关提出有关法律议案，或关于制定、修改、补充、废止某项法律的提议。根据我国宪法的规定，全国人民代表大会代表30名以上联名、全国人民代表大会常务委员会、国务院、最高人民法院、最高人民检察院、最高军事委员会等有提出法律议案的权力。

（2）法律议案的审议　立法机关对已列入立法日程的法律议案进行审查和讨论。我国对法律议案的审议分为专门委员会的审议和立法机关全体会议的审议两个阶段。

（3）法律议案的表决　立法机关对于经过审议的法律议案进行表决，正式表示同意或不同意的活动。根据我国宪法的规定，法律由全国人民代表大会的全体代表的过半数通过，宪法的修改则由全国人民代表大会的全体代表人数的2/3以上的多数通过。

（4）法律的公布　立法机关将表决通过的法律依法定形式公之于社会的一个法定程序。我国宪法规定，中华人民共和国主席根据全国人民代表大会的决定和全国人民代表大会常务委员会的决定公布法律。

3. 立法的完善阶段　又可以称为立法的后续阶段，在这一阶段中，立法活动的主要内容通常包括：立法解释；法的修改和补充；法的实施细则的规定；法的废止；法的整理；法的汇编；法典编纂。

三、食品法律法规的渊源

食品法律法规的渊源是指食品法律法规的"形式渊源"，即法律作为行为规定的各种具体表现形式，是由拥有不同立法权的国家机关制定或认可的，具有不同法律效力或法律地位的各类规范性食品法律文件的总称。食品法律法规的法律渊源有以下几个方面。

1. 宪法　国家的根本大法，是国家最高权力机关通过法定程序制定的具有最高法律效力的规范性法律文件。它规定了我国的各项基本制度、公民的基本权利和义务、国家机关的组成及其活动的基本原则等。我国宪法由全国人民代表大会按特殊程序制定和修改，具有最高的法律效力，不仅是食品法律法规的重要法律渊源，也是其他一切法律、法规制定的基本依据。

2. 食品法律　由全国人民代表大会和全国人民代表大会常务委员会已经过特定的立法程序制定的有关食品的规范性法律文件。地位和效力仅次于宪法，它有两种：①由全国人民代表大会制定的食品法律，称为基本法；②由全国人民代表大会常务委员会制定的食品基本法律以外的食品法律，如《中华人民共和国食品安全法》（以下简称《食品安全法》）。

基本法律和基本法律以外的一般法律在效力上是有差别的，前者高于后者，后者不得与前者相抵触。此外，对于全国人民代表大会及其常务委员会所作出的其他决议和决定，若其中含有规范性内容，则也属于法源的范畴，与法律具有同等效力。

就效力而言，法律的效力仅次于宪法。《立法法》第七十九条规定："法律的效力高于行政法规、地方性法规、规章。"

3. 食品行政法规 由国家最高行政机关（国务院）根据宪法和法律以及全国人大及其常委会的授权制定的有关国家行政管理方面的规范性法律文件，其效力仅次于宪法和法律。行政法规的名称为条例、规定和办法。对某一方面行政工作作出比较全面、系统的规定称为"条例"，如《粮食流通管理条例》；对某一方面的行政工作作出部分规定称为"规定"，如《查处食品标签违法行为规定》；对某一项行政工作作出较具体的规定称为"办法"，如《保健食品注册管理办法》。

党中央和国务院联合发布的决议指示，既是党中央的决议和指示，又是国务院的行政法规或其他规范性文件，具有法的效力。国务院各部委所发布的具有规范性的命令、指示和规章，也具有法的效力，但其法律地位低于行政法规。

4. 地方性食品法规 省、自治区、直辖市以及省级人民政府所在的市和经国务院批准的较大的市的人民代表大会及其常务委员会制定的适用于本地方的规范性法律文件，如《黑龙江省食品安全条例》。

除地方性法规外，地方各级权力机关及其常设机关、执行机关所制定的决定、命令、决议，凡属规范性者，在其辖区范围内，也都属于法的渊源。地方性法规和地方其他规范性文件不得与宪法、食品法律和食品行政法规相抵触，并报全国人民代表大会常务委员会备案，才可生效。

5. 食品规章 分为两种类型：①由国务院行政部门依法在其职权范围内制定的食品行政管理规章制度文件，在全国范围内具有法律效力；②由各省、自治区、直辖市和较大的市的人民政府，根据食品法律、食品行政法规和本省、自治区的地方性法规制定和发布的有关本地方食品管理方面的规范性文件的总称，仅在本地区内有效，如《食品添加剂新品种管理办法》《新资源食品管理办法》《北京市储备粮管理办法》等。

6. 食品自治条例和单行条例 由民族自治地方的人民代表大会依照当地民族的政治、经济和文化的特点制定的食品生产规范性文件的总称，如《宁夏回族自治区清真食品管理条例》。自治条例和单行条例可以依照当地民族的特点，对法律和行政法规的规定作出变通规定，但不得违背法律或者行政法规的基本原则，不得对宪法和民族区域自治法的规定以及其他有关法律、行政法规专门就民族自治地方的规定作出变通规定。

7. 特别行政区的规范性法律文件 特别行政区可享有依法在本行政区内进行立法的权限，另外，回归前予以保留的法律文件继续有效。

8. 食品法律解释 法律解释是指一定的解释主体根据法定权限和程序，按照一定的标准和原则，对法律的含义及法律所使用的概念、术语等进行进一步说明的活动。我国《立法法》第四十二条规定："法律解释权属于全国人民代表大会常务委员会。法律有以下情况之一的，由全国人民代表大会常务委员会解释：（一）法律的规定需要进一步明确具体含义的；（二）法律制定后出现新情况，需要明确适用法律依据的。"第四十三条规定："国务院、中央军事委员会、最高人民法院、最高人民检察院和全国人民代表大会各专门委员会以及省、自治区、直辖市的人民代表大会常务委员会可以向全国人民代表大会常务委员会提出法律解释要求。"第四十七条规定："全国人民代表大会常务委员会的法律解释同法律具有同等效力。"

9. 食品标准 食品法规的内容具有技术控制和法律控制的双重性质，因此食品标准如

GB 2760—2014《食品安全国家标准 食品添加剂使用标准》、食品技术规范如 HJ/T 80—2001《有机食品技术规范》和操作规程如《关键环节食品加工操作规程》，就成为食品法规渊源的一个重要组成部分。这些标准、规范和规程可分为国家和地方两级，其法律效力虽然不及法律、法规，但在具体的执法过程中，它们的地位又是相当重要的。只有食品法律、法规对某种行为作出了规范，食品标准、规范和规程对这种行为的控制才具有极高的法律效力。

10. 国际条约　我国与外国缔结的，或者我国加入并生效的国际法规范性文件。它可由国务院按职权范围同外国缔结相应的条约和协定。这种与食品有关的国际条约虽然不属于我国国内法的范畴，但其一旦生效，除我国声明保留的条款外，也与我国国内法一样对我国国家机关和公民具有约束力。

第二节　食品法律法规的制定

一、食品法律法规制定的概念

食品法律法规的制定是指有权的国家机关依照法定的权限和程序，制定、认可、修改、补充或废止规范性食品相关法律文件的活动，又称为食品立法活动。

食品法律法规的制定具有以下特点。

1. 权威性　主要体现在食品立法是国家的一项专门活动，只能由享有食品立法权的国家机关进行，其他任何国家机关、社会组织和公民个人均不得进行食品立法活动。

2. 职权性　主要体现在享有食品立法权的国家机关只能在其特定的权限范围内进行与其职权相适应的食品立法活动。

3. 程序性　主要体现在食品立法活动必须依照法定程序进行。

4. 综合性　主要体现在食品立法活动不仅包括制定新的规范性食品法律文件的活动，还包括认可、修改、补充或废止等一系列食品立法活动。

二、食品法律法规制定的基本原则

食品法律法规制定的基本原则是指食品立法主体进行食品立法活动所必须遵循的基本行为准则，是立法指导思想在立法实践中的重要体现，食品立法活动必须遵循以下基本原则。

1. 遵循宪法的基本原则　《立法法》第三条规定："立法应当遵循宪法的基本原则，以经济建设为中心，坚持社会主义道路、坚持人民民主专政、坚持中国共产党的领导、坚持马克思列宁主义毛泽东思想邓小平理论，坚持改革开放。"这是实现国家长治久安的根本保证，是我们的立国之本，是人民群众根本利益和长远利益的集中反映，是我国所有立法的最根本的指导思想，也是食品立法所必须遵循的基本原则。

2. 遵循法定权限和程序的原则　国家机关应当在宪法和法律规定的范围内行使职权，立法活动也不例外。这是社会主义法治的一项重要原则。依法进行立法，即立法应当遵循法定权限和法定程序进行，不得随意立法。

3. 遵循从国家整体利益出发，维护社会主义法制的统一和尊严的原则　我国是统一的

扫码"学一学"

多民族国家，食品立法活动应站在国家和全局利益的高度，从国家的整体利益出发，从人民长远的、根本的利益出发，防止出现部门利益、地方保护主义的倾向，维护国家的整体利益，维护社会主义法制的统一和尊严。这是依法治国，建设社会主义法治国家的必然要求。

4. 遵循坚持民主立法的原则　食品法律的制定要坚持群众路线，采取各种行之有效的措施，广泛听取人民群众的意见，集思广益，在高度民主的基础上高度集中。这样也有利于加强食品立法的民主性、科学性。广泛吸收广大人民群众参与食品立法工作，调动他们的积极性和主动性，不仅使食品立法更具民主性，而且有利于食品法律在现实生活中得到真正的遵守。

5. 遵循从实际出发的原则　食品法律、法规的制定，最根本的就是从我国的国情出发，深入实际，调查研究，正确认识我国国情，充分考虑到我国社会经济基础，生产力水平，各地的生活条件、饮食习惯、人员素质等状况，科学、合理地规定公民、法人和其他组织的权利与义务、国家机关的权力与责任。坚持从实际出发，也应当注意在充分考虑我国的基本国情、体现中国特色的前提下，适当借鉴、吸收外国及本国历史上食品立法的有益经验，注意与国际接轨。

6. 遵循对人民健康高度负责的原则　健康是一项基本人权，保证食品质量与安全、防止食品污染和有害因素对人体健康的影响是判定和执行各项食品标准、管理办法的出发点。只有这样，才能充分体现出宪法的基本精神。食品的安全性是实现人的健康权利的保证，也是食品质量安全制度的重要基础。概括地说，食品安全有两方面内容：①人人享有获得食品安全性保护的权利。任何人不分民族、种族、性别、职业、社会出身、宗教信仰、受教育程度、财产状况等，都有权获得食品安全性保护，同时他们依法所取得的食品安全性保护权益都受同等的法律保护。②人人享有获得优质食品安全性保护的权利。这一权利要求食品安全性保护的质量水平应达到一定的专业标准。食品安全性保护的质量是每一个人关心的问题，但一般来说，消费者本人并不能一一判断食品安全性保护质量的高低、优劣，这就需要政府加以监督。

7. 遵循预防为主的原则　预防为主的原则主要内容：任何食品工作者都必须严格按照相应的规范标准实施生产，采取严格的生产程序，使生产出的食品达到质量和卫生都安全的标准。加强预防并不是轻视监督，它们之间并不是矛盾的，也不是分散的、互不通联的、彼此独立的两个系统，而是一个相辅相成的有机整体。预防和监督都是保护健康的方法和手段。实践证明，预防为主不仅是费用低、效果好的措施，而且能更好地体现党和政府对人民群众的关心和爱护。

8. 遵循发挥中央和地方两方面积极性的原则　我国是一个地域辽阔、民族众多的国家，各地区、各民族的饮食习惯有很大的不同，食品生产、经营范围广，涉及面宽。因此，既不能强求一致性的规定，又要对直接危害人民健康的因素坚决制止；既要有中央的统一法制管理，又要各地区、各民族由省、直辖市制定具体办法，针对本地区的特点和各民族的风俗习惯，加强管理，充分发挥中央和地方两方面的积极性。

三、食品法律法规制定的依据

1. 宪法是食品立法的法律依据　宪法是国家的根本大法，具有最高法律效力，是其他法律、法规的立法依据。宪法有关保护人民健康的规定是食品法律、法规制定的来源和法律依据。

2. 保护人体健康是食品立法的思想依据 食品是指各种供人食用或者饮用的成品和原料以及按照传统既是食品又是中药材的物品，但是不包括以治疗为目的的物品。食品是人类生存和发展中最重要的物质基础，安全、卫生和必要的营养是对食品的基本要求。防止食品污染和有害因素对人体的危害，搞好食品安全是预防疾病、保障人民生命安全与健康的重要措施。以食品生产经营和食品安全监督管理活动中产生的各种社会关系为调整对象的食品法律、法规，必然要把保护和增进人体健康作为其立法的思想依据、立法工作的出发点和落脚点。

3. 食品科学是食品立法的自然科学依据 食品行业是以生物学、化学、工程学、农学、畜牧学等为核心的科技密集型行业，现代食品行业是在现代自然科学及其应用工程技术高度发展的基础上展开的。因此食品立法工作在遵循法律科学的基础上，必须遵循食品工作的客观规律，也就是必须把化学、生物学、食品工程和食品技术知识等自然科学的基本规律作为食品法律、法规制定的科学依据，使法学和食品科学紧密联系在一起，科学地立法，促进食品科技进步。只有这样才能达到有效保护人体健康的立法目的。

4. 社会经济条件是食品立法的物质依据 法规反映统治阶级的意志并最终由统治阶级的物质生活条件所决定。社会经济条件是食品法律、法规制定的重要物质基础。改革开放以来，我国社会主义建设取得了巨大成就，生产力有了很大发展，综合国力不断增强，社会经济水平有了很大提高，为新时期的食品立法工作提供了牢固的物质依据。不过我们也要看到，我国是发展中国家，与发达国家相比，我国的综合国力、生产力和人民生活水平都不高，地区间发展又严重不平衡，这些都是食品立法工作的制约因素。因此食品法律、法规的制定必须着眼于我国的实际，正确处理好食品立法与现实条件、经济发展之间的关系，以适应社会主义市场经济的需要，达到满足人民群众不断增长的多层次的需求、保护人体健康、保障经济和社会可持续发展的目的。

拓展阅读

地理环境中的法律

18世纪，法国著名的启蒙思想家孟德斯鸠在其著作《论法的精神》中，提出了论述法律与地理环境关系的"地理因素说"。他认为，在热带尤其是靠近赤道附近的国家，法律时常会出现早婚和一夫多妻制的规定；在温带范围以内的国家，法律则常常会出现晚婚和一夫一妻制的规定。之所以会这样，是因为在气候炎热的地方，人体生长发育的速度较快，身体发育速度与智力发展并不成正比，故允许早婚。而在气候适宜或严寒的地方，人体生长发育较慢，女性发育成熟时，她们已有相当的智力，故提倡晚婚，并让女性和男性处于平等的地位，倡导一夫一妻制。此外，热带及亚热带国家之所以盛行严刑峻法，是因为酷热的环境容易使人冲动和暴躁；温带国家之所刑罚较为宽和，是因为适中及严寒的温度使人冷静和理智。

5. 食品政策是食品立法的政策依据 食品政策是党领导国家食品工作的基本方法和手

段。它以科学的世界观、方法论为理论基础，正确反映了食品科学的客观规律和社会经济与食品发展的客观要求，是对人民共同意志的高度概括和集中体现。食品立法以食品政策为指导，有助于使食品法律、法规反映客观规律和社会发展要求，充分体现人民意志，使食品法律、法规能够在现实生活中得到普遍遵守和贯彻，最终形成良好的食品法律秩序。因此，党的食品政策是食品法律、法规的灵魂和依据，食品立法要体现党的政策的精神和内容。

四、食品法律法规制定的程序

食品法律法规制定的程序是指有立法权的国家机关制定食品法律、法规所必须遵循的方式、步骤、顺序等的总和。程序是立法质量的重要保证，是民主立法的保障。食品法律法规的制定必须依照法定程序进行。

1. 食品法律的制定程序　食品立法的准备→食品法律草案的提出和审议→食品法律草案的表决、通过与公布。

食品立法的准备主要包括编制食品立法规划、作出食品立法决策、起草食品法律草案等。

食品法律草案的提出和审议主要包括食品法律草案的提出和列入议程，听取食品法律草案说明，常委会会议审议或全国人大教科文卫委员会、法律委员会审议等。对于列入常委会会议议程的食品法律草案，全国人大教科文卫委员会、法律委员会和常委会工作机构应当听取各方面的意见。对于重要的食品法律草案，经委员长会议决定，可以将食品法律草案公布，向社会征求意见。

食品法律草案提请全国人大常委会审议后，由常委会全体会议投票表决，以全体组成人员的过半数通过，由国家主席以主席令的形式公布食品法律。

2. 食品行政法规的制定程序　立项→起草→审查→通过→公布→备案。

国务院的食品监督、检查检疫、进出口等行政管理部门根据社会发展状况，认为需要制定食品行政法规的，应当向国务院报请立项，由国务院法制局编制立法计划，报请国务院批准。

起草工作由国务院组织，一般由业务主管部门具体承担起草任务。在起草过程中，应当广泛听取有关机关、组织和公民的意见。

业务主管部门有权向国务院提出食品行政法规草案，送国务院法制局进行审查。

国务院法制局对食品行政法规草案审查完毕后，向国务院提出审查报告和草案修改稿，提请国务院审议，由国务院常委会或全体会议讨论通过或者总理批准。食品行政法规由国务院总理签署国务院令公布。

食品行政法规公布后 30 日内报全国人大常委会备案。

3. 地方性食品法规、食品自治条例和单行条例的制定程序　规划和计划的编制→草案的起草→草案的提出→草案的审议→草案的表决、通过、批准、公布与备案。

享有地方立法权的地方人大常委会、教科文卫委员会或业务主管厅（局），负责地方性食品立法规划和计划的编制、起草地方性食品法规草案。

地方性食品法规草案的提出：享有地方立法权的地方人大召开时，地方人大主席团、常委会、教科文卫委员会、本级人民政府以及 10 人以上代表联名，可以向本级人大提出地方性食品法规草案。人大闭会期间，常委会主任会议、教科文卫委员会、本级人民政府以及常委会组成人员 5 人以上联名，可以向本级人大常委会提出地方性食品法规草案。

地方人大提出的地方性食品法规草案由人大会议审议，或者先交教科文卫委员会审议后请人大会议审议；向地方人大常委会提出的地方性食品法规草案由常委会会议审议，或者先交教科文卫委员会审议后提请委员会会议审议。

地方性食品法规草案经地方人大、常委会表决，以全体代表、常委会全体组成人员的过半数通过，由有关机关依法公布，并在 30 日内报有关机关备案。

第三节　食品法律法规的实施

一、食品法律法规实施的概念

（一）法律法规实施

法律法规实施是指法律法规在社会实际生活中的具体运用和实现，也就是通过一定的方式使法律规范的要求和规定在社会生活中得到贯彻和实现的活动。这是法律法规作用与社会关系的特殊形式，它主要包括以下两方面。

1. 国家机关及其公职人员严格执行法律法规，运用法律法规保证法律法规的实现。

2. 一切国家机关、社会团体和个人，即凡行为受法律法规调整的个人和组织都要遵守法律法规。

只有通过法律法规实施才能把法律规范中设定的抽象的权利和义务转化为现实生活中具体的权利和义务，转化为人们的实际的法律活动。

（二）食品法律法规实施

食品法律法规的实施方式分为两种方式：法律遵守和法律适用。法律遵守要求每一个组织和个人都必须自觉遵守食品法律法规的规定，从自身做起，规范自我行为。

法律适用又有广义和狭义之分。广义的食品法律法规的适用是指食品安全监督管理部门从事食品安全监督管理和具体适用食品法律、法规和规章，处理食品行政案件的一切活动。狭义的食品法律法规的适用仅指食品安全监督管理部门按照食品法律法规的规定作出具体行为的过程。

二、食品法律法规的遵守

食品法律法规的遵守，又称食品守法，是指一切国家机关和武装力量、各政党和各社会团体、各企业事业组织和全体公民都必须恪守食品法律法规的规定，严格依法办事。食品法律法规的遵守是食品法律法规实施的一种重要形式，也是法制的基本内容和要求。

（一）食品法律法规遵守的主体

既包括一切国家机关、社会组织和全体中国公民，又包括在中国领域内活动的国际组织、外国组织、外国公民和无国籍人。

（二）食品法律法规遵守的范围

范围极其广泛，主要包括宪法、食品法律、食品行政法规、地方性食品法规、食品自

扫码"学一学"

治条例和单行条例、食品规章、食品标准、特别行政区的食品法、我国参加的世界食品组织的章程、我国参与缔结或加入的国际食品条约和协定等。对于食品法律法规适用过程中有关国家机关依法作出的、具有法律效力的决定书，如人民法院的判决书、调解书、食品行政部门的食品生产许可证、食品行政处罚决定书等非规范性文件，也是食品法律法规的遵守范围。

（三）食品法律法规遵守的内容

食品法律法规的遵守不是消极、被动的，它不但要求国家机关、社会组织和公民依法承担和履行食品质量安全义务（职责），更包括国家机关、社会组织和公民依法享有权利、行使权利，其内容包括依法行使权利和履行义务两个方面。

三、食品法律法规的适用

有广义和狭义之分。狭义的食品法律法规的适用仅指司法活动。广义的食品法律法规的适用，是指国家机关和法规授权的社会组织依照法定的职权和程序，行使国家权力，将食品法律法规创造性地运用到具体人或组织，用来解决具体问题的一种专门活动。包括食品行政管理部门和法规授权的组织依法进行的食品质量安全执法活动，以及司法机关依法处理有关食品违法和犯罪案件的司法活动，是食品法律法规的适用的主要体现。

（一）食品法律法规适用的特点

1. 食品法律法规的适用是一种国家活动，不同于一般公民、法人和其他组织实现食品法律法规的活动。它具有权威性、目的特定性、合法性、程序性、国家强制性和要式性的特点。

2. 食品法律法规的适用是享有法定职权的国家机关以及法规授权的组织，在其法定的或授予的权限范围内，依法实施食品法律法规的专门活动，其他任何国家机关、社会组织和公民个人都不得从事此项活动。

3. 食品法律法规适用的根本目的是保护公民的生命健康权，这是由食品法律法规保护人体健康的宗旨所决定的。有关机关及授权组织对食品管理事物或案件的处理，应当有相应的法律依据，否则无效，甚至还必须承担相应的法律责任。

4. 食品法律法规的适用是有关机关及授权组织依照法定程序所进行的活动。

5. 食品法律法规的适用是以国家强制力为后盾实施食品法律法规的活动，对有关机关及授权组织依法作出的决定，任何当事人都必须执行，不得违抗。

6. 食品法律法规的适用必须有表明适用结果的法律文书，如食品生产许可证、罚款决定书、判决书等。

（二）食品法律法规适用的规则

食品法律法规的适用规则指食品法律法规之间发生冲突时，如何选择适用食品法律法规的问题，主要有以下五点。

1. 上位法优于下位法　法的位阶是指法的效力等级。效力等级高的是上位法，效力等级低的是下位法。不同位阶的食品法律法规发生冲突时，应当选择适用位阶高的食品法律法规。

2. 同位阶的食品法律法规具有同等法律效力，在各自权限范围内适用　食品部门规章之间、食品部门规章与地方政府食品规章之间具有同等效力，在各自的权限范围内施行。

3. 特别规定优于一般规定　即"特别法优于一般法"。同一机关制定的食品法律、食品行政法规、地方性食品法规、食品自治案例和单行条例、食品规章，特别规定与一般规定不一致的适用特别规定。

4. 新的规定优于旧的规定　即"新法优于旧法"。同一机关制定的食品法律、食品行政法规、地方性食品法规、食品自治条例和单行条例、食品规章，新的规定与旧的规定不一致的，适用新的规定。适用这条规则的前提是新旧规定都是现行有效的，具体适用哪个规定，采取从新原则。这与法的溯及力的从旧原则是有区别的。法的溯及力解决的是新法对其生效以前发生的事件和行为是否适用的问题。

5. 不溯及既往原则　溯及既往原则指新法生效后，对其生效以前未经审判或者判决尚未确定的行为具有溯及力。任何食品法律法规都没有溯及既往的效力，但为了更好地保护公民、法人和其他组织的权利和利益而作出的特别规定除外。"从旧兼从轻"原则是我国刑法中的一个适用原则，而在民法中一般不存在这样的规定。

（三）食品法律法规的适用范围

法律的适用范围即法律的效力范围，它由法律的空间效力、时间效力和对人的效力三个部分组成，也就是法律在哪些地方（空间效力）、在什么时间（时间效力）以及对什么人（对人的效力）具有适用的效力。法律的适用范围由国家主权及立法体制确定，关于食品法律法规的适用范围应当从以下三个方面来理解。

1. 空间效力　即食品法律法规可以在什么领域内适用。按照国际公认的主权原则，主权国家的法律应当适用其管辖领域。就一个国家而言，其法律的空间效力由该国的立法体制决定。在我国，由全国人大及其常委会制定的法律在全国范围内适用，由有立法权的各级地方人大及其常委会制定的地方性法规，只能在该行政区域内适用，并不得与国家法律规定相抵触。

2. 时间效力　即食品法律法规何时生效、何时终止生效以及对生效前发生的行为有无溯及力。法律的时间效力由国家立法机关根据实施国家管理的需要，通过立法决定。

（1）我国已制定法律生效时间的三种形式　①规定自法律公布之日起生效，并且通常在该法律中明文规定"本法自公布之日起施行"。②规定自法律公布后，经过一段法定的期间才生效。这种规定的目的是为了在该法律生效之前，可以有充分的时间进行法制教育，并且为该法律的实施做好准备工作。③以另一部法律的实施为本法生效的前提。

（2）终止法律效力的做法　①由法律规定自新法生效之日起旧法废止。②由国家立法机关决定批准公布失效的法律目录。③新法代替内容基本相同的旧法，在新法中明文宣布旧法废止。除以上几种终止法律效力的情况外，还有一些法律、法规由于形式的发展变化，之前的社会关系进行了调整而不复存在，或完成了历史任务已失去了存在的条件而自行失效。有的法律规定了生效期限，期满该法即终止效力。

3. 对人的效力　即食品法律法规在确定的时间和空间内适用于哪些人，包括自然人和法人。对此，各国的法律确定的原则不同，不同的法律采用的原则也不同。概括起来，主要有以下几种做法。

（1）采用属地原则　以地域为标准，不管当事人是本国人还是外国人，只要其行为发生在本国领域内，均适用本国法。

（2）采用属人原则　以当事人的国籍为标准，凡属于本国人，不论其行为发生在国内还是在国外，均适用本国法。

（3）采用保护主义　以国家利益为标准，不论当事人是本国人还是外国人，也不论当事人的行为发生在国内还是国外，只要其行为损害了本国利益，均适用本国法。

4. 食品法律法规效力冲突的裁决制度　食品法律法规效力冲突的裁决主要考虑三方面。

（1）食品法律之间对同一事项新的一般规定与旧的特别规定不一致，不能确定如何适用时，由全国人大常委会裁决。

（2）食品行政法规之间对同一事项新的一般规定与旧的特别规定不一致，不能确定如何适用时，由国务院裁决。

（3）地方性食品法规、食品规章之间不一致时，由有关机关依照下列规定的权限进行裁决：①同一机关制定的新的一般规定与旧的特别规定不一致时，由制定机关裁决。②地方性食品法规与食品部门规章之间对同一事项的规定不一致，不能确定如何适用时，由国务院提出意见，国务院认为应当适用地方性食品法规的，应当决定在该地方适用地方性食品法规的规定；认为应当适用食品部门规章的，应当提请全国人大常委会裁决。③食品部门规章之间、食品部门规章与地方政府食品规章之间对同一事项的规定不一致时，由国务院裁决。④根据授权制定的食品法规与食品法律规定不一致，不能确定如何适用时，由全国人大常委会裁决。

第四节　食品行政执法与监督管理

扫码"学一学"

👉 **案例讨论**

案例：2018 年 6 月 20 日，某食品经营企业采用汽油桶运送一批价值 12 万元的大豆油 20 吨，在销售过程中被相关监督管理部门发现。

问题：1. 具体执行监管的应该是哪个执法部门？

2. 相关食品监督执法部门应依据什么法律法规，进行何种处罚？

一、行政执法

（一）行政执法的概念

行政执法是指行政主体依照行政执法程序及有关法律、法规的规定，对具体事件进行处理，并直接影响相对人权利与义务的具体行政法律行为，是国家行政机关在执行宪法、法律、行政法规或履行国际条约时所采取的具体办法和步骤，是为了保证行政法规的有效执行，而对特定的人和特定的事件所做的具体的行政行为。行政执法的含义包括以下几个方面。

1. 行政执法是执法的一种　行政执法的主体是国家行政机关，它是行政主体执行、适用法律处理国家内政外交事务，对社会、经济、文化等各种事项及个人组织实施行政管理，遵循迅速、简便、以效率为优先原则的行政程序。

2. 行政执法是行政行为的一种 行政执法无论是直接执行法律，还是直接执行法规、规章，都是将法的规范直接用于解决社会问题，调整现实社会关系，并最终实现法对社会的调节。

3. 行政执法属于具体行政行为范畴 具体行政行为的对象是特定的，其行为效力仅限于特定人、特定事。

4. 行政执法的特征 执法主体的法定性和国家代表性、执法具有主动性和单方意志性、执法具有极大的自由裁量性。

5. 行政执法的功能 实施法律的功能、实现政府管理的职能、保障权利的功能。

6. 行政执法要坚持的基本原则 合法性原则、合理性原则、正当程序原则、效率原则、诚实守信原则、责任原则。

（二）行政执法的分类

根据不同的标准，行政执法主要可以分为以下几类：抽象执法和具体执法、羁束性执法和自由裁量性执法、依职权的执法和依申请的执法、强制性执法和非强制性执法。从体系结构上看，行政执法主要分为：政府的执法、政府工作部门的执法、法律授权的社会组织的执法、行政委托的社会组织的执法。

行政执法行为因受法律约束的程度不同而分为羁束行政执法与自由裁量行政执法。羁束行政执法是法律法规对需执行的事项有明确、具体的规定，执法者必须严格按法律法规的规定执行，没有自由处置的执法行为；自由裁量行政执法在法律法规规定中，执法者可在范围、方式、数额等方面有一定的选择余地。羁束与自由裁量是相对的，如征收个人所得税的条件与税额一般都没有伸缩余地，治安管理处罚却有一定的幅度，可供行政机关自由裁量。

自由裁量行政执法较于那种"可以处罚"而无任何种类、幅度的规定，显然又属于羁束执法。行政执法在多数情况下都属自由裁量。自由裁量也必须根据法律法规的授权和在法定的幅度以内进行，否则行政执法将无所适从，因执法而引起的行政诉讼也难以裁判。如何使行政行为既受法律的约束，又有根据具体情况作出处置的主动权，是行政法学研究的重要任务之一。

二、监督管理概念

监督管理是指有权机关、社会团体和公民个人等，依法对食品行政机关及其执法人员的行政执法活动是否合法、合理进行监督的法律制度。

我国宪法明确规定，国家的一切权力属于人民。人民并不直接进行国家事务管理，而是通过人民代表大会等形式和途径，授权国家机关或组织行使管理国家事务和社会事务的权力，因此，国家机关及其工作人员的行政活动必须依法而行，并且受到有关机关和广大人民群众的监督。行政执法是否公正、合理、合法，关系到法律、法规的贯彻执行，关系到行业能否健康发展。对行政执法活动进行监督管理，是提高执法主体工作效率、克服官僚主义、防止腐败的有力武器，同时也是保护公民、法人和其他组织的合法权益，实行人民当家做主权利的重要保证。

（一）监督管理的特征

包括：监督主体的广泛性，监督对象的确定性和监督内容的完整、法定性。

1. 广义的监督管理　全社会的监督，包括特定的国家权力机关、行政机关、司法机关等直接产生法律效力的监督，也包括社会团体和公民个人等不直接产生法律效力的民主监督，因此，享有监督权的监督主体相当广泛。

2. 监督管理的对象　执法机关和执法人员。

监督主体对执法主体及执法人员行使职权、履行职责的一切执法活动都实行监督；对执法行为的合法性、合理性、公正性等也都进行监督。

（二）监督管理的种类

包括：国家权力机关的监督、司法机关的监督、行政机关的监督和非国家监督。国家权力机关的监督、司法机关的监督、行政机关的监督一般称为国家监督。

1. 国家权力机关的监督　也称为代表机构的监督或立法监督。我国宪法规定国家的一切权力属于人民，人民行使国家权力的机关是全国人民代表大会和地方各级人民代表大会。国家行政机关由人民代表大会产生，对它负责，受它监督。权力机关对行政机关的监督，属于全面性的监督，不仅监督行政执行为是否合法，而且监督其工作是否有成效。监督的方式有听取和审议工作报告，审查和批准财政预算，质询和询问，视察和检查，调查、受理申诉、控告和检举，罢免和撤职等。

2. 司法机关的监督　人民检察院和人民法院依法对行政行为实施的监督。检察机关的监督主要是对行政机关的工作人员职务违法犯罪行为进行监督。人民法院的监督主要通过对行政诉讼案件的审判，对行政机关的执法活动进行监督。

3. 行政机关的监督　行政机关内部、上级行政机关对下级行政机关的监督。行政机关内部的监督是经常、直接的监督。监督的方式包括：工作报告，调查和检查，审查和审批，考核，批评和处置等。

4. 非国家监督　包括执政党的监督、社会团体和组织监督、社会舆论监督、公民个人的监督等。

（三）监督管理的主要内容

1. 对遵守宪法、法律和行政法规等情况进行监督。监督主体对各级行政执法机关的执法活动是否合法、适当进行监督。

2. 对执法人员的执法活动等情况进行监督。监督主体对行政执法人员在执法过程中，是否行政失职和滥用职权等进行监督。

三、食品行政执法与监督管理的主体

食品行政执法与监督管理的主体是指依法享有国家食品行政执法与监督权力，以自己的名义实施食品行政执法与监督管理活动，并独立承担由此引起的法律责任的组织。食品行政执法与监督管理的主体是组织而非个人。尽管具体的执法与监督管理行为由行政机关的工作人员来行使，但是工作人员并非行政执法与监督管理主体。在有些情况下，食品行政机关依法委托其他单位或组织行使执法与监督管理权力，但受委托的单位或组织并不以自己的名义进行执法与监督，其后果也仍然由食品行政机关承担。因此，受委托的单位或组织也不是食品行政执法与监督管理的主体。

1. 食品行政执法与监督管理主体的分类 根据执法与监督资格取得的法律依据不同，食品行政执法与监督管理主体可以分为职权性主体和授权性主体。

（1）职权性主体 根据宪法和行政组织法的规定，在机关依法成立时就拥有相应行政职权并同时获得行政主体资格的行政组织。也就是说职权性主体资格的获得，依据宪法和有关的组织法，是国家设立的专门履行行政职能的国家行政组织，是以完成一定的国家行政职能为设立要素的，因此宪法和有关组织法对其行政权与职责的规定有一定的原则性和概括性。职权性主体只能是国家行政机关，包括各级人民政府及其职能部门以及县级以上地方政府的派出机关。

（2）授权性主体 根据宪法和行政组织法以外的单行法律、法规的授权规定而获得行政执法与监督资格的组织。也就是说，授权性主体资格的获得，依据宪法和行政组织法以外的单行法律、法规，其职权的内容、范围和方式是专项的、单一的、具体的，必须按照授权规范所规定的职权标准去行使。

2. 我国主要食品行政执法与监督管理主体 我国食品行政执法与监督管理主体主要有中华人民共和国国家卫生健康委员会、中华人民共和国农业农村部、中华人民共和国国家市场监督管理总局、中华人民共和国海关总署和联合执法与监督主体等机构。

（1）中华人民共和国国家卫生健康委员会 国务院组成部门。2018年3月，根据第十三届全国人民代表大会第一次会议批准的国务院机构改革方案设立。

主要职责：管理国家中医药管理局；负责中央保健对象的医疗保健工作；制定地方卫生健康工作；组织拟订国民健康政策；负责职责范围内的职业卫生、放射卫生、环境卫生、学校卫生、公共场所卫生、饮用水卫生等公共卫生的监督管理等。

中华人民共和国国家卫生健康委员会内设机构的主要职责如下。

①食品安全标准与监测评估司主要职责：组织拟订食品安全国家标准；开展食品安全风险监测、评估和交流；承担新食品原料、食品添加剂新品种、食品相关产品新品种的安全性审查。

②法规司主要职责：组织起草法律法规草案、规章和标准。

③综合监管司主要职责：组织开展学校卫生、公共场所卫生、饮用水卫生、传染病防治监督检查。

（2）中华人民共和国农业农村部 2018年3月13日，根据第十三届全国人民代表大会第一次会议审议的国务院机构改革方案的议案，将农业部的职责，以及国家发展和改革委员会、财政部、国土资源部、水利部的有关农业投资项目管理职责整合，组建农业农村部，成为国务院26个组成部门之一。

主要职责：承担提升农产品质量安全水平的责任。依法开展农产品质量安全风险评估，发布有关农产品质量安全状况信息，负责农产品质量安全监测。提出技术性贸易措施的建议。制定农业转基因生物安全评价标准和技术规范。参与制定农产品质量安全国家标准并会同有关部门组织实施。指导农业检验检测体系建设和机构考核。依法实施符合安全标准的农产品认证和监督管理。负责食用农产品从种植养殖环节到进入批发、零售市场或生产加工企业前的质量安全监督管理。组织、协调农业生产资料市场体系建设。依法开展农作物种子（种苗）、草种、种畜禽、兽药、饲料、饲料添加剂和职责范围内的农药、肥料等其他农业投入品质量及使用的监督管理。制定兽药质量、兽药残留限量和残留检测方法国家标准并按规定发布。依法负责渔船、渔机、网具的监督管理。拟订有关农业生产资料国家标准并会同有关部门监督实施。开展兽药医疗器械的监督管理，负责职责范围内的"瘦肉精"监管工作。指导农业机械化发展和农机安全监督管理。负责农作物重大病虫害防治。起草动植物防疫和检疫的法律法规草案，签署政府间协议、协定。会同有关部门制定动植物防疫检疫政策并指导实施，指导动植物防疫和检疫体系建设。组织、监督对国内动植物的防疫检疫工作，发布疫情并组织扑灭。组织植物检疫性有害生物普查。承担境外引进农作物种子（种苗）检疫审批工作。组织兽医医政、兽药药政药检工作。负责执业兽医的管理。承担有关国际公约的履约工作。负责起草畜禽屠宰相关法律法规草案，制定配套规章、规范；制定畜禽屠宰行业发展规划；负责畜禽屠宰行业统计；负责畜禽屠宰环节质量安全监督管理，组织开展监督检查、技术鉴定等活动。

（3）中华人民共和国国家市场监督管理总局　2018年3月13日，根据第十三届全国人民代表大会第一次会议审议的国务院机构改革方案的议案，组建国家市场监督管理总局。3月21日，新组建的国家市场监督管理总局正式成立。2018年4月10日，国家市场监督管理总局正式挂牌，成为中华人民共和国国务院直属机构。

主要职责：负责食品安全监督管理；负责食品安全监督管理综合协调；负责统一管理检验检测工作；负责统一管理标准化工作；负责统一管理计量工作；负责组织和指导市场监管综合执法工作等。

中华人民共和国国家市场监督管理总局内设机构的主要职责如下。

①食品安全协调司主要职责：拟订推进食品安全战略的重大政策措施并组织实施；承担统筹协调食品全过程监管中的重大问题；推动健全食品安全跨地区跨部门协调联动机制工作；承办国务院食品安全委员会日常工作。

②食品生产安全监督管理司主要职责：拟订食品生产监督管理和食品生产者落实主体责任的制度措施并组织实施；组织食盐生产质量安全监督管理工作；组织开展食品生产企业监督检查，组织查处相关重大违法行为；指导企业建立健全食品安全可追溯体系。

③食品经营安全监督管理司主要职责：拟订食品流通、餐饮服务、市场销售食用农产品监督管理和食品生产经营者落实主体责任的制度措施，组织实施并指导开展监督检查工作；组织食盐经营质量安全监督管理工作；组织实施餐饮质量安全提升行动；指导重大活动食品安全保障工作。

④产品质量安全监督管理司主要职责：拟订国家重点监督的产品目录，并组织实施；承担工业产品生产许可管理和食品相关产品质量安全监督管理工作。

⑤食品安全抽检监测司主要职责：组织开展食品安全评价性抽检、风险预警和风险交流；参与制定食品安全标准、食品安全风险监测计划，承担风险监测工作，组织排查风险隐患；拟订全国食品安全监督抽检计划并组织实施；定期公布相关信息，督促指导不合格食品核查、处置、召回。

⑥特殊食品安全监测管理司主要职责：分析掌握保健食品、特殊医学用途配方食品和婴幼儿配方乳粉等特殊食品领域安全形势；拟订特殊食品注册、备案和监督管理的制度并组织实施。

（4）中华人民共和国海关总署　中华人民共和国国务院下属的正部级直属机构，统一管理全国海关。2018 年 3 月，根据第十三届全国人民代表大会第一次会议批准的国务院机构改革方案，将国家质量监督检验检疫总局的出入境检验检疫管理职责和队伍划入海关总署。

主要职责：负责出入境卫生检疫、出入境动植物及其产品检验检疫；负责进出口商品法定检验；负责海关监管工作。

中华人民共和国海关总署内设机构的主要职责如下。

①动植物检疫司主要职责：拟订出入境动植物及其产品检验检疫工作；承担出入境动植物及其产品的检验检疫、监督管理工作；承担出入境转基因生物及其产品、生物物种资源的检验检疫工作。

②进出口食品安全局主要职责：依法承担进出口食品企业备案注册工作；依法承担进出口食品、化妆品的检验检疫、监督管理工作；依据多、双边协议承担出口食品相关工作。

③口岸监管司主要职责：拟订进出境运输工具、货物、物品、动植物、食品、化妆品和人员的海关检查、检验、检疫工作制度并组织实施；承担国家禁止或限制进出境货物、物品的监管工作；承担进口固体废物、进出口易制毒化学品等口岸管理工作等。

四、食品行政执法与监督管理的制度

1. 食品生产许可制度　《食品安全法》第三十五条规定："国家对食品生产经营实行许可制度。从事食品生产、食品销售、餐饮服务，应当依法取得许可。但是，销售食用农产品，不需要取得许可。"

食品生产许可是指行政部门根据食品生产经营者的申请，依法准许其从事食品生产经营活动的行政行为，通过授予生产许可证来赋予其生产经营该食品的权利，或者确认其具有该种食品生产经营的资格。食品生产经营企业和食品摊贩，必须先取得行政部门发放的许可证方可向工商行政管理部门申请登记，未取得许可证的，不得从事食品生产经营活动。

2. 食品安全行政监督检查制度　《食品安全法》规定："县级以上地方人民政府组织本级卫生行政、农业行政、工商行政管理、食品安全监督管理部门制度本行政区域的食品安全年度监督管理计划，并按照年度计划组织开展工作；对食品生产经营者进行监督检查，应当记录监督检查的情况和处理结果，监督检查记录经监督检查人员和食品生产经营者签字后归档；建立食品生产经营者食品安全信用档案，记录许可颁发、日常监督检查结果、违法行为查处等情况，根据食品安全信用档案的记录，对有不良信用记录的食品生产经营者增加监督检查频次。"

3. 食品安全行政处罚制度　《食品安全法》规定："违反本法规定，未经许可从事食品生产经营活动，由有关主管部门按照各自职责分工，没收违法所得，并处罚款。情节严重的，责令停产停业，直至吊销许可证；造成人身、财产或者其他损害的，依法承担赔偿责任。构成犯罪的，依法追究刑事责任。违反本法规定，食品安全监督管理部门或者承担食品检验职责的机构、食品行业协会、消费者协会以广告或者其他形式向消费者推荐食品的，由有关主管部门没收违法所得，依法对直接负责的主管人员和其他直接责任人员给予记大过、降级、撤职或者开除的处分。"

4. 食品安全行政强制措施　食品安全行政强制措施是食品安全法律、法规授予食品安全行政执法主体的特别职权，主要是指行政机关采用强制手段保证食品安全行政管理秩序、维护公共利益、迫使行政相对人履行义务的行政执法行为。

食品安全行政强制措施的主要特征：具体性、强制性、临时性、非制裁性。

食品安全行政强制措施按照不同的对象，可分为限制人身自由行政强制措施和对财产予以查封、扣押、冻结等行政强制措施。按照不同的性质，可分为行政处置和行政强制执行。行政处置是在紧急情况下采取的强制措施，如强制隔离。行政强制执行是在行政相对人拒不履行义务时采取的强制措施，强行查封。

由于行政强制措施要临时对人身自由或者财产予以强制限制，而且运用时多在紧急情况下，使用不当会给相对人带来不必要的损害。因此，实施行政强制措施时，一定要严格按照法律规定适度地进行。食品安全行政强制措施的具体实施条件如下。

（1）实施主体必须是具有法定强制权的行政机关或授权组织。

（2）被强制对象必须符合法定条件。行政机关只有在有足够的证据证实对象符合法定条件时，才可以按照规定的程序采取强制措施，并且一定要适度，尽量减少对相对人权益的限制以及对财物的损害。采用强制措施以达到特定的目的为限，不能超过一定的限度。

（3）必须办理必要的手续，符合规定的期限。

（4）必须按照法定的种类运用强制措施，不可滥用。

5. 食品质量安全市场准入制度　也叫市场准入管制，是为保证食品的质量安全，具备规定条件的生产者才允许进行生产经营活动，具备规定条件的食品才允许生产销售的监管制度。实行食品质量安全市场准入制度是一种政府行为，是一项行政许可制度。

食品质量安全市场准入制度包括三项具体制度。

（1）对食品生产企业实施生产许可证制度　在中华人民共和国境内，从事食品生产活动，应当依法取得食品生产许可。对于具备基本生产条件、能够保证食品质量安全的企业，发放《食品生产许可证》，准予生产获证范围内的产品。未取得《食品生产许可证》的企业不准生产食品。

（2）对企业生产的食品实施强制检验制度　未经检验或经检验不合格的食品不准出厂销售。对于不具备自检条件的生产企业实行委托检验。

（3）对实施食品生产许可证制度的产品实行市场准入编号制度　《食品生产许可管理办法》规定，对检验合格的食品，应当在食品包装或者标签上标注食品生产许可证编号。食品生产许可证编号中食品类别编码具体为：第1位数字代表食品、食品添加剂生产许可识别码，"1"代表食品，"2"代表食品添加剂；第2、3位数字代表食品、食品添加剂类别编号，其中食品类别编号按照《食品生产许可管理办法》第十一条所列食品类别顺序依次标识。食品添加剂类别编号标识："01"代表食品添加剂，"02"代表食品用香精，"03"代表复配食品添加剂。

6. 产品质量监督体制　执行产品质量监督的主体，以监督权限划分作基础，所设置的监督机构和监督制度，以及监督方式和方法体系的总称。产品质量监督体制是我国经济监督体制的主要组成部分，其主要内容包括多级监督主体权限划分，为实现科学、公正的监督而建立的各项制度，采取的方式、方法。

7. 计量监督制度　计量监督是指为保证《中华人民共和国计量法》（以下简称《计量法》）的有效实施进行的计量法制管理，是为保障生产活动的顺利进行所提供的计量保证。它是计量管理的一种特殊形式。计量法制监督，就是依照《计量法》的有关规定所进行的强制性管理，或称作计量法制管理。

? 思考题

1. 我国的立法体制包括哪些？
2. 简述食品法律法规的概念。
3. 我国食品法律法规的法律渊源有哪些？
4. 食品法律法规制定的基本原则有哪些？
5. 食品法律法规的适用范围有哪些？

扫码"练一练"

实训一　制定某食品企业部门规章

一、实训目的

通过本实训能够更好地掌握我国食品安全法规体系及其制定原则与依据。

二、实训原理

我国食品法律法规。

三、实训方法

上网查阅资料；分组讨论；教师点评。

四、实训要求

学生从实际出发，运用课堂学习的知识，结合日常生活中熟悉的案例，课前，以组为单位，先通过网络平台，查阅图书和影像资料等多种手段，每组制定一个食品企业的部门规章；课上，各组在规定时间内总结完成本组制定的食品企业部门规章，并进行小组自评，小组间互评以及教师点评；课后，各组对自己完成的实训内容进行最后的总结。

（沈　娟）

第三章 《食品安全法》及配套法规

扫码"学一学"

知识目标

1. **掌握** 《食品安全法》基本内容和要求。
2. **熟悉** 《食品安全法》配套法规的基本内容和要求。
3. **了解** 《食品安全法》的立法背景、目的和理念。

能力目标

1. 能够根据《食品安全法》及配套法规分析食品违法案件。
2. 能够根据《食品安全法》及配套法规指导食品企业的生产经营活动。

第一节 《食品安全法》概述

案例讨论

案例:2015 年 2 月,某县食品药品监督管理局接到群众举报,称 87 名就餐者在 ××酒楼就餐后出现呕吐、腹痛、腹泻、发热等食物中毒症状。该县食品药品监督管理局派执法人员立即赶赴事发现场,在配合卫生行政部门做好中毒患者救治同时,对××酒楼可能存在的违法行为开展调查。经查,该酒楼擅自变更了经营场所、食品加工间布局,未重新申请办理《餐饮服务许可证》;热菜加工间存有食品原料,且生熟不分;操作人员违反食品安全操作规程,不认真执行餐具清洗消毒制度。上述违法行为增加了发生食物中毒风险。经对现场留样的菜品和食物中毒患者排泄物抽样检验,致病性微生物沙门菌超过食品安全标准限量。

问题:1. ××酒楼的行为构成什么违法行为?

2. 依据相关法律法规规定,可给予其什么样的行政处罚?

一、立法历程

在我国,国家高度重视食品安全,早在 1995 年就颁布了《中华人民共和国食品卫生法》。在此基础上,2009 年 2 月 28 日,十一届全国人大常委会第七次会议通过了《食品安全法》,2009 年 6 月 1 日开始实施。实施了近 5 年,《食品安全法》于 2014 年进入全面修订。历经三次审议,全国人大常委会于 2015 年 4 月 24 日颁布了新修订的《食品安全法》,2015 年 10 月 1 日起正式实施,被称为"史上最严"的《食品安全法》。2018 年 12 月 29 日,第十三届全国人民代表大会常务委员会第七次会议对《中华人民共和国食品安全法》做出修

正。2021年4月29日，第十三届全国人民代表大会常务委员会第二十八次会议对《中华人民共和国食品安全法》做出修正。《食品安全法实施条例》于2009年7月20日中华人民共和国国务院令第557号公布，根据2016年2月6日《国务院关于修改部分行政法规的决定》修订，2019年3月26日国务院第四十二次常务会议修订通过，自2019年12月1日起施行。

二、立法目的

（一）条款内容

现行《食品安全法》第一条就是关于立法目的的规定："保证食品安全，保障公众身体健康和生命安全。"其中，保证食品安全是本法的直接目的，保障公众身体健康和生命安全是本法的根本目的。

（二）食品安全

"食品安全"是1974年由联合国粮农组织提出的概念，从广义上讲主要包括三个方面的内容：①数量安全，要求国家能够提供给公众足够的食物，满足社会稳定的基本需要；②卫生安全，要求食品对人体健康不造成任何危害，并且人能从中获取充足的营养；③发展安全，要求食品的获得要注重生态环境的良好保护和资源利用的可持续性。现行《食品安全法》第十章附则第一百五十条规定："食品安全，指食品无毒、无害，符合应当有的营养要求，对人体健康不造成任何急性、亚急性或者慢性危害。"可以看出，现行《食品安全法》所定义的是狭义的食品安全概念，立法的任务是解决食品卫生安全的问题。

（三）保证食品安全，保障公众身体健康和生命安全

民以食为天，食以安为先。我国当前食品安全的总体状况已经得到了很大改善，但是问题依然存在，食品安全事件时有发生。因此，需要通过立法为保证食品安全，保障公众身体健康和生命安全提供法律制度保障。现行《食品安全法》以建立严格的食品安全监管制度为重点，用法律形式固定监管体制改革成果，完善食品安全监管体制机制，强化监管手段，提高执法能力，落实企业的主体责任，动员社会各界积极参与，着力解决当前食品安全领域存在的突出问题，以法治思维和法治方式维护食品安全，为最严格的食品安全监管提供法律制度保障。现行《食品安全法》的颁布施行，对于更好地保证食品安全，保障公众身体健康和生命安全具有重要意义。

三、立法理念

现行《食品安全法》确立了食品安全工作的新理念，在总则中规定了食品安全工作要实行预防为主、风险管理、全程控制、社会共治的基本原则，要建立科学、严格的监管制度。

（一）预防为主、风险管理、全程控制、社会共治的基市原则

1. 预防为主 强化了食品生产经营过程和政府监管中的风险预防要求。例如，将食品召回对象由原来的"食品生产者发现其生产的食品不符合食品安全标准，应当立即停止生产，召回已经上市销售的食品"修改为"食品生产者发现其生产的食品不符合食品安全标准或者有证据证明可能危害人体健康的，应当立即停止生产，召回已经上市销售的食品"。

2. 风险管理 提出了食品安全监督管理部门根据食品安全风险监测、风险评估结果和食品安全状况等，确定监管重点、方式和频次，实施风险分级管理。

3. 全程控制 提出了国家要建立食品全程追溯制度。食品生产经营者要建立食品安全

追溯体系，保证食品可追溯。

4. 社会共治 强化了对行业协会、消费者协会、新闻媒体、群众投诉举报等方面的规定。例如，规定在制定食品安全标准时，食品安全国家标准审评委员会中要增加食品行业协会、消费者协会的代表参加的比例，充分发挥行业组织、消费者组织的作用。

拓展阅读

风险分析（risk analysis）

风险分析由三部分组成：风险评估、风险管理和风险信息交流。风险评估是核心和基础，主要包括危害识别（危害确定）、危害特征描述、暴露评估（摄入量评估）和风险特征描述。风险管理是指根据风险评估的结果，选择和实施适当的管理措施，尽可能有效地控制食品风险，从而保障公众健康。这个过程有别于风险评估，是权衡选择政策的过程，需要考虑风险评估的结果和与保护消费者健康及促进公平贸易有关的其他因素。风险信息交流是指在风险评估者、风险管理者、消费者以及其他相关团体之间就风险的有关信息和意见进行相互的交流。

（二）科学、严格的监管制度

1. 增设风险分级管理制度 为提高监管效果，合理分配监管力量和监管资源，现行《食品安全法》规定食品安全监管部门应当根据食品安全风险监测、评估结果和食品安全状况等确定监管重点、方式和频次，实施风险分级管理。

2. 增设责任约谈制度 为督促履行有关方面食品安全监管责任，增设了责任约谈制度，食品安全监督管理部门可以对未及时采取措施消除隐患的食品生产经营者的主要负责人进行责任约谈；政府可以对未及时发现系统性风险、未及时消除监管区域内的食品安全隐患的监管部门主要负责人和下级人民政府主要负责人进行责任约谈。

3. 实行食品安全信用档案公开和通报制度 现行《食品安全法》规定食品安全监督管理部门应当建立食品生产经营者食品安全信用档案，记录许可颁发、日常监督检查结果、违法行为查处等情况，依法向社会公布并实时更新，并可以向投资、证券等管理部门通报。

第二节 《食品安全法》解读

案例讨论

案例： 2015 年 3 月 10 日，山东省××县的刘先生在某超市购物，无意中发现一罐售价 128 元的巴西松子已过期，其标注的生产日期为 2014 年 3 月 2 日，保质期为 12 个月。略懂一些食品安全常识的刘先生把该罐过期松子买下，索要了购物小票，并用手机暗中录下选购、发现、购买全过程。当日下午，刘先生拿着相关证据来到超市讨要说法。在向超市要求退货并索要 10 倍赔偿的过程中，刘先生怕超市不认账，除出具巴西松子实物和购物小票外，还提供了他用手机录制的视频资料。本想息事宁人的超市在看到这段视频后，断然拒绝了刘先生的赔偿要求，认为刘先生明显是"知假买假"，恶意索赔。

扫码"学一学"

问题：1. 消费者应主张什么权利？
　　　2. 应给予生产经营者什么处罚？

一、大幅加重法律责任，健全责任机制

提高违法成本、严厉法律责任、重罚治乱是《食品安全法》修改的一个重要思路，也是现行《食品安全法》的一个重要特征。加重法律责任突出表现在三个方面：完善民事赔偿机制、加大行政处罚力度、与刑事责任的衔接。除此之外，现行《食品安全法》在严厉执法的同时还新增了食品经营者豁免条款。

（一）完善民事赔偿机制

1. 新增首付责任制　现行《食品安全法》第一百四十八条规定，民事赔偿实行首付责任制，在尊重消费者选择赔偿主体的基础上，突出规定先接到消费者赔偿请求的生产者或经营者应当承担先行赔付责任，不得推诿；首付责任制度是对《消费者权益保护法》及《产品质量法》中相关规定的深化。以上两法中均规定，消费者或者其他受害人因商品缺陷造成人身、财产损害的，可以向销售者要求赔偿，也可以向生产者要求赔偿。现行《食品安全法》则在明确保护消费者索赔选择权利的基础上，从被索赔对象的角度规定了先行赔偿的责任，避免生产经营者以其他方过错为由提高消费者索赔难度。

2. 第三方连带责任　第三方主体如果明知食品经营者从事严重违法行为，却仍为其提供生产场所或者其他条件的，将与生产经营者共同对消费者承担连带责任。另外，网络食品交易第三方平台未依法对入网食品经营者进行实名登记、审查许可证而使消费者的合法权益受到损害的，应当与食品经营者共同承担连带责任。

3. 完善赔偿标准　现行《食品安全法》规定了法定情形下，消费者十倍价款或者三倍损失的惩罚性赔偿金制度。同时规定，生产不符合食品安全标准的食品或者经营明知是不符合食品安全标准的食品，消费者除要求赔偿损失外，还可以向生产者或者经营者要求支付价款十倍或者三倍损失的赔偿金，增加的赔偿金额不足一千元的，为一千元。价款十倍的赔偿金在原法中已有规定，但三倍损失以及增加的赔偿金额不足一千元按一千元计则是基于食品的特性而作出的新规定，这在产品价款较低但造成的损失较高时更能体现惩罚力度。

（二）加大行政处罚力度

1. 大幅提高处罚金额　现行《食品安全法》大幅度提高了原有的处罚金额，将处罚金额上调了数倍，最高可达货值的三十倍。低违法成本将成为历史，重罚将成为今后食品违法处罚的明显趋势。新法之下，如严格执法，国内企业的违法成本必将提高。

2. 食品相关方责任　现行《食品安全法》增加了对明知从事严重违法行为，却仍为其提供生产场所或者其他条件的主体的处罚，最高处罚金额可达二十万元。

3. 人身处罚和资格限制　除了增加公司违法的处罚金额外，现行《食品安全法》强化了对食品从业人员的管理，在违法情况下，对违法个人施加人身性质或资格的处罚，包括以下内容。

（1）终身禁入制度 食品安全犯罪被判处有期徒刑以上刑罚的，终身不得从事食品生产经营管理工作以及担任食品安全管理人员；同时，严禁食品经营主体聘用上述人员。

（2）行政拘留 对于严重违法的直接负责主管或其他责任人，可直接予以行政拘留。

（3）限制从业制度 被吊销许可证的食品生产经营者及其法定代表人、直接负责的主管人员和其他直接责任人员，五年内不得申请食品生产经营许可，或者从事食品生产经营管理工作、担任食品生产经营企业食品安全管理人员。

（三）与刑事责任衔接

现行《食品安全法》增加了新规定："行政部门发现涉嫌构成食品安全犯罪的，应当依法移送公安机关立案侦查并追究其刑事责任，同时公安机关对于不构成犯罪但是应当追究行政责任的案件也应当及时移送行政部门。"这一条款主要是将《食品安全法》中规定的行政责任的追究与《刑法》第一百四十一、一百四十三、一百四十四条等规定的食品安全犯罪刑事责任的追究相衔接，也是为了加强行政部门和公安机关在打击食品安全违法活动中的协作。

（四）新增食品经营者豁免条款

现行《食品安全法》在严峻责任的同时，对于已尽合理注意义务的不知情食品经营者规定了豁免条款。直接规定豁免条款，在食品安全监管立法中还是比较少见的，考虑到中国复杂的食品安全环境，豁免条款的要点如下。

1. 仅适用于食品经营者（销售者和餐饮服务提供者），不适用于生产者。

2. 需履行法定的进货检查义务。

3. 需举证不知晓，证据要求必须充分。

4. 需如实说明进货来源。

5. 仅免除行政处罚，不符合食品安全标准的产品仍需没收，且仍应承担民事赔偿。该条款具有较高的实用价值。

二、整合食品安全监管体制

现行《食品安全法》第五条规定了新的食品安全管理体制，各有关部门的职责如下。

国务院设立食品安全委员会，其职责由国务院规定。国务院食品安全委员会的具体工作由国家市场监督管理总局承担。

国务院食品安全监督管理部门依照本法和国务院规定的职责，对食品生产经营活动实施监督管理。现行《食品安全法》将多部门分段监管食品安全的体制转变为由食品安全监督管理部门统一负责食品生产、流通和餐饮服务监管的相对集中的体制。

2018年9月10日，《国家市场监督管理总局职能配置、内设机构和人员编制规定》（简称"三定"方案）在国家市场监督管理总局网站正式公布，在此规定正式出台之后，与食品企业相关的机构发生了许多变化。目前，涉及食品的机构主要有国家市场监督管理总局、公安部、农业农村部、国家卫生健康委员会、海关总署等。

三、实施全过程和全方位监管

全过程监管强调从食品原料阶段至消费者购入之间各个环节的无缝管理，现行《食品安全法》中突出的改动内容包括：源头阶段首次延伸至食用农产品、新增食品贮存和运输管理、渠道上增加网上销售的管理规则、对生产和流通提出更多监管要求，以及将食品添加剂全面纳入《食品安全法》管辖范畴。

（一）源头阶段延伸至食用农产品

现行《食品安全法》首次明确将食用农产品的销售纳入《食品安全法》的管辖，同时规定了一系列与食用农产品相关的要求，包括食用农产品检验制度、进货查验记录制度、投入品记录制度等。现行《食品安全法》特别指出，食用农产品的销售无须申请食品流通许可证。同时规定，食用农产品的质量安全管理仍然适用《中华人民共和国农产品质量安全法》（以下简称《农产品质量安全法》）。

（二）食品贮存和运输直接纳入监管环节

现行《食品安全法》明确将贮存、运输、装卸作为六大适用经营行为之一，尽管修订前《食品安全法》也涉及食品的运输和贮存环节，但新法的规定更加全面和细致，并首次规定了从事食品贮存、运输和装卸的非食品生产经营者的义务（第三十三条规定，非食品生产经营者应当与食品生产经营者遵守同样的贮存、运输和装卸的安全要求）和责任（第一百三十二条规定，未按要求进行食品贮存、运输和装卸的，由相关部门责令改正、责令停产停业并处一万元以上五万元以下罚款，情节严重的可吊销许可证）。

（三）生产、流通环节的新要求

现行《食品安全法》在生产和流通环节增加了更多的要求，包括投料、半成品及成品检验等关键事项的控制要求、批发企业的销售记录制度、生产经营者索证索票以及进货查验记录等制度。尽管大部分上述要求在修订前早有规定，如2009年的《食品安全法》和《食品安全法实施条例》已经规定了投料、半成品以及成品检验的要求、食品进货查验制度、食品出厂检验记录制度以及记录要求和保留进货或者销售票据的要求，但新法在原有规定的基础上，作出了细化或提出了更严格的要求。值得注意的新要求包括：①现行《食品安全法》第四十七条新设食品生产经营者食品安全自查制度，要求食品生产经营者定期对食品安全状况进行检查和评价。②对于原有批发企业的销售记录制度，《食品安全法实施条例》的原规定是在建立记录和保留凭证两项中选择其一即可，但是，现行《食品安全法》第五十三条则规定应当建立相关记录并保存凭证。③对于原有生产经营者的索证索票、进货查验记录制度，现行《食品安全法》更加详细具体地规定记录和凭证保存期限不得少于产品保质期满后六个月；没有明确保质期的，保存期限不得少于二年。使得相关记录和凭证的保存期限不局限于原来的硬性规定二年。

（四）增加第三方平台网络食品交易规定

流通环节中的第三方平台网络食品交易是本次修订新增的内容，实际上是吸纳了2014年颁布的《网络交易管理办法》和2013年《消费者权益保护法》中关于网络交易的相关规定。在吸纳已有制度的同时，现行《食品安全法》规定了食品经营者在第三方网络交易平台的实名登记制度和第三方平台审查经营者许可证的义务，并规定了第三方平台提供者未遵守该制度的连带责任。该新增义务加重了第三方平台的审查义务，体现了在食品流通过程中更严格的经营者自我审查要求。现行《食品安全法》还规定，未履行审查许可证义务使消费者受到损害的，第三方交易平台应当与食品经营者承担连带责任，使得该项义务在实践中更具执行力。

（五）全面强化食品添加剂的管理

现行《食品安全法》在很多涉及食品的规定中加强了对于食品添加剂的管理，显示了对食品添加剂全面监管的特征，体现了对食品添加剂安全问题的重视，相当程度上，将食品管理规范类推至食品添加剂范畴。

（六）餐饮服务环节管理

现行《食品安全法》增设了餐饮服务提供者的原料控制义务，以及学校等集中用餐单位的食品安全管理规范。在现行《食品安全法》出台之前，这一领域主要通过《餐饮服务食品安全监督管理办法》和《学校食堂与学生集体用餐卫生管理规定》来进行规范。从增设义务的角度来看，现行《食品安全法》中的规范并没有在上述两个规定的基础上有显著性的突破，而更多的是从立法角度，以《食品安全法》全程监管、统一监管。但从责任角度来看，对餐饮服务提供者未按规定制定、实施生产经营过程控制的责任有所加重。现行《食品安全法》明确规定，该种违法情形由相关部门责令改正，给予警告，拒不改正的，处五千元以上五万元以下罚款。另一方面，在现行《食品安全法》中对餐饮服务环节进行规范也是对全过程监管这一理念的贯彻，体现了从"菜篮子"到"餐桌"的监管。

四、强化地方政府属地管理责任

（一）强化食品安全保障能力

针对一些地方不重视食品安全工作、食品安全监管能力不足的问题，现行《食品安全法》提出县级以上人民政府要将食品安全工作纳入本级国民经济和社会发展规划，将食品安全工作经费列入本级政府财政预算，加强食品安全监管能力建设。

（二）实行食品安全管理责任制

现行《食品安全法》要求上级人民政府要对下一级人民政府和本级食品安全监管部门的工作作出评议和考核。

（三）强化对小作坊、食品摊贩等监管

现行《食品安全法》要求省级人大或省级人民政府制定生产加工小作坊和食品摊贩等的具体管理办法。

五、强化食品生产经营者的主体责任

（一）健全落实企业食品安全管理制度

提出食品生产经营企业应当建立食品安全管理制度，配备专职或者兼职的食品安全管理人员，并加强对其培训和考核。要求企业主要负责人对本企业的食品安全工作全面负责，认真落实食品安全管理制度。

（二）强化生产经营过程的风险控制

提出要在食品生产经营过程中加强风险控制，要求食品生产企业建立并实施原辅料、关键环节、检验检测、运输等风险控制体系。

（三）增设食品安全自查和报告制度

提出食品生产经营者要定期检查评价食品安全状况，条件发生变化，不再符合食品安全要求的，食品生产经营者应该采取整改措施；有发生食品安全事故潜在风险的，应该立即停止生产经营，并向食品监督部门报告。

六、对特殊食品的监管

（一）保健食品

现行《食品安全法》吸收了《保健食品管理办法》和《广告法》中的规定，在此基础上，新的变化包括：区分保健食品的产品注册和备案制度、明确保健食品广告审批制度，新增保健功能目录和保健食品原料目录。

1. 保健食品的注册和备案制度 现行《食品安全法》将现有的保健食品统一注册制度改为注册与备案相结合的制度。根据现行《食品安全法》，注册制适用于使用保健食品原料目录以外原料的保健食品以及首次进口的保健食品，而备案制则适用于属于补充维生素、矿物质等营养物质的初次进口的保健食品（向国家食品安全监督管理部门备案）以及其他保健食品（向省级食品安全监督管理部门备案）。

2. 保健食品广告审批制度 保健食品广告的内容应当经生产企业所在地省、自治区、直辖市人民政府食品安全监督管理部门审查批准，取得保健食品广告批准文件。未经审查，不得发布保健食品广告。为便于社会监督，省、自治区、直辖市人民政府食品安全监督管理部门应当公布，并及时更新已经批准的保健食品广告目录以及批准的广告内容。

现行《食品安全法》中也增加了对保健食品广告的要求，如不得宣传疾病预防、治疗功能，并且必须声明"不得替代药物"。不得宣传疾病预防、治疗功能的要求在《保健食品管理办法》中已有规定。必须声明"不得替代药物"是新的规定，与新修订的《广告法》的规定相呼应。

3. 保健功能目录和保健食品原料目录 现行《食品安全法》中规定，由国务院食品安全监督管理部门会同其他部门制定保健食品原料目录和允许保健食品声称的保健功能目录。保健食品原料目录应当包括原料名称、用量及其对应的功效。根据《食品安全法》有关规定，国家食品药品监督管理总局（简称国家食药监总局）会同国家卫生计生委（现为国家卫生健康委员会，简称国家卫健委）和国家中医药管理局制定了《保健食品原料目录（一）》和《允许保健食品声称的保健功能目录（一）》，并于 2016 年 12 月 27 日予以发布。除此之外，现阶段，保健食品原料使用的主要依据是 2002 年《卫生部关于进一步规范保健食品原料管理的通知》中发布的"既是食品又是药品的物品名单""可用于保健食品的物品名单""保健食品禁用物品名单"，以及国家卫健委陆续增补的公告。这三个名单中只列举了物品名称，并没有规定其对应的功能。而可声称的保健功能主要依据 2000 年《卫生部关于调整保健食品功能受理和审批范围的通知》。之后，将会有目录内容不断更新，更详细的两个目录将有助于规范保健食品市场，也是保健食品的生产经营者应当关注的动态。

（二）婴幼儿配方食品及婴幼儿配方乳粉

现行《食品安全法》在条文上增加了婴幼儿配方食品的备案和出厂逐批检验等义务，并将婴幼儿配方乳粉产品的配方由备案制改为注册制，且重申不得以分装方式生产婴幼儿配方乳粉。

现行《食品安全法》中规定，企业不得以分装方式生产婴幼儿配方乳粉，同一企业不得用同一配方生产不同品牌的婴幼儿配方乳粉。禁止以进口大包装乳粉直接分装等方式生产婴幼儿配方乳粉，是为了避免在分装过程中造成乳粉污染，影响乳粉安全。禁止同一企业用同一配方生产不同品牌的婴幼儿配方乳粉，是为了防止企业将同一配方改头换面后用另一品牌上市销售，欺骗消费者，解决我国婴幼儿配方乳粉配方过多过滥的问题。

（三）特殊医学用途配方食品

特殊医学用途配方食品是指为了满足进食受限、消化吸收障碍、代谢紊乱或特定疾病状态人群对营养素或膳食的特殊需要，专门加工配制而成的配方食品。该类产品必须在医生或临床营养师指导下，单独食用或与其他食品配合食用。

为保障特定疾病状态人群的膳食安全，现行《食品安全法》增加了特殊医学用途配方食品实行注册的规定。根据本条规定，特殊医学用途配方食品应当经国务院食品安全监督管理部门注册。注册时，应当提交产品配方、生产工艺、标签、说明书以及表明产品安全性、营养充足性和特殊医学用途临床效果的材料。

鉴于特殊医学用途配方食品是为特殊人群提供的，应当在医生或临床营养师指导下使用，本法规定，特殊医学用途配方食品广告适用《广告法》和其他法律、行政法规关于药品广告管理的规定。

目前，特殊医学用途配方食品相关规定主要有《特殊医学用途配方食品通则》（GB 29922—2013）、《特殊医学用途婴儿配方食品通则》（GB 25596—2010）。

（四）特殊食品生产质量管理体系

现行《食品安全法》第八十三条对生产保健食品、特殊医学用途配方食品、婴幼儿配方食品和其他专供人群的主辅食品的企业建立，以及所生产食品相适应的生产质量管理体系提出了要求。

我国以强制性国家标准的形式发布了多个特殊食品良好生产规范，包括《保健食品良好生产规范》（GB 17405—1998）、《特殊医学用途配方食品良好生产规范》（GB 29923—2013）、《粉状婴幼儿配方食品良好生产规范》（GB 23790—2010）。

七、进出口食品管理制度

现行《食品安全法》第九十一条规定，国家出入境检验检疫部门对进出口食品安全实施监督管理，主要承担食品进出口环节安全的监督管理职责。

现行《食品安全法》对进出口食品管理制度的修改主要是通过吸收《进出口食品安全管理办法》和对其他相关规定（包括《进口食品进出口商备案管理规定》及《食品进口记录和销售记录管理规定》）中的条款（如进口商备案、进口食品收货人的进口记录和销售记录要求等）进行细化，并增加了一些新的内容，其中比较突出的包括：①尚无食品安全国家标准的进口食品可由境外出口商提交所执行的相关国家（地区）的标准或者国际标准，以替代原法规定的相关安全性评估材料。当地国家标准或国际标准，显然比提供安全性评估资料更加简便，也更方便操作，从而能够加快缺乏国内食品标准的产品取得许可的进程，也能够为卫生部门制定新的标准提供参考，具有一定的实用价值。②规定进口商应当建立境外出口商、境外生产企业审核制度。此条规定要求进口商建立审核体系，着重审核以下内容：向我国境内出口食品的境外出口商或者代理商是否已经在国家出入境检验检疫部门备案；进口的食品、食品添加剂是否随附合格证明材料；进口的食品、食品添加剂、食品相关产品是否符合我国食品安全国家标准的要求；进口的预包装食品、食品添加剂是否有中文标签或者按规定应有的中文说明书。

八、其他

除了上述带有实质性变化的修订外，现行《食品安全法》用大量的修订篇幅吸纳已有的分布在其他下位法律、条例或相关性法规中的内容，引起较大关注的有以下几个方面。这些修改基本没有增加太多的法律义务，但相应的法律责任则或有调整，或体现出监管层面的关注。

（一）剧毒、高毒农药的使用

现行《食品安全法》第四十九条明确规定了禁止将剧毒、高毒农药用于蔬菜、瓜果、茶叶和中草药材等国家规定的农作物。该规定在2001年颁布的《农药管理条例》第二十七条第二款中已有完全相同的规定，现行《食品安全法》中增加了违反该规定情况下可对相关负责人处以行政拘留。

2002年，原农业部依据《农药管理条例》出台规定禁止将甲胺磷、甲基对硫磷、对硫磷、久效磷等19种高毒农药用于蔬菜、果蔬、茶叶和中草药材，禁止将三氯杀螨醇、氯戊菊酯用于茶树施药。剧毒、高毒农药的毒性相对较高，但目前淘汰这类农药的时机还不成熟，需要在使用方面加强管理，避免因为这类农药的滥用而影响食用农产品的安全。蔬菜、瓜果、茶叶和中草药材不同于一般的农作物，属于不需要经过脱壳等加工即可食用的产品。所以，在种植过程中，需要在农药的使用方面有特别严格的要求，以保证这类产品的安全。

▤ 拓展阅读

我国高毒农药禁限用情况

目前，我国仍在登记使用的高毒农药有20种，其中化学农药12种：甲拌磷、甲基异柳磷、克百威、硫丹、灭多威、灭线磷、氯化苦、水胺硫磷、涕灭威、氧乐果、溴甲烷、磷化铝；生物源农药2种；杀鼠剂6种。国家推行高毒农药定点经营制度，明确登记使用范围仅限于必需的特定用途。

在蔬菜、瓜果、茶叶、中草药材上不得使用和限制使用的农药名单（17种）

禁止甲拌磷、甲基异柳磷、内吸磷、克百威、涕灭威、灭线磷、硫环磷和氯唑磷在蔬菜、果树、茶叶和中草药材上使用。禁止氧乐果在甘蓝和柑橘树上使用；禁止三氯杀螨醇和氰戊菊酯在茶树上使用；禁止丁酰肼（比久）在花生上使用；禁止水胺硫磷在柑橘树上使用；禁止灭多威在柑橘树、苹果树、茶树和十字花科蔬菜上使用；禁止硫丹在苹果树和茶树上使用；禁止溴甲烷在草莓和黄瓜上使用；除卫生用、玉米等部分旱田种子包衣剂外，禁止氟虫腈在其他方面的使用。

（二）转基因食品标识

现行《食品安全法》第六十九条新增了对转基因食品标示的要求，但该要求非常概括，仅规定"生产经营转基因食品应当按照规定显著标示"。实际上，转基因生物的标识早在2001

年颁布的《农业转基因生物安全管理条例》中就有规定，2002年颁布的《农业转基因生物标识管理办法》对应当如何标识也作出了非常详细的规定。《食品标识管理规定（2009修订）》第十六条也规定"属于转基因食品或者含法定转基因原料的应当在其标识上标注中文说明"。

现行《食品安全法》则强调了转基因食品的标识应当"显著"。转基因食品往往与非转基因食品一起销售，如果标注不清晰、不规范，则消费者难以辨识、极易混淆，其知情权也就无法得到充分保障。

（三）食用农产品进货查验记录制度

现行《食品安全法》还加入了对食用农产品销售者的进货查验记录制度、食用农产品批发市场的检验要求，虽然该制度和要求在《农产品质量安全法》中已有完全相同的规定，但在现行《食品安全法》中写入该条则体现了建立食品和食用农产品全程追溯协作机制的理念。

（四）进口食品进口商备案

现行《食品安全法》新增了进口食品进口商的备案，是对《进口食品进出口商备案管理规定》中的进口商备案制度以及备案信息公布制度的提炼和重申。

第三节　《食品安全法》配套法规

扫码"学一学"

🖝 **案例讨论**

案例： 某食品安全监督管理部门在接到上级管理部门下达的食品安全监督抽样任务后，制订了相关的抽样方案，并立即组织抽样人员在本管辖范围内进行抽样。抽样进行到某一天，两名抽样人员来到一食品生产企业。抽样人进入企业后首先向企业人员出示了相关的抽样文件及身份证明，企业负责人了解情况后，立即将他们请到自己办公室，并沏茶泡水；然后企业负责人看出两名抽样人员由于这几天来连续抽样，身体比较疲惫，就建议让企业工人将样品搬至办公室里，方便抽样人员抽取；最后两名抽样人员等工人搬来样品，对该样品包装贴上样品标签、加封封条、拍照记录、填写抽样文书、交付抽样费后，感谢了企业的全力配合便随即离开。

问题： 1. 在以上抽样过程中有无不符合《食品安全抽样检验管理办法》的环节？

2. 如有不符合，具体不符合《食品安全抽样检验管理办法》中第几条，正确的抽样程序是怎样的？

一、《食品安全抽样检验管理办法》

食品安全抽样检验是食品安全监督抽检与风险监测的基础性工作，是食品安全监督管理部门防控食品安全风险、实现科学监管的重要手段。国家食药监总局组建后，认真吸取质检、工商、食品药品监督管理（现为食品安全监督管理部门）等部门相关制度建设的有益经验，于2014年12月31日，发布《食品安全抽样检验管理办法》，并自2015年2月1日起施行。

《食品安全抽样检验管理办法》共7章53条，规定了食品安全抽样检验的原则、计划、

抽样、检验、处理、法律责任等方面的内容。《食品安全抽样检验管理办法》强化了食品生产经营者的主体责任，要求食品生产经营者应当依法配合食品药品监督管理部门组织实施的食品安全抽样检验工作，同时要求食品生产经营者收到不合格检验结论后，应当立即采取封存库存问题食品，暂停生产、销售和使用问题食品等措施控制食品安全风险。

《食品安全抽样检验管理办法》规定，承检机构应当对检验工作负责，按照食品检验技术要求开展检验工作，如实、准确、完整、及时地填写检验原始记录，保证检验工作的科学、独立、客观和规范。

同时，《食品安全抽样检验管理办法》强化了监管部门的主动作为，完善了不合格检验结论的报告通报程序和不合格检验结论的复检程序。

此外，《食品安全抽样检验管理办法》还简化了真实性异议的处置程序，强化了依法调查处理不合格检验结论的职责，完善了抽样检验信息的公布程序。

☞ **案例讨论**

案例： 某县食品安全监督管理部门接到某食品生产经营企业主动召回其生产的食品的情况报告，由于该企业在对该食品生产工艺的常规测试过程中，发现灭菌工艺存在问题，可能导致若干批次产品存在潜在质量问题。

问题： 1. 该食品生产经营企业本次召回属于几级召回？在《食品召回管理办法》中总共分多少级召回，如何判定产品召回等级？

2. 如果该食品经营者在知悉食品生产者召回不安全食品后，未配合相应的工作，该食品经营者将受到怎样的处罚？

二、《食品召回管理办法》

为落实食品生产经营者食品安全第一责任，强化食品安全监管，保障公众身体健康和生命安全，2015 年 2 月 9 日，国家食药监总局局务会议审议通过了《食品召回管理办法》。2015年 3 月 11 日，国家食药监总局毕井泉局长签署第 12 号令，并于同年 9 月 1 日起施行。

《食品召回管理办法》内容包括总则、停止生产经营、召回、处置、监督管理、法律责任、附则，共 7 章 46 条。《食品召回管理办法》是对不安全食品实施停止生产经营、召回和处置监管的规范性文件，同时适用于食品添加剂和保健食品监管。本办法所称不安全食品，是指有证据证明对人体健康已经或可能造成危害的食品，包括：①已经诱发食品污染、食源性疾病或对人体健康造成危害甚至死亡的食品；②可能引发食品污染、食源性疾病或对人体健康造成危害的食品；③含有对特定人群可能引发健康危害的成分而在食品标签和说明书上未予以标识，或标识不全、不明确的食品；④有关法律、法规规定的其他不安全食品。

在生产经营过程中发现不安全食品的，食品生产经营者应当立即停止生产经营；产品已经进入市场的，食品生产经营者应当严格按照期限召回不安全食品，并告知相关食品生产经营者停止生产经营、消费者停止食用，并采取必要的措施防控食品安全风险。

《食品召回管理办法》中所称召回，是指食品生产者按照规定程序，对由其生产原因造成的某一批次或类别的不安全食品，通过换货、退货、补充或修正消费说明等方式，及时消除或减少食品安全危害的活动。食品召回的责任主体主要包括食品生产者、食品集中交易市场的开办者、食品经营柜台的出租者、食品展销会的举办者、网络食品交易第三方平台提供者等，其中食品生产经营者是第一责任人。

我国的食品召回制度依据安全危害程度分为三级：一级召回是已经或可能诱发食品污染、食源性疾病等对人体健康造成严重危害甚至死亡的，或者流通范围广、社会影响大的不安全食品的召回；二级召回是已经或可能引发食品污染、食源性疾病等对人体健康造成危害，危害程度一般或流通范围较小、社会影响较小的不安全食品的召回；三级召回是已经或可能引发食品污染、食源性疾病等对人体健康造成危害，危害程度轻微的不安全食品的召回，或者含有对特定人群可能引发健康危害的成分而在食品标签和说明书上未予以标识，或标识不全、不明确的食品的召回。

☞ **案例讨论**

案例： 据了解，某工厂生产许可证到期日为 2018 年 7 月 7 日，而该工厂 2018 年 7 月 1 日才向当地食品安全监督管理部门提交延续申请资料。同时在提交延续申请资料时，当地食品安全监督管理部门在对该工厂进行日常监督管理现场审核时，发现了原料进料口使用彩条布密封效果不好、包装酒机和洗瓶机没有密闭空间、包装车间没有与外界隔离等一系列不符合发证条件的问题，提出要求整改，同时要求其停止生产。而 1 个月后，监督管理人员再次前往该公司，仍然发现微生物培养基不符合国家标准要求、生产车间灭蝇灯被撤离、包装车间进口独立的洗手设施坏掉等问题。经过数次整改核验后，××啤酒有限公司于 2018 年 11 月 3 日才又获证。而在期满未延续换证期间，该工厂继续照常生产。

问题： 1. 该加工厂存在哪些错误行为？

2. 在《食品生产许可管理办法》中延续换证需提前多久提交资料？需要提供哪些资料？

三、《食品生产许可管理办法》

《食品生产许可管理办法》是为规范食品、食品添加剂生产许可活动，加强食品生产监督管理，保障食品安全而制定的法规。

自 2002 年开始，原担任食品生产环节监督管理职能的国家质量监督检验检疫总局（简称国家质检总局）借鉴工业产品的管理模式，探索建立了食品生产许可证制度，分三批对食品实施生产许可管理。《食品生产许可管理办法》最早于 2015 年 8 月 31 日，由国家食药监总局令第 16 号公布，自同年 10 月 1 日起施行。2015 年 10 月 1 日新《食品安全法》全面实施，原国家食药监总局在深入调研的基础上，重新修订了《食品生产许可管理办法》，并于 2017 年 11 月，根据原国家食药监总局局务会议《关于修改部分规章的决定》进行了修正。

2019 年 12 月 23 日，经国家市场监督管理总局 2019 年第十八次局务会议审议通过，最新《食品生产许可管理办法》于 2020 年 1 月 3 日由国家市场监督管理总局令第 24 号公布，自同年 3 月 1 日起施行。根据 2017 年 11 月 7 日原国家食药监总局《关于修改部分规章的决定》修正的《食品生产许可管理办法》同时废止。

新《食品生产许可管理办法》的主要法律依据是《食品安全法实施条例》《食品安全法》和《行政许可法》，严格贯彻落实《食品安全法实施条例》《食品安全法》和《行政许可法》的相关规定。其内容分总则，申请与受理，审查与决定，许可证管理，变更、延续与注销，监督检查，法律责任，附则，共 8 章 61 条。

作为《食品生产许可管理办法》的配套技术文件，用以指导食品生产许可审查工作，2015 年版《食品生产许可管理办法》中明确规定了国家食药监总局负责制定食品生产许可审查通则和细则。为此，2016 年 8 月 9 日，国家食药监总局以食药监食监—〔2016〕103 号印发《食品生产许可审查通则》。该《通则》分总则、材料审查、现场核查、审查结果与检查整改、附则，共 5 章 56 条，由国家食药监总局负责解释，自 2016 年 10 月 1 日起施行，原 2010 版《通则》不再执行。在新的生产许可审查细则修订出台前，现有的各类食品生产许可证审查细则继续有效。《通则》应当与相应的食品生产许可审查细则结合使用。

四、《食品经营许可管理办法》

《食品经营许可管理办法》于 2015 年 8 月 31 日由国家食药监总局公布，并于同年 10 月 1 日起施行。2017 年 11 月 7 日，为进一步规范食品经营许可活动，加强食品经营监督管理，保障食品安全，根据《食品安全法》《中华人民共和国行政许可法》等法律法规，国家食药监总局令第 37 号通过《国家食品药品监督管理总局关于修改部分规章的决定》，对《食品经营许可管理办法》进行了修正，主要增加一条，作为第五十六条："食品药品监督管理部门制作的食品经营许可电子证书与印制的食品经营许可证书具有同等法律效力。"《食品经营许可管理办法》分总则，申请与受理，审查与决定，许可证管理，变更、延续、补办与注销，监督检查，法律责任，附则，共 8 章 56 条。

《食品经营许可管理办法》中明确规定在中华人民共和国境内，从事食品销售和餐饮服务活动，应当依法取得食品经营许可。食品经营许可实行一地一证原则，即食品经营者在一个经营场所从事食品经营活动，应当取得一个食品经营许可证。食品经营许可证分为正本、副本。正本、副本具有同等法律效力。原国家食药监总局负责制定食品经营许可证正本、副本式样。省、自治区、直辖市食品药品监督管理部门负责本行政区域食品经营许可证的印制、发放等管理工作。食品经营许可证应当载明：经营者名称、社会信用代码（个体经营者为身份证号码）、法定代表人（负责人）、住所、经营场所、主体业态、经营项目、许可证编号、有效期、日常监督管理机构、日常监督管理人员、投诉举报电话、发证机关、签发人、发证日期和二维码。在经营场所外设置仓库（包括自有和租赁）的，还应当在副本中载明仓库具体地址。

五、《食用农产品市场销售质量安全监督管理办法》

2015 年 12 月 8 日，《食用农产品市场销售质量安全监督管理办法》经国家食药监总局局务会议审议通过，2016 年 1 月 5 日，国家食药监局令第 20 号公布。《食用农产品市场销售质量安全监督管理办法》分总则、集中交易市场开办者义务、销售者义务、监督管理、法律责任、附则，共 6 章 60 条，自同年 3 月 1 日起施行。

《食用农产品市场销售质量安全监督管理办法》规定食用农产品是指在农业活动中获得

的供人食用的植物、动物、微生物及其产品。农业活动，指传统的种植、养殖、采摘、捕捞等农业活动，以及设施农业、生物工程等现代农业活动。植物、动物、微生物及其产品，指在农业活动中直接获得的，以及经过分拣、去皮、剥壳、干燥、粉碎、清洗、切割、冷冻、打蜡、分级、包装等加工，但未改变其基本自然性状和化学性质的产品。集中交易市场是指销售食用农产品的批发市场和零售市场（含农贸市场）。

《食用农产品市场销售质量安全监督管理办法》中明确食用农产品市场销售是指通过集中交易市场、商场、超市、便利店等销售食用农产品的活动；明确食用农产品进入集中交易市场必须提供食用农产品产地证明或者购货凭证、合格证明文件；无法提供的，必须进行抽样检验或者快速检测，合格的方可进入市场销售；另外，该办法明确对肉类和进口食用农产品进入市场销售时，按照有关规定需要检疫、检验的肉类，应当提供检疫合格证明、肉类检验合格证明等证明文件。销售进口食用农产品的，还应当提供出入境检验检疫部门出具的入境货物检验检疫证明等证明文件。明确食用农产品集中交易市场开办者要履行食用农产品市场准入管理、建立健全食品安全管理制度、建立入场销售者档案、市场信息报告制度、食用农产品检查制度、制定食品安全事故处置方案等义务。明确贮存肉类冻品应当查验并留存检疫合格证明、肉类检验合格证明等文件；贮存进口食用农产品，查验并记录出入境检验检疫部门出具的入境货物检验检疫证明。

六、《食品药品投诉举报管理办法》

为规范食品药品投诉举报管理工作，充分发挥投诉举报在推动食品药品安全社会共治中的重要作用，加大对食品药品违法行为的惩治力度，保障公众身体健康和生命安全，根据《食品安全法》及其实施条例、《药品管理法》及其实施条例、《医疗器械监督管理条例》《化妆品卫生监督条例》等法律法规的规定，国家食药监总局于2015年12月22日局务会议审议通过《食品药品投诉举报管理办法》，2016年1月12日，国家食药监总局令第21号公布，并于同年3月1日起实施。《食品药品投诉举报管理办法》分总则、受理、办理程序、信息管理、监督与责任、附则，共6章40条。

《食品药品投诉举报管理办法》中指明食品药品投诉举报是指公民、法人或者其他组织，向各级食品药品监督管理部门反映生产者、经营者等主体在食品（含食品添加剂）生产、经营环节中有关食品安全方面，药品、医疗器械、化妆品研制、生产、经营、使用等环节中有关产品质量安全方面存在的涉嫌违法行为。

《食品药品投诉举报管理办法》中指明投诉举报人进行投诉举报时，投诉举报人应当提供客观真实的投诉举报材料及证据，说明事情的基本经过，提供被投诉举报对象的名称、地址、涉嫌违法的具体行为等详细信息。提倡实名投诉举报。投诉举报人不愿提供自己的姓名、身份、联系方式等个人信息或者不愿公开投诉举报行为的，应当予以尊重。食品药品投诉举报机构或者管理部门收到投诉举报后应当统一编码，并于收到之日起5日内作出是否受理的决定。食品药品投诉举报机构或者管理部门决定不予受理投诉举报或者不予受理投诉举报的部分内容的，应当自作出不予受理决定之日起15日内以适当方式将不予受理的决定和理由告知投诉举报人，投诉举报人联系方式不详的除外。

同时《食品药品投诉举报管理办法》中指明投诉举报具有下列情形之一的，不予受理并要求以适当方式告知投诉举报人。

1. 无具体明确的被投诉举报对象和违法行为的。

2. 被投诉举报对象及违法行为均不在本食品药品投诉举报机构或者管理部门管辖范围的。

3. 不属于食品药品监督管理部门监管职责范围的。

4. 投诉举报已经受理且仍在调查处理过程中，投诉举报人就同一事项重复投诉举报的。

5. 投诉举报已依法处理，投诉举报人在无新线索的情况下以同一事实或者理由重复投诉举报的。

6. 违法行为已经超过法定追诉时限的。

7. 应当通过诉讼、仲裁、行政复议等法定途径解决或者已经进入上述程序的。

8. 其他依法不应当受理的情形。

☞ **案例讨论**

案例： 近日，某市食品安全监督管理部门执法人员在日常检查中，发现某科技有限公司销售的某厂家生产的"阿胶粉"和"阿胶片"标识的批准文号均为"国食健字 G 2009×××"。而经初步调查，该保健食品批准证书的产品名称为"××牌阿胶片"。也就是说，另一种产品"阿胶粉"涉嫌未取得合法许可，套用其他产品批准文号。经查实，截至检查当日，该公司销售"阿胶粉"违法所得共计 2635.48 元。

问题： 1.《保健食品注册与备案管理办法》规定保健食品的注册号共有几种？格式是怎样的？

2. 我国保健食品是怎样命名的？

七、《保健食品注册与备案管理办法》

《食品安全法》明确规定对特殊食品实行严格监督管理。为贯彻落实法律对保健食品市场准入监管工作提出的要求，规范统一保健食品注册备案管理工作，国家食药监总局在公开征求和广泛听取食品生产经营企业、地方相关监督管理部门、相关专家及行业组织等多方面意见的基础上，经多次研讨论证，于 2016 年 2 月 26 日发布了《保健食品注册与备案管理办法》，并自同年 7 月 1 日起施行，同时废止了 2005 年 4 月 30 日公布的《保健食品注册管理办法（试行）》（国家食品药品监督管理局令第 19 号）。

《保健食品注册与备案管理办法》的立法依据是《食品安全法》第七十四条、七十五条、七十六条、七十七条、七十八条、八十二条等相关规定。《保健食品注册与备案管理办法》的适用范围和基本原则是在中华人民共和国境内保健食品的注册与备案及其监督管理工作应当遵循科学、公开、公正、便民、高效的原则。《保健食品注册与备案管理办法》规定，保健食品注册是指食品药品监督管理部门根据注册申请人申请，依照法定程序、条件和要求，对申请注册的保健食品的安全性、保健功能和质量可控性等相关申请材料进行系统评价和审评，并决定是否准予其注册的审批过程。保健食品备案，是指保健食品生产企业依照法定程序、条件和要求，将表明产品安全性、保健功能和质量可控性的材料提交食品药品监督管理部门进行存档、公开、备查的过程。

《保健食品注册与备案管理办法》中规定申请人或备案人对申请材料的真实性、完整性、可溯源性负责，对产品的安全性、有效性和质量可控性负责。审评机构负责组织审评专家对申请材料进行审查，并根据实际需要组织查验机构开展现场核查，组织检验机构开展复核检验，在 60 日内完成技术审评工作，向原国家食药监总局提交综合审评结论和建议。技术审评包括申请材料核查、现场核查、动态抽样、复核检验等各个程序，一旦发现任一环节不符合要求，审评机构均可终止审评，提出不予注册建议。原国家食药监总局受理机构负责保健食品的注册和备案管理（目前此项工作由国家市场监督管理总局负责）。以受理为注册审批起点，将生产现场核查和复核检验调整至技术审评环节，并对审评内容、审评程序、总体时限和判定依据等提出具体严格的限定和要求。

《保健食品注册与备案管理办法》对保健食品命名作出了明确规定，已于 2015 年 8 月在国务院法制办网站公开征求意见。2015 年 8 月 25 日，国家食药监总局发布了《关于进一步规范保健食品命名有关事项的公告》，明确不再批准以含有表述产品功能相关文字命名的保健食品，并要求已批准注册的相关产品按照有关规定变更产品名称。考虑到已上市保健食品名称市场认知度问题，又发布了《关于保健食品命名有关事项的公告》，给生产企业一定的过渡期，允许标注新产品名称的同时标注原产品名称。目前，保健食品命名问题正在进一步研究，通过制定保健食品命名指南以及审评细则，规范保健食品命名以及技术审评等监管工作。

八、《食品生产经营监督检查管理办法》

为了加强和规范对食品生产经营活动的监督检查，督促食品生产经营者落实主体责任，保障食品安全，根据《中华人民共和国食品安全法》及其实施条例等法律法规，2021 年 12 月 24 日国家市场监督管理总局令第 49 号公布《食品生产经营监督检查管理办法》，自 2022 年 3 月 15 日起施行。原国家食品药品监督管理总局 2016 年 3 月 4 日发布的《食品生产经营日常监督检查管理办法》同时废止。

《食品生产经营监督检查管理办法》规定，国家市场监督管理总局负责监督指导全国食品生产经营监督检查工作，可以根据需要组织开展监督检查。省级市场监督管理部门负责监督指导本行政区域内食品生产经营监督检查工作，重点组织和协调对产品风险高、影响区域广的食品生产经营者的监督检查。设区的市级（以下简称市级）、县级市场监督管理部门负责本行政区域内食品生产经营监督检查工作。市级以上市场监督管理部门根据监督管理工作需要，可以对由下级市场监督管理部门负责日常监督管理的食品生产经营者实施随机监督检查，也可以组织下级市场监督管理部门对食品生产经营者实施异地监督检查。市场监督管理部门应当协助、配合上级市场监督管理部门在本行政区域内开展监督检查。市场监督管理部门之间涉及管辖争议的监督检查事项，应当报请共同上一级市场监督管理部门确定。上级市场监督管理部门可以定期或者不定期组织对下级市场监督管理部门的监督检查工作进行监督指导。

《食品生产经营监督检查管理办法》规定，监督检查方式包括日常监督检查（随机监督检查、异地监督检查）、飞行监督检查和体系监督检查。对食品与特殊食品生产和销售环节、集中交易市场开办者和展销会举办者、餐饮服务环节等环节规定了详细的监督检查。食品生产环节监督检查要点应当包括食品生产者资质、生产环境条件、进货查验、生产过程控制、产品检验、贮存及交付控制、不合格食品管理和食品召回、标签和说明书、食品安全自查、从业人员管理、信息记录和追溯、食品安全事故处置等情况。

《食品生产经营监督检查管理办法》规定，市场监督管理部门应当于检查结果信息形成后 20 个工作日内向社会公开。检查结果对消费者有重要影响的，食品生产经营者应当按照规定在食品生产经营场所醒目位置张贴或者公开展示监督检查结果记录表，并保持至下次监督检查。有条件的可以通过电子屏幕等信息化方式向消费者展示监督检查结果记录表。

九、《特殊医学用途配方食品注册管理办法》

《特殊医学用途配方食品注册管理办法》是为规范特殊医学用途配方食品注册行为，加强注册管理，保证特殊医学用途配方食品质量安全，根据《食品安全法》等法律法规制定。由国家食药监总局于 2016 年 3 月 7 日发布，自同年 7 月 1 日起施行。

由于特殊医学用途配方食品食用人群的特殊性和敏感性，20 世纪 80 年代末，基于临床需要，特殊医学用途配方食品以肠内营养制剂形式进入中国，按照药品进行监管，经药品注册后上市销售。现行《食品安全法》第八十条规定："特殊医学用途配方食品应当经国务院食品安全监督管理部门注册。注册时，应当提交产品配方、生产工艺、标签、说明书以及表明产品安全性、营养充足性和特殊医学用途临床效果的材料。"为贯彻落实新修订的《食品安全法》，保障特定疾病状态人群的膳食安全，进一步规范特殊医学用途配方食品监管，《特殊医学用途配方食品注册管理办法》应运而生，主要规定了特殊医学用途配方食品申请与注册条件和程序、产品研制要求、临床试验要求、标签和说明书要求，以及监督管理和法律责任等相关内容。

《特殊医学用途配方食品注册管理办法》中规定提出特殊医学用途配方食品注册申请，应当提交下列材料。

1. 注册申请书 应当包括申请事项、产品情况、申请人信息、其他需要说明的问题、申报单位保证书等内容。

2. 技术资料 应当包括产品研发报告和产品配方设计及依据、生产工艺资料、产品标准要求、产品标签、说明书样稿。

3. 相关报告 应当包括试验样品检验报告、稳定性试验报告和其他检验报告，特定全营养配方食品还应当提交临床试验报告。

4. 证明材料 应当包括研发能力、生产能力和检验能力的证明材料以及其他证明材料。

5. 其他 表明产品安全性、营养充足性以及特殊医学用途临床效果的材料。

十、《婴幼儿配方乳粉产品配方注册管理办法》

《婴幼儿配方乳粉产品配方注册管理办法》的制定目的是为贯彻落实《食品安全法》，进一步严格婴幼儿配方乳粉产品配方注册和监督管理，保证婴幼儿配方乳粉质量安全。由国家食药监总局于 2016 年 6 月 6 日制定颁布，自 2016 年 10 月 1 日起施行。

《婴幼儿配方乳粉产品配方注册管理办法》中规定在中华人民共和国境内生产销售和进口的婴幼儿配方乳粉，其产品配方需经原国家食药监总局注册批准。婴幼儿配方乳粉及产品配方是指符合相关法律法规和食品安全国家标准要求，以乳类及乳蛋白制品为主要原料，加入适量的维生素、矿物质和（或）其他成分，仅用物理方法生产加工制成的粉状产品，适用于正常婴幼儿食用。而婴幼儿配方乳粉产品配方是指生产婴幼儿配方乳粉使用的食品原料、食品添加剂及其使用量，以及产品中营养成分含量（理论上来说，婴幼儿配方乳粉的产品配方应当尽可能模拟母乳，配方数量不应过多）。

《婴幼儿配方乳粉产品配方注册管理办法》要求同一企业申请注册两个以上同年龄段产品配方时，产品配方之间应当经科学证实并具有明显差异。每个企业原则上不得超过 3 个配方系列共 9 种产品配方。

《婴幼儿配方乳粉产品配方注册管理办法》对标签和说明书涉及产品配方的声称提出了严格要求：①应当与获得注册的产品配方的内容一致，并标注注册号。②进一步规范了产品名称、配料表、营养成分表、原料来源、适用月龄等事项的标识标注。③规定了标签、说明书禁止声称的内容，如涉及疾病预防、治疗功能，明示或者暗示具有保健作用，明示或者暗示具有益智、增加抵抗力或者免疫力、保护肠道等功能性表述，以"不添加""不含有""零添加"等字样强调未使用或不含有按照食品安全标准不应当在产品配方中含有或使用的物质、虚假、夸大、违反科学原则或者绝对化的内容，与产品配方注册的内容不一致的声称等。

婴幼儿配方乳粉产品配方注册申请人的责任和义务主要包括以下内容。

1. 对提交材料的真实性、完整性、合法性负责，并承担法律责任。

2. 协助食品药品监督管理部门开展与注册有关的工作。

3. 不得隐瞒真实情况或者提供虚假材料、样品申请注册；不得以欺骗、贿赂等不正当手段申请注册。

4. 不得伪造、涂改、倒卖、出租、出借、转让婴幼儿配方乳粉产品配方注册证书。

5. 不得生产经营未按规定注册的婴幼儿配方乳粉。

6. 不得未按注册的产品配方要求组织生产婴幼儿配方乳粉；不得擅自变更婴幼儿配方乳粉产品配方注册事项。

7. 标签、说明书涉及产品配方的声称要与产品配方注册内容一致。

8. 同一企业不得用同一配方生产不同品牌的婴幼儿配方乳粉。

十一、《网络食品安全违法行为查处办法》

随着我国电子商务经济的迅猛发展，网络食品安全与人民群众日常生活日益密切，越来越成为食品安全监管关注的焦点。为依法查处网络食品安全违法行为，加强网络食品安全监督管理，保证食品安全，根据《食品安全法》等法律法规，国家食药监总局于 2016 年 7 月 13 日制定颁布了《网络食品安全违法行为查处办法》，自同年 10 月 1 日起施行。

《网络食品安全违法行为查处办法》适用于在中华人民共和国境内网络食品交易第三方平台提供者，以及通过第三方平台或者自建的网站进行交易的食品生产经营者违反食品安全法律、法规、规章或者食品安全标准行为的查处。

《网络食品安全违法行为查处办法》对入网食品生产经营者的义务作出了相关规定。

1. 入网食品生产经营者应当依法取得许可并按照许可的类别范围销售食品；入网食品经营者应当按照许可的经营项目范围从事食品经营。

2. 入网食品生产经营者不得从事下列行为。

（1）网上刊载的食品名称、成分或者配料表、产地、保质期、贮存条件，生产者名称、地址等信息与食品标签或者标识不一致。

（2）网上刊载的非保健食品信息明示或者暗示具有保健功能；网上刊载的保健食品的注册证书或者备案凭证等信息与注册或者备案信息不一致。

（3）网上刊载的婴幼儿配方乳粉产品信息明示或者暗示具有益智、增加抵抗力、提高免疫力、保护肠道等功能或者保健作用。

（4）对在贮存、运输、食用等方面有特殊要求的食品，未在网上刊载的食品信息中予以说明和提示等。

3. 食品生产经营者应当在其页面显著位置公示营业执照、食品生产经营许可证。餐饮服务提供者还应当同时公示其餐饮服务食品安全监督量化分级管理信息。入网交易保健食品、特殊医学用途配方食品、婴幼儿配方乳粉的食品生产经营者，还应当依法公示产品注册证书或者备案凭证，持有广告审查批准文号的还应当公示广告审查批准文号，并链接至食品药品监督管理部门网站对应的数据查询页面。保健食品还应当显著标明"本品不能代替药物"。

4. 明确特殊医学用途配方食品中特定全营养配方食品不得进行网络交易。

5. 明确网络食品经营过程中的贮存、运输要求。网络交易的食品有保鲜、保温、冷藏或者冷冻等特殊贮存条件要求的，入网食品生产经营者应当采取能够保证食品安全的贮存、运输措施，或者委托具备相应贮存、运输能力的企业贮存、配送。

《网络食品安全违法行为查处办法》中还规定了食品药品监督管理部门对网络食品抽样检验的管理办法。县级以上食品药品监督管理部门通过网络购买样品进行检验的，应当按照相关规定填写抽样单，记录抽检样品的名称、类别以及数量，购买样品的人员以及付款账户、注册账号、收货地址、联系方式，并留存相关票据。买样人员应当对网络购买样品包装等进行查验，对样品和备份样品分别封样，并采取拍照或者录像等手段记录拆封过程。

当检验结果不符合食品安全标准的，食品药品监督管理部门应当按照有关规定及时将检验结果通知被抽样的入网食品生产经营者。入网食品生产经营者应当采取停止生产经营、封存不合格食品等措施，控制食品安全风险。而针对通过网络食品交易第三方平台购买的样品，应当将检验结果通知网络食品交易第三方平台提供者，由网络食品交易第三方平台提供者依法制止不合格食品的销售。入网食品生产经营者联系方式不详的，网络食品交易第三方平台提供者应当协助通知，或入网食品生产经营者无法联系的，网络食品交易第三方平台提供者应当停止向其提供网络食品交易平台服务。

案例讨论

案例： 中秋节临近，月饼市场也热闹起来。一些微商销售的月饼以"纯手工""无添加""可订制"为卖点，颇受消费者青睐。但是很多人可能没想过，网络自制食品大多是"三无产品"，一旦出现食品安全问题，消费者难以维权。一些微商通过微信、朋友圈销售"私房月饼"，打着"养生""无添加""纯绿色"的旗号，虽然价位大多在200元以上，却仍吸引了不少消费者。有消费者表示，觉得这样的月饼材料货真价实，吃着放心些，自己的亲戚朋友也有好多定做的。不少"手机控"都表示会通过朋友圈或微店买食品，除了中秋节月饼这样的时令食品，日常还会购买朋友家或者微商做的私房菜、烘焙达人自制的甜点等。不过，这样的"私房月饼"实际味道却并不一定如名字甜美，可能还会带来烦心事。××市市民郑女士在微信朋友圈购买了一盒月饼。到货后，郑女士尝了一下，发现五仁馅的月饼有些发霉的味道，联系卖家想要退货时却发现自己已被卖家拉黑。

问题： 1. 网络食品安全和网络餐饮服务由谁来监管？怎样监管？

2. 消费者遇到网络食品安全问题怎么进行维权？

3. 根据自己的日常生活，谈谈你对网络食品安全和网络餐饮服务抱有什么样的态度及意见。

十二、《网络餐饮服务食品安全监督管理办法》

为加强网络餐饮服务食品安全监督管理,规范网络餐饮服务经营行为,保证餐饮食品安全,保障公众身体健康,2017 年 9 月 5 日,国家食药监总局局务会议审议通过了《网络餐饮服务食品安全监督管理办法》,11 月 6 日国家食药监总局局长签署第 36 号令并公布,自 2018 年 1 月 1 日起施行。

《网络餐饮服务食品安全监督管理办法》适用于在中华人民共和国境内,网络餐饮服务第三方平台提供者、通过第三方平台和自建网站提供餐饮服务的餐饮服务提供者,利用互联网提供餐饮服务及监督管理。

《网络餐饮服务食品安全监督管理办法》共 46 条,其中明确了入网餐饮服务提供者的主要义务,包括以下内容。

1. 主体资质要求 入网餐饮服务提供者应当具有实体经营门店并依法取得食品经营许可证,按照食品经营许可证载明的主体业态、经营项目从事经营活动,不得超范围经营。

2. 公示义务 入网餐饮服务提供者应当在网上公示菜品名称和主要原料名称,公示的信息应当真实。

3. 制定并实施原料控制要求的义务 入网餐饮服务提供者应当选择资质合法、保证原料质量安全的供货商,或者从原料生产基地、超市采购原料,做好食品原料索证索票和进货查验记录,不得采购不符合食品安全标准的食品及原料。

4. 加工过程控制要求 入网餐饮服务提供者在加工过程中应当检查待加工的食品及原料,发现有腐败变质、油脂酸败、霉变生虫、污秽不洁、混有异物、掺假掺杂或者感官性状异常的,不得加工使用。

5. 定期维护设施设备等义务 另外,入网餐饮服务提供者应当在自己的加工操作区内加工食品,不得将订单委托其他食品经营者加工制作。网络销售的餐饮食品应当与实体店销售的餐饮食品质量安全保持一致。

十三、《国家食品药品监督管理总局关于修改部分规章的决定》

《国家食品药品监督管理总局关于修改部分规章的决定》已于 2017 年 11 月 7 日经国家食药监总局局务会议审议通过并公布,自公布之日起施行。

为贯彻落实国务院深化简政放权、放管结合、优化服务改革的要求,国家食药监总局对涉及行政审批制度改革、商事制度改革等有关规章进行了清理,决定对以下规章的部分条款予以修改。

1.《药品经营许可证管理办法》(2004 年 2 月 4 日国家食品药品监督管理局令第 6 号公布)。

2.《互联网药品信息服务管理办法》(2004 年 7 月 8 日国家食品药品监督管理局令第 9 号公布)。

3.《药品生产监督管理办法》(2004 年 8 月 5 日国家食品药品监督管理局令第 14 号公布)。

4.《医疗器械生产监督管理办法》(2014 年 7 月 30 日国家食品药品监督管理总局令第 7 号公布)。

5.《医疗器械经营监督管理办法》（2014 年 7 月 30 日国家食品药品监督管理总局令第 8 号公布）。

6.《蛋白同化制剂和肽类激素进出口管理办法》（2014 年 9 月 28 日国家食品药品监督管理总局 海关总署 国家体育总局令第 9 号公布）。

7.《食品生产许可管理办法》（2015 年 8 月 31 日国家食品药品监督管理总局令第 16 号公布，已废止）。

8.《食品经营许可管理办法》（2015 年 8 月 31 日国家食品药品监督管理总局令第 17 号公布）。

此外，将《药品经营许可证管理办法》《互联网药品信息服务管理办法》《药品生产监督管理办法》中"（食品）药品监督管理部门""（食品）药品监督管理机构""（食品）药品监督管理（机构）""（食品）药品监督管理局"等表述统一修改为"食品药品监督管理部门"，将"国家食品药品监督管理局"修改为"国家食品药品监督管理总局"，将"省级药品检验所"修改为"省级药品检验机构"，将"中国药品生物制品检定所"修改为"中国食品药品检定研究院"。

? 思考题

1. 简述违反《食品安全法》所应承担的法律责任有哪些。
2. 简述《食品安全法》中规定的食品安全监管体制。
3. 简述食品生产许可证号内容。

扫码"练一练"

📝 实训二　食品、食品添加剂生产许可现场核查过程和结论判定

一、实训目的

通过本实训能够更好地理解《食品生产许可管理办法》条文；运用《食品生产许可管理办法》进行案例分析。

二、实训原理

《食品生产许可管理办法》。

三、实训方法

食品、食品添加剂生产许可现场核查小组在接到当地食品安全监督管理部门行政核查中心下达的现场核查任务后，核查小组与企业协调好时间进入企业。

1. 预备会议　核查组从企业手中收到密封审核资料，由组长召开预备会议。明确核查要点、核查组分工、时间要求并填写现场核查计划表，强调核查纪律。

2. 首次会议　参会人员包括核查组成员、观察员、企业负责人及有关部门、车间、企业联系人等；核查组长主持会议（核查组长介绍此次核查目的、依据、范围及核查组人员，企业领导简短介绍企业情况及参会人员）；核查组长代表核查组作出相关申明和承诺（食品安全现场核查廉洁申明，说明核查的原则和方法、形成的核查结论文件等核查内容，交代核查人员分工情况，为企业的运营和技术机密保密承诺）；观察员承诺客观公正履行监督责任承诺。

3. 开始现场核查 由企业负责人陪同参观企业的产区环境、原辅材料库，按生产工艺流程察看企业的生产过程、产品库、化验室；分工分组活动（按《食品、食品添加剂生产许可现场核查评分记录表》中34个核查项目要求，逐条通过现场查看、看材料、记录、询问或召集有关人员座谈或小范围的考试等方法核查，对每条得出相应的分数，对于仅得1分或0分的核查项目，依据判定原则提出判定的具体问题，此处不得以"希望""要求""以后"等词语提出，发现什么问题就写什么问题，越具体越好，而对于被核查企业不涉及的核查项目，就在核查记录中填写"不涉及"）；核查组碰头会（汇总各个负责核查情况；组长提出核查结论意见初稿；统一核查组意见；确定分数并填写食品、食品添加剂生产许可现场核查报告）；与企业负责人沟通，把核查组核查结论意见告知企业负责人，并听取企业负责人对核查结果的意见，若有异议，应及时经沟通、交流取得一致，若异议较大，核查工作可按规定判定核查不予通过或限期整改，并商定下次核查时间。

4. 末次会议 参会人员与首次会议一样；核查组简要报告核查情况，宣布核查结论，感谢企业的配合和接待；企业负责人对核查结论表示态度，并提出对核查组工作的意见；双方在核查报告上签字、盖章。

根据《食品、食品添加剂生产许可现场核查评分记录》要求，本记录表共分为：生产场所、设备设施、设备布局和工艺流程、人员管理、管理制度及试制产品合格检验报告等6个部分，共34个核查项目。所有核查项目总分为100分（当出现核查项目不适合现场核查企业时，应在对应核查记录栏中填写"不涉及"，同时总分扣除该项目分数），每个核查项目分3个等级，符合要求得3分，基本符合要求得1分，不符合要求为0分。现场核查结论判定原则：当核查项目单项得分无0分且总得分率≥85%时，判定为该企业申请产品类别及品种明细通过现场核查；当出现有一项以及以上项目得0分的，或核查项目总分得分率＜85%的两种情况之一时，判定为该企业申请产品类别及品种明细未通过现场核查。

四、实训要求

1. 判断食品、食品添加剂生产许可现场核查过程是否准确及完善。

2. 思考食品、食品添加剂生产许可现场核查的依据是什么。

3. 思考食品、食品添加剂生产许可现场核查中观察员起何作用。

4. 如一食品生产企业在现场审核中没有出现不符合要求的0分项目，基本符合要求的项目有8项，同时审核中核实其不涉及外设仓库，试通过计算判定该生产企业是否通过这次现场核查，现场核查总得分率为多少？

（杨兆艳　覃涛　周慧恒）

第四章　中国食品相关其他法律法规

第一节　《产品质量法》

案例讨论

案例： 2000 年 9 月，某市技术监督局根据群众举报，对该市某土产品采购供应站的 1 吨蜂蜜进行监督抽查。结果查明，该批蜂蜜中含有一定量的硫酸铵，被认定为劣质品。2001 年 3 月，市技术监督局发出 2 号处罚决定书，按照《中华人民共和国产品质量法》（以下简称《产品质量法》）的有关规定，对土产品采购供应站作出"没收全部蜂蜜，直接责任者罚款 2000 元"的处罚。行政相对人不服。同年 7 月，市技术监督局又发出 6 号处罚决定书，撤销 2 号处罚决定书中对直接责任者进行罚款的决定，没收全部蜂蜜的处罚仍予保留。相对人接到 6 号处罚决定书后，即向当地市人民法院提起行政诉讼，要求市技术监督局撤销 6 号处罚决定书，解除已扣压 10 个多月的 50 吨蜂蜜，并要求市技术监督局赔偿所造成的经济损失。

　　问题： 1. 对采购站行为的处罚是否适用于《产品质量法》？

　　　　　　2. 依据相关法律法规规定，可给予其什么样的行政处罚？

扫码"学一学"

　　《产品质量法》于 1993 年 2 月 22 日第七届全国人民代表大会常务委员会第三十次会议通过，根据 2000 年 7 月 8 日第九届全国人民代表大会常务委员会第十六次会议《关于修改〈中华人民共和国产品质量法〉的决定》第一次修正，根据 2009 年 8 月 27 日第十一届全国人民代表大会常务委员会第十次会议《关于修改部分法律的决定》第二次修正。2018 年 12 月 29 日，根据第十三届全国人民代表大会常务委员会第七次会议决定，《中华人民共和国产品质量法》作出相应修改，重新公布。

一、《产品质量法》含义

《产品质量法》是调整产品生产者、销售者、用户和消费者以及政府有关行政管理部门之间，因产品质量问题而形成的权利义务关系的法律。主要包括：产品质量责任、产品质量监督管理、产品质量损害赔偿、处理产品质量争议等。

制定、实施《产品质量法》的意义：①明确产品责任，维护社会经济秩序；②强化产品监督管理，提高产品质量水平；③保护消费者合法权益。

二、《产品质量法》调整对象

1. 产品质量监督管理关系　各级市场监督管理部门在产品质量的监督检查、行使行政惩罚权时与市场经营主体所发生的法律关系。

2. 产品质量责任关系　因产品质量问题引起的消费者与生产者、销售者之间的法律关系，包括因产品缺陷导致的人身、财产损害，在生产者、销售者、消费者之间所产生的损害赔偿法律关系。

3. 产品质量检验、认证关系　因中介服务所产生的中介机构与市场经营主体之间的法律关系，及因产品质量检验和认证不实损害消费者利益而产生的法律关系。

三、《产品质量法》适用范围

（一）《产品质量法》适用的产品范围

《产品质量法》所称产品的范围指经过加工、制作，用于销售的产品。建筑工程产品不适用本法规定。本法第七十三条规定："军工产品质量监督管理办法，由国务院、中央军事委员会另行制定。因核设施、核产品造成损害的赔偿责任，法律、行政法规另有规定的，依照其规定。"《产品质量法》适用的产品范围主要从以下几个方面理解。

1. 本法所称产品是指经过加工、制作，用于销售的产品。加工、制作是指改变原材料、毛坯或者半成品的形状、性质或表面状态，使之达到规定要求的各种工作的统称。加工方法的种类很多，分类方法各有不同，按加工工艺可分为切削加工、电加工、火焰加工、化学加工、焊接加工、激光（镭射）加工、超声波加工、热加工、食品加工、服装加工等。加工是产品产出的过程，产品质量的优劣，直接与加工制作有关。

根据本法的规定，产品必须具备两个条件：首先必须经过加工、制作。这就排除了未经加工过程的天然品，如原矿、原煤、原油及初级农产品等。其次必须用于销售。这是确立本法法律意义上产品的重要特征。不是为销售而加工制作的物品就不是本法所指的产品。

2. 本法所规定的产品不包括建设工程产品。建设工程是指工业建筑和民用建筑物的建造，为生产和生活提供不可缺少的场所。建设工程产品包括：各种房屋、管道、采矿业建设工程，交通、水利、防空设施的建设工程、各种构筑物，为施工而进行建筑场地布置等。建设工程有自己的技术经济特点：①单一性，即建筑物的造型结构、体积、面积，采用的建筑材料，是根据建筑单位提出的用途和要求进行设计与施工的。②固定性，即建筑物都是固着在一定地点，不能随便移动。③建设工程产品为一个体积庞大的整体产品，生产周期长，露天作业多，受自然条件影响大，属于不动产的范畴，难以与经过加工、制作的工业产品共同适用于本法。为了与国际上大多数国家的产品规范和理论相衔接，也为了使国内产品责任之民事责任赔偿问题与国际产品规范保持一致，本法中所规定的产品不包括建设工程产品。建设工程的质量问题由《建筑法》和《建设工程质量管理条例》调整。

3. 经过加工、制作，用于销售的建筑材料、建筑构配件和设备适用本法。《产品质量法》规定："建设工程不适用本法规定；但是，建设工程使用的建筑材料、建筑构配件和设备，属于前款规定的产品范围，适用本法规定。"在未形成整体的建设工程之前，建筑材料、建筑构配件和设备在生产和销售中与其他工业品的属性是相同的，因此，经过加工、制作，用于销售的建筑材料、建筑构配件和设备适用本法。

4. 本法规定不适用初级农产品。产品是指经过工业加工、手工制作等方式，获得的具有特定使用性能，用于销售的产品。原国家技术监督局发布的《中华人民共和国产品质量法条文释义》中指出："未经加工天然形成的物品，如原矿、原煤、石油、天然气等；以及初级农产品，如农、林、牧、渔等产品，不适用本法规定。"

5. 本法规定不适用军工产品。军工产品是指武器装备、弹药及其配套产品，包括专用的原材料、元器件。由于军工产品一般不进入市场销售，因此军工产品不适用本法。

6. 在中华人民共和国境内销售的属于本法所称产品范围的进口产品，适用本法的有关规定。对于进口产品的质量要求，往往都订有合同，应该首先适用合同调整质量。但是，合同约定的质量要求，不得与本法等法律规定的默示担保条件相抵触。对于进口产品还有一种特殊情况，即货物到达中国市场后，进口合同关系即不存在，再继续进行生产、销售的，属于本法的调整范围。出口转内销产品，也适用本法的规定。

需要注意的是，本法中所称的产品，包括药品、食品、计量器具等特殊产品。但是，本法与《药品管理法》《食品安全法》《计量法》有不同规定的，应当分别适用其规定。

（二）《产品质量法》适用的主客体范围

1. 主体的适用范围　根据原国家技术监督局《中华人民共和国产品质量法条文释义》规定："本法适用的主体为在中华人民共和国境内的公民，企业、事业单位，国家机关、社会组织以及个体工商业经营者等。企业包括国有企业、集体所有制企业、私营企业以及中外合资经营企业、中外合作经营企业和外资企业。个体工商业经营者包括个体工商户、个体合伙等。"由此可见，本法调整的主体，主要有三种：①生产者、销售者；②监督管理产品质量的行政机关及从事产品质量监督管理工作的国家工作人员；③消费者以及虽不是产品的消费者，但受到产品缺陷损害的人。

2. 客体的适用范围　产品的经营活动，主要包括四个环节：生产、运输、仓储、销售以及产品的售后维修等。产品有下列情形之一的，其生产者、仓储者、运输者、销售者应当依法承担产品质量责任：①不符合国家有关法律、法规规定的质量要求的；②不符合合同约定的质量指标，不符合明示采用的产品标准、产品说明及以实物样品等方式表明的质量指标的；③产品存在缺陷，给用户、消费者造成损害的。

根据"从事产品生产、销售活动，必须遵守本法"的规定，本法只调整生产和销售这两个环节中的质量问题，仓储、运输过程中的质量问题不包括在内。因为在仓储、运输当中发生的产品质量问题，不和消费者发生直接关系。消费者发现购买的产品存在质量问题，即使这个质量问题是在运输和仓储过程中发生的，消费者也不可能直接向产品的承运人或者仓储的保管人查询，而是要向销售者、生产者要求赔偿。然后，生产者、销售者再向承运人或者仓储保管人追偿。产品在运输、仓储过程中发生的质量问题，主要表现为损坏、变质、污染，这类问题的处理一般在货物运输合同或者仓储保管合同中进行约定，没有约定或者约定不明确的，可以依照《合同法》处理。

《合同法》也涉及产品质量问题。依法成立并生效的合同中，有质量约定的，首先适用合同的约定；合同没有约定的，适用本法的规定，但是法律有强制规定的除外。简言之，凡是订有合同的，首先适用《合同法》的规定，《合同法》中没有规定的，适用本法。

（三）《产品质量法》适用的空间范围

指法律在多大的地域范围内适用。本法规定："在中华人民共和国境内从事产品的生产、销售活动的，必须遵守本法。"包括生产出口产品的生产者和销售进口产品的销售者。在中华人民共和国境外从事产品生产销售活动的，不适用本法，应当适用所在国家的法律。

四、产品质量监督管理制度

（一）标准化管理制度

《产品质量法》规定，产品质量应当检验合格，不得以不合格产品冒充合格产品。可能危及人体健康和人身、财产安全的工业产品，必须符合保障人体健康和人身、财产安全的国家标准、行业标准；未规定国家标准、行业标准的，必须符合保障人体健康和人身、财产安全的要求。禁止生产、销售不符合保障人体健康和人身、财产安全的标准和要求的工业产品。

（二）企业质量体系认证制度

1. 企业质量体系的概念　质量体系是指为实施质量管理所需的组织机构、职责、程序、过程和资源。质量体系按其建立的目的的不同而分为两种：一种是企业根据与需方签订的合同的要求建立起的质量体系，保证产品质量满足合同的要求，这种合同环境下的质量体系也称为质量保证体系；另一种则是企业出于自身的需要，为取得广大消费者对产品质量的信任，获得经济利益，赢得市场而根据市场的需要建立起的质量体系，这种在非合同环境条件下的质量体系称为质量管理体系。

2. 企业质量体系的认证　认证机构根据企业申请，对企业的产品质量保证能力和质量管理水平所进行的综合性检查和评定，并对符合质量体系认证标准的企业颁发认证证书的活动。

3. 企业质量体系的认证制度　国务院市场监督管理部门或者由它授权的部门认可的认证机构，依据国际通用的"质量管理和质量保证"系列标准，对企业的质量体系和质量保证能力进行审核，对合格者颁发企业质量体系认证证书，以资证明的制度。

《产品质量法》规定，国家根据国际通行的质量管理标准，推行企业质量体系认证制度。企业可以向国务院市场监督管理部门，或者国务院市场监督管理部门授权的部门认可的认证机构申请企业质量体系认证。经认证合格者，由认证机构颁发企业质量体系认证证书。

（三）产品质量认证制度

产品质量认证制度指用合格证书或合格标准证明某一产品或服务，符合特定标准或其他技术规范的活动。产品质量认证分为安全认证和合格认证。实行安全认证的产品，必须符合《产品质量法》《中华人民共和国标准化法》（以下简称《标准化法》）的有关规定。实行合格认证的产品，必须符合《标准化法》规定的国家或者行业标准要求。未制定国家标准、行业标准的，以社会普遍公认的安全、卫生要求为依据。

企业根据自愿原则，可以向国务院市场监督管理部门或者国务院市场监督管理部门授权的部门认可的认证机构申请产品质量认证。经认证合格者，由认证机构颁发产品质量体系认证证书。准许企业在产品或者其包装上使用产品质量认证标志。

（四）产品质量监督检查制度

《产品质量法》规定，国家对产品质量实行以抽查为主要方式的监督检查制度，对可能危及人体健康和人身、财产安全的产品，影响国计民生的重要工业产品以及消费者、有关组织反映有质量问题的产品进行抽查。抽查的样品应当在市场上或者企业成品仓库内的待销产品中随机抽取。监督检查工作由国务院市场监督管理部门规划和组织。县级以上地方市场监督管理部门在本行政区域内也可以组织监督抽查。法律对产品质量的监督检查另有规定的，依照有关法律的规定执行。

五、产品质量法律责任

产品质量法律责任指生产者、销售者以及对产品质量负有直接责任的责任者，因违反《产品质量法》规定的产品质量义务所承担的法律责任。

（一）生产者的产品质量责任和义务

1. 生产者应当对其生产的产品质量负责。

2. 产品及包装上的标识必须真实。产品包装上的标识内容：产品质量检验合格证，中文标明的产品名称、生产厂厂名和厂址，产品的特点和使用要求，生产日期和安全使用期或者失效日期，中文警示说明。

3. 不得生产国家明令淘汰的产品；不得伪造产地，伪造或冒用他人的厂名、厂址；不得伪造或者冒用认证标志、名优标志等质量标志；生产产品不得掺杂、掺假、以假冒真、以次充好。

（二）销售者的产品质量责任和义务

1. 执行进货检查验收制度，保持销售产品的质量。

2. 执行产品质量标示制度。

3. 不得销售国家明令淘汰并停止销售的产品和失效、变质的产品；不得伪造产品，伪造或冒用他人的厂名、厂址；不得伪造或者冒用认证标志、名优标志等质量标志；销售产品不能掺杂、掺假、不得以假冒真，不得以不合格产品冒充合格产品。

（三）产品质量的合同责任

产品质量的合同责任，亦称瑕疵责任或瑕疵担保责任。它是指产品不具备应有的使用性能，不符合明示采用的质量标准，或不符合产品说明、实物样品等方式标明的质量状况而产生的法律责任。

产品合同责任的具体责任形式：负责修理、更换；给消费者、用户造成损害的，还应负责赔偿；销售者未按该规定给予修理、更换、退货或赔偿损失的，由市场监督管理部门责令改正。

（四）侵权责任

侵权责任也就是通常说的产品责任，是基于产品存在缺陷并导致消费者、用户和相关第三人人身、财产遭受损害的前提而发生的，而且特指的仅仅是民事赔偿责任。

1. 产品责任的归责原则 我国《产品质量法》规定，产品责任适用无过错责任原则。

2. 产品责任的构成要件 产品责任由三个要件构成：①产品有缺陷；②损害事实存在；③产品缺陷与损害事实之间有因果关系。

3. 产品责任的免除 生产者能够证明有下列情形之一的，不承担赔偿责任：①未将产品投入流通；②产品投入流通时，引起损害的缺陷尚不存在；③将产品投入流通时的科学技术水平尚不能发现缺陷的存在。

4. 产品责任的诉讼时效 因产品存在缺陷造成损害要求赔偿的诉讼时效期间为二年，自当事人知道或者应当知道其权益受到损害时起计算；因产品存在缺陷造成损害要求赔偿的请求权，在造成损害的缺陷产品交付最初用户、消费者满十年丧失；但是，尚未超过明示的安全使用期的除外。

5. 纠纷处理 因产品质量发生民事纠纷时，当事人可以通过协商或者调解解决。当事人不愿通过协商、调解解决或者协商、调解不成的，可以根据当事人的协议向仲裁机构申请仲裁；当事人各方没有达成仲裁协议的，可以向人民法院起诉。

第二节 《农产品质量安全法》

扫码"学一学"

▶ 案例讨论

案例： 2017 年 2 月 6 日晚，天津市武清区动物卫生监督所驻××肉制品有限公司检疫员，对当地运猪户朱某运到屠宰场屠宰的 15 头猪进行快速抽检，发现 2 份尿样盐酸克仑特罗呈阳性。经查，该批次 15 头生猪有 10 头来自武清区黄花店二街个体养殖户李某。经进一步调查，李某于 2015 年 10 月从流动药贩手中购买了 500 片含有瘦肉精成分的药品，用于治疗生猪咳喘。2 月 8 日，武清区动物卫生监督所对不合格的猪肉产品及养殖户李某饲养的盐酸克仑特罗超标的 23 头生猪进行了无害化处理。武清区畜牧兽医主管部门后将案件移送公安机关查处。2017 年 11 月，被告人李某因犯生产、销售有毒、有害食品罪，一审被判处有期徒刑 2 年，并处罚金人民币 5 万元；禁止其自刑罚执行完毕之日或假释之日起 3 年内从事畜产品养殖、销售。

问题：1. 李某的行为违反了《农产品产品质量安全法》的哪些条款？
　　　2. 处罚是否得当？

《中华人民共和国农产品质量安全法》经 2006 年 4 月 29 日第十届全国人民代表大会常务委员会第二十一次会议通过，中华人民共和国主席令（第四十九号）公布，历经 2018 年修正，2022 年修订，共八章节八十一条。

一、《农产品质量安全法》含义

农产品质量安全法所称农产品，是指来源于种植业、林业、畜牧业和渔业等的初级产品，即在农业活动中获得的植物、动物、微生物及其产品。为保障农产品质量安全，维护公众健康，促进农业和农村经济发展而制定本法。本法所称农产品质量安全，是指农产品质量符合保障人的健康、安全的要求。

二、《农产品质量安全法》调整范围

《农产品质量安全法》调整的范围包括三个方面。

1. 调整的农产品的范围是指来源于农业的初级产品，即在农业活动中获得的植物、动物、微生物及其产品。

2. 调整的行为主体，既包括农产品的生产者和销售者，也包括农产品质量安全管理者和相应的检测技术机构和人员等。

3. 调整的管理环节问题，既包括产地环境、农业投入品的科学合理使用、农产品生产和产后处理的标准化管理，也包括农产品的包装、标识、标志和市场准入管理。可以说，《农产品质量安全法》对涉及农产品质量安全的方方面面都进行了相应的规范，调整的对象全面、具体，符合中国的国情和农情。

三、《农产品质量安全法》法律解析

（一）《农产品质量安全法》的主要内容

《农产品质量安全法》共分 8 章 81 条，内涵相当丰富。第一章是总则，对农产品的定义，农产品质量安全的内涵，法律的实施主体，经费投入，农产品质量安全风险评估、风险管理和风险交流，农产品质量安全信息发布，安全优质农产品生产，公众质量安全教育等方面作出了规定；第二章是农产品质量安全风险管理和标准制定，对农产品质量安全风险监测、农产品质量安全标准体系的建立，农产品质量安全标准的性质，农产品质量安全标准的制定、发布、实施的程序和要求等进行了规定；第三章是农产品产地，对农产品禁止生产区域的确定，农产品标准化生产基地的建设，农业投入品的合理使用等方面作出了规定；第四章是农产品生产，对农产品生产技术规范的制定，农业投入品的生产许可与监督抽查、农产品质量安全技术培训与推广、农产品生产档案记录、农产品生产者自检、农产品行业协会自律等方面进行了规定；第五章是农产品销售，对农产品生产企业、农民专业合作社和农产品批发市场进行农产品销售进行了规定；第六章是监督管理，对农产品监测和监督检查制度、检验机构资质、社会监督、现场检查、事故报告、责任追溯、进口农产品质量安全要求等进行了明确规定；第七章是法律责任，对各种违法行为的处理、处罚做出了规定；第八章是附则。

（二）农产品质量安全法的基本制度

整个法律主要包括以下 10 项基本制度：①政府统一领导、农业主管部门为主体、相关部门分工协作配合的农产品质量安全管理体制，这一管理体制明确了农业主管部门在农产品质量安全监管中的主体地位（《农产品质量安全法》总则第五条、第六条、第八条等）。②农产品质量安全标准的强制实施制度，政府有关部门应按照保障农产品质量安全的要求，依法制定和发布农产品质量安全标准并监督实施，不符合农产品质量安全标准的农产品，禁止销售（《农产品质量安全法》总则第九条和第二章全部）。③防止因农产品产地污染而危及农产品质量安全的农产品产地管理制度（《农产品质量安全法》第三章全部）。④农产品生产记录制度和农业投入品生产、销售、使用制度（《农产品质量安全法》第四章第二十七条至三十一条）。⑤农产品质量安全市场准入制度（《农产品质量安全法》第三十六条、三十七条）。⑥农产品的包装和标识管理制度（《农产品质量安全法》第三十八条、第三十九条）。⑦农产品质量安全监测制度（《农产品质量安全法》第三十四条、第三十七条、第四十八至五十一条）。⑧农产品质量安全检查监督检查制度（《农产品质量安全法》第五十三条等）。⑨农产品质量安全的风险分析、评估制度和信息发布制度（《农产品质量安全法》第十三条至十五条等）。⑩对农产品质量安全违法行为的责任追究制度（《农产品质量安全法》第五十九条、六十一条和第七章全部）。同时，法律还明确了各级政府要将农产品质量安全管理工作纳入本级国民经济和社会发展规划，并安排农产品质量安全经费，用于开展农产品质量安全工作。

（三）《农产品质量安全法》对农产品产地管理的规定

农产品产地环境对农产品质量安全具有直接、重大的影响，抓好农产品产地管理，是保障农产品质量安全的前提。

《农产品质量安全法》规定，县级以上地方政府农业主管部门按照保障农产品质量安全的要求，根据农产品品种特性和生产区域大气、土壤、水体中有毒有害物质状况等因素，认为不适宜特定农产品生产的，应当提出禁止生产的区域，报本级政府批准后公布执行。县级以上人民政府应当采取措施，加强农产品基地建设，改善农产品的生产条件。禁止在有毒有害物质超过规定标准的区域生产、捕捞、采集农产品和建立农产品生产基地；禁止违反法律、法规的规定向农产品产地排放或者倾倒废水、废气、固体废物或者其他有毒有害物质。农产品生产者应当合理使用化肥、农药、兽药、农用薄膜等化工产品，防止对农产品产地造成污染。

（四）《农产品质量安全法》对农产品生产者应当遵守保障农产品质量安全的规定

生产过程是影响农产品质量安全的关键环节。《农产品质量安全法》对农产品生产者在生产过程中保证农产品质量安全的基本义务作了规定，主要包括以下内容。

1. 依照规定合理使用农业投入品。农产品生产者应当按照法律、行政法规和国务院农业主管部门的规定，合理使用化肥、农药、兽药、饲料和饲料添加剂等农业投入品，严格执行农业投入品使用安全间隔期或者休药期的规定，禁止使用国家明令禁止使用的农业投入品，防止因违反规定使用农业投入品危及农产品质量安全。

2. 依照规定建立农产品生产记录。农产品生产企业和农民专业合作经济组织应当建立农产品生产记录，如实记载使用农业投入品的有关情况、动物疫病和植物病虫害的发生和防治情况，以及农产品收获、屠宰、捕捞的日期等情况。

3. 对其生产的农产品的质量安全状况进行检测。农产品生产企业和农民专业合作经济组织应当自行或者委托检测机构对其生产的农产品的质量安全状况进行检测，经检测不符合农产品质量安全标准的，不得销售。

（五）《农产品质量安全法》对农产品包装和标识的规定

逐步建立农产品的包装和标识制度，对于方便消费者识别农产品质量安全状况，以及逐步建立农产品质量安全追溯制度，都具有重要作用。《农产品质量安全法》对于农产品包装和标识的规定主要包括以下内容。

1. 对国务院农业主管部门规定在销售时应当包装和附加标识的农产品，农产品生产企业、农民专业合作经济组织以及从事农产品收购的单位或者个人，应当按照规定包装或者附加标识后方可销售；属于农业转基因生物的农产品，应当按照农业转基因生物安全管理的规定进行标识。依法需要实施检疫的动植物及其产品，应当附具检疫合格的标志、证明。

2. 农产品在包装、保鲜、贮存、运输中使用的保鲜剂、防腐剂和添加剂等材料，应当符合国家有关强制性的技术规范。

3. 销售的农产品符合农产品质量安全标准的，生产者可以申请使用无公害农产品标识；农产品质量符合国家规定的有关优质农产品标准的，生产者可以申请使用相应的农产品质量标志。为贯彻实施好《农产品质量安全法》中关于农产品包装和标识的规定，原农业部进一步制定了《农产品产地安全管理办法》。

（六）《农产品质量安全法》对农产品质量安全实施监督检查的规定

依法实施对农产品质量安全状况的监督检查，是防止出现不符合农产品质量安全标准的产品流入市场、进入消费，危害人民群众健康和安全后果的必要措施，是农产品质量安全监管部门必须履行的法定职责。《农产品质量安全法》规定的农产品质量安全监督检查制度主要包括以下内容。

1. 县级以上政府农业主管部门应当制订并组织实施农产品质量安全监测计划，对生产中或者市场上销售的农产品进行监督抽查，监督抽查结果由省级以上政府农业主管部门予以公告，以保证公众对农产品质量安全状况的知情权。

2. 监督抽查检测应当委托具有相应检测条件和能力的检测机构承担，并不得向被抽查人收取费用。被抽查人对监督抽查结果有异议的，可以申请复检。

3. 县级以上农业主管部门可以对生产、销售的农产品进行现场检查，查阅、复制与农产品质量安全有关的记录和其他资料，调查了解有关情况。对经检测不符合农产品质量安全标准的农产品，有权查封、扣押。

4. 对检查发现的不符合农产品质量安全标准的产品,责令停止销售、进行无害化处理或者予以监督销毁;对责任者依法给予没收违法所得、罚款等行政处罚;对构成犯罪的,由司法机关依法追究刑事责任。

(七)《农产品质量安全法》对国家建立农产品质量安全监测制度的规定

建立农产品质量安全监测制度是为了全面、及时、准确地掌握和了解农产品质量安全状况,根据农产品质量安全风险评估结果,对风险较大的危害进行例行监测,既为政府管理提供决策依据,又为有关团体和公众及时了解相关信息,最大限度地降低影响农产品质量安全因素对人民身体的危害。农产品质量安全监测制度的具体规定主要包括:监测计划的制订依据、监测的区域、监测的品种和数量、监测的时间、产品抽样的地点和方法、监测的项目和执行标准、判定的依据和原则、承担的单位和组织方式、呈送监测结果和分析报告的格式、结果公告的时间和方式等。为贯彻实施好《农产品质量安全法》中关于实施农产品质量安全监测制度的规定,原农业部进一步制定了《农产品质量安全监测管理办法》。

(八)《农产品质量安全法》对检测机构的规定

《农产品质量安全法》规定,监督抽查检测应当委托相关的农产品质量安全检测机构进行,检测机构必须具备相应的检测条件和能力,由省级以上人民政府农业行政主管部门或者其授权的部门考核合格,同时应当依法经计量认证合格。规定应当充分利用现有的符合条件的检测机构,主要是为了避免重复建设和资源浪费。

(九)《农产品质量安全法》对批发市场的规定

《农产品质量安全法》明确规定了禁止销售的农产品范围,同时规定农产品批发市场应当设立或者委托农产品质量安全检测机构,对进场销售的农产品质量安全状况进行抽查检测;发现不符合农产品质量安全标准的,应当要求销售者立即停止销售,并向农业行政主管部门报告;应当建立进货检查验收制度。本法中还规定了批发市场相应的民事赔偿责任和法律责任。

(十)《农产品质量安全法》对县级以上地方人民政府的规定

《农产品质量安全法》强化了地方人民政府对农产品质量安全监管的责任,对县级以上地方人民政府的职责和义务进行了专门规定。

1. 县级以上人民政府应当将农产品质量安全管理工作纳入本级国民经济和社会发展规划,并安排农产品质量安全经费,用于开展农产品质量安全工作。

2. 县级以上地方人民政府统一领导、协调本行政区域内的农产品质量安全工作,并采取措施,建立健全农产品质量安全服务体系,提高农产品质量安全水平。

3. 各级人民政府及有关部门应当加强农产品质量安全知识的宣传,提高公众的农产品质量安全意识,引导农产品生产者、销售者加强质量安全管理,保障农产品消费安全。

4. 县级以上人民政府应当加强农产品基地建设,建设农产品标准生产示范区和无规定动植物疫病区,改善农产品生产条件,加强对农产品生产的指导。

第三节 其他相关法律法规

扫码"学一学"

▶ **案例讨论**

案例：呼和浩特市一家以"蒙牛"为企业字号的酒业公司对外宣称与蒙牛乳业（集团）股份有限公司是一家，被蒙牛乳业以侵犯注册商标专用权及不正当竞争为由告上法庭。2006 年 12 月，北京市第一中级人民法院一审判决，被告蒙牛酒业在合理清理期满 2 个月后，停止使用含有"蒙牛"字样的企业名称，并赔偿原告经济损失400 万元。判决作出后，蒙牛酒业并未提出上诉。

问题： 1. 案例中的行为违反《中华人民共和国商标法》（以下简称《商标法》）哪些条款？

2. 法院判处是否得当？

一、《商标法》

（一）《商标法》概念和目的

《商标法》是指在调整确认、保护商标专用过程中发生的社会关系的法律规范的总称。制定的目的是为了加强商标管理，保护商标专用权，促使生产、经营者保证商品和服务质量，维护商标信誉，以保障消费者和生产、经营者的利益，促进社会主义市场经济的发展。

《商标法》于 1982 年 8 月 23 日第五届全国人民代表大会常务委员会第二十四次会议通过，自 1983 年 3 月 1 日起实施。1993 年 2 月 22 日第七届全国人民代表大会常务委员会第三十次会议对《商标法》进行了修改。与《商标法》配套的法规主要有国务院颁布的《商标法实施细则》。为完善我国商标专用权保护制度，适应我国加入 WTO 的需要，第九届全国人民代表大会常务委员会第二十四次会议于 2001 年 10 月 27 日通过了全国人民代表大会常务委员会关于修改《商标法》的决定，该决定自 2001 年 12 月 1 日起实施。2002 年 3 月8 日国务院发布《中华人民共和国商标法实施条例》，自 2002 年 9 月 15 日起实施，与修改后的《商标法》相配套。2013 年 8 月 30 日十二届全国人大常委会第四次会议《关于修改〈中华人民共和国商标法〉的决定》完成了对《商标法》的第三次修正，自 2014 年 5 月 1日起施行。

（二）《商标法》主要内容

1. 总则 共 21 条，主要对本法的立法目的、主管部门、注册商标的含义及范围、商标注册的取得及权利人的权利和责任、可以和不得作为商标使用并申请注册的情形、驰名商标的认定和保护、商标不予注册并禁止使用的情形、涉外商标注册、商标代理机构及该行业的义务和责任等作了规定。

2. 商标注册的申请 自然人、法人或者其他组织对其生产、制造、加工、拣选或者经销的商品或提供的服务项目，需要取得商标专用权的，应当向商标局申请商品商标注册。

国家规定必须使用注册商标的商品，必须申请商标注册，未经核准注册的，不得在市场销售。申请商标注册的，应当按规定的商品分类表填报使用商标的商品类别和商品名称。为申请商标注册所申报的事项和所提供的材料应当真实、准确、完整。

3. 商标注册的审查和核准　申请注册的商标，凡符合本法有关规定的，由商标局初步审定，予以公告。凡不符合本法有关规定或者同他人在同一种商品或者类似商品上已经注册的或者初步审定的商标相同或者近似的，由商标局驳回申请，不予公告。

4. 注册商标的续展、转让和使用许可　注册商标的有效期为十年，自核准注册之日起计算。注册商标有效期满，需要继续使用的，应当在期满前六个月内申请续展注册；在此期间未能提出申请的，可以给予六个月的宽展期。宽展期满仍未提出申请的，注销其注册商标。每次续展注册的有效期为十年。转让注册商标的，转让人和受让人应当签订转让协议，并共同向商标局提出申请。受让人应当保证使用该注册商标的商品质量。

5. 商标使用管理

（1）对注册商标的使用管理　国家规定必须使用商标注册的商品，未经核准注册，在市场上销售的，由工商行政管理部门责令限期申请注册，可以并处罚款。还规定了一些违规行为要撤销注册商标。

（2）对未注册商标的管理　使用未注册商标时不符合规定的，由工商行政管理部门予以制止，限期改正，并可以予以通报或者处以罚款。

（3）对商标局撤销注册商标的决定　当事人不服商标局撤销注册商标的决定，可以在收到通知后15天内申请复审，由商标评审委员会作出决定，并书面通知申请人；对工商管理部门作出的罚款决定，当事人不服的，可以在收到通知后15天内，向人民法院起诉。期满不起诉又不履行的，由有关工商行政管理部门申请人民法院强制执行。

6. 对已注册的商标发生争议时的处理　违反有关商标禁用标志规定或者是以欺骗手段或者其他不正当手段取得注册的商标，由商标局撤销该注册商标；其他单位或者个人也可以请求商标评审委员会裁定撤销该注册商标。除上述情形外，对已经注册的商标有争议的，可以在该商标经核准注册之日起一年内，向商标评审委员会申请裁定。

7. 注册商标专用权的保护

（1）商标权的保护范围　注册商标的专用权，以核准注册的商标和核定使用的商品为限。

（2）商标侵权行为　根据《商标法》第五十二条规定侵犯注册商标专用权的行为。

（3）对商标侵权行为的处理　工商行政管理部门有权责令侵权人立即停止侵权行为，没收、销毁侵权商品和专门用于制造侵权商品、伪造注册商标标识的工具，并处以罚款。对侵犯注册商标专用权的，被侵权人也可以直接向人民法院起诉，制止侵权行为；假冒注册商标等行为，构成犯罪的，除赔偿损失外被侵权机关可依法追究刑事责任。

8. 附则　本章共2条，规定了两方面的内容：①对申请商标注册等事宜应当缴纳费用作了规定；②规定了本法的施行日期，并明确了本法施行前已经注册的商标继续有效。

案例讨论

　　案例：某市级人民政府计量行政部门设置的法定计量检定机构正在筹建一项新的最高计量标准，准备开展计量检定工作。在计量标准装置安装完毕进行调试时，企业送来了2台计量器具，需要使用新的计量标准进行检定。该机构为了满足企业的需要，就帮助企业进行了检定，并出具了检定证书。

　　问题：法定计量检定机构筹建中的某项最高计量标准是否能够对外开展计量检定并出具计量检定证书？

二、《计量法》

（一）《计量法》概念和目的

　　《计量法》是调整计量关系法律规范的总称，凡在中华人民共和国境内，建立计量基准器具、计量标准器具，进行计量检定，制造、修理、销售、使用计量器具，都必须遵守《计量法》。其制定的目的是为了加强计量监督管理，保障国家计量单位制的统一和量值的准确可靠，有利于生产、贸易和科学技术的发展，适应社会主义现代化建设的需要，维护国家、人民的利益，而制定的法律。

　　《计量法》于1985年9月6日经第六届全国人民代表大会常务委员会第十二次会议通过，自1986年7月1日起正式实施。根据2009年8月27日第十一届全国人民代表大会常务委员会第十次会议《关于修改部分法律的决定》第一次修正。根据2013年12月28日第十二届全国人民代表大会常务委员会第六次会议《关于修改〈中华人民共和国海洋环境保护法〉等七部法律的决定》第二次修正。根据2015年4月24日第十二届全国人民代表大会常务委员会第十四次会议《关于修改〈中华人民共和国〉等五部法律的决定》第三次修正。根据2017年12月27日第十二届全国人民代表大会常务委员会第三十一次会议《关于修改〈中华人民共和国招标投标法〉、〈中华人民共和国计量法〉的决定》第四次修正。

　　根据《计量法》规定，我国采用国际单位制、国际单位制计量单位和国家选定的其他计量单位，为国家法定计量单位。国家废除非法定计量单位。自1991年1月起，除个别特殊领域外，不允许再使用非法定计量单位。国务院计量行政部门对全国计量工作实施统一监督管理。县级以上地方人民政府计量行政部门对行政区域内的计量工作实施监督管理。《计量法》对使用国家法定计量单位，建立计量基准器具、计量标准器具，进行计量检定，开发、制造、修理、销售、使用和进口计量器具，以及计量监督和法律责任等作出了明确规定。

　　1. 计量

　　（1）计量的定义　根据国家计量技术规范JJF 1001—2011《通用计量术语及定义》，计量的定义为实现单位统一和量值准确可靠的测量。从定义可以看出，计量属于测量的范畴，计量源于测量，而又严于一般的测量，是测量的一种特定形式。它以现代科学技术所能达到的最高准确度，建立计量基准和计量标准，并用以核准工作计量器具，实现对全国计量业务的国家监督。

　　（2）计量的特点　计量具有统一性、准确性和强制性。统一是目的，准确是基础，强制是手段。目前我国已制定出《计量法》等一整套的法律、行政法规、规章。要求在生产活动、商品交换、科学文化等一切领域，都必须认真遵守、严格执行，必要时实行强制管理。

（3）计量的意义　计量工作是推行标准化，加强质量工作的基础。凡经计量认证合格的产品质量监督检验机构提供的数据，用于贸易出证、产品质量评价、成果鉴定等的公证数据，都具有法律效力。

2. 《计量法》的立法原则

（1）着重于为单位制统一和量值准确可靠及维护经济秩序的问题立法的原则。

（2）统一立法，区别管理的原则（他律与自律）。

（3）政府管公共计量活动，部门和单位管自我的计量活动原则。

（4）凡经济调节可解决的，不用行政手段解决的原则。

（5）短期中无法解决的，就不急于立法的原则。

（二）《计量法》主要内容

1. 立法宗旨　保障国家计量单位制的统一和量值的准确可靠，有利于生产、贸易和科学技术的发展，适应社会主义现代化建设的需要，维护国家、人民的利益。

2. 适用范围　在中华人民共和国境内，建立计量基准器具、计量标准器具，进行计量检定，制造、修理、销售、使用计量器具，必须遵守本法。

3. 法定计量单位　国家采用国际单位制。国际单位制计量单位和国家选定的其他计量单位，为国家法定计量单位。

4. 计量检定　计量检定必须按照国家计量检定系统表进行。国家计量检定系统表由国务院计量行政部门制定。计量检定必须执行计量检定规程。没有国家计量检定规程的，由国务院有关主管部门和省、自治区、直辖市人民政府计量行政部门分别制定部门计量检定规程和地方计量检定规程，并向国务院计量行政部门备案。计量检定工作应当按照经济合理的原则，就地就近进行。

5. 计量基准　国务院计量行政管理部门负责建立各种计量基准器具，作为统一全国量值的最高依据。

6. 计量认证　《计量法》第二十二条规定："为社会提供公证数据的产品质量检验机构，必须经省级以上人民政府计量行政部门对其计量检定、测试的能力和可靠性考核合格。"

7. 违反《计量法》法律制度应承担的法律责任

（1）未取得《制造计量器具许可证》《修理计量器具许可证》制造或者修理计量器具的，责令停止生产、停止营业，没收违法所得，可以并处罚款。

（2）制造、销售未经考核合格的计量器具新产品的，责令停止；制造、销售该种新产品，没收违法所得，可以并处罚款。

（3）制造、修理、销售的计量器具不合格的，没收违法所得，可以并处罚款。

（4）属于强制检定范围的计量器具，未按照规定申请检定或者检定不合格继续使用的，责令停止使用，可以并处罚款。

（5）使用不合格的计量器具或者破坏计量器具准确度，给国家和消费者造成损失的，责令赔偿损失，没收计量器具和违法所得，可以并处罚款。

（6）制造、销售、使用以欺骗消费者为目的的计量器具的，没收计量器具和违法所得，处以罚款；情节严重的，并对个人或者单位直接责任人员依照刑法有关规定追究刑事责任。

（7）违反本法规定，制造、修理、销售的计量器具不合格，造成人身伤亡或者重大财产损失的，依照刑法有关规定，对个人或者单位直接责任人员追究刑事责任。

（8）计量监督人员违法失职，情节严重的，依照《刑法》有关规定追究刑事责任；情节轻微的，给予行政处分。

（9）本法规定的行政处罚，由县级以上地方人民政府计量行政部门决定。本法第二十六条［上述第（5）项］规定的行政处罚，也可以由工商行政管理部门决定。

（10）当事人对行政处罚决定不服的，可以在接到处罚通知之日起十五日内向人民法院起诉；对罚款、没收违法所得的行政处罚决定期满不起诉又不履行的，由作出行政处罚决定的机关申请人民法院强制执行。

👉 **案例讨论**

　　案例：2006年10月9日，××公司报检了一批从日本进口的调味品，数量为100箱，重量为900千克，货值1800美元。10月17日取样检验，但相关部门于10月25日日常监管时发现该批货物在未经检验完毕的情况下已被使用了11箱。

　　问题：1. 请问××公司的行为违反了《中华人民共和国进出口商品检验法》（以下简称《进出口商品检验法》）的哪些条款？

　　　　　　2. 如何进行处罚？

三、《进出口商品检验法》

（一）《进出口商品检验法》概念和目的

《进出口商品检验法》是为了加强进出口商品检验工作，规范进出口商品检验行为，维护社会公共利益和进出口贸易有关各方的合法权益，促进对外经济贸易关系的顺利发展而制定的法律规范。它以法律的形式明确了对进出口商品实施法定检验，办理进出口商品鉴定业务，以及监督管理进出口商品检验工作等基本职责。《商检法》同时规定了法定检验的内容、标准，以及质量认证、质量许可、认可国内外检验机构等监管制度，并规定了相应的法律责任。

1989年2月，第七届全国人大常委会第六次会议审议通过了《进出口商品检验法》，2002年4月28日第九届全国人民代表大会常务委员会第二十七次会议审议通过了《全国人民代表大会常务委员会关于修改〈中华人民共和国进出口商品检验法〉的决定》，于2002年10月1日起正式实施。根据2013年6月29日第十二届全国人民代表大会常务委员会第三次会议《关于修改〈中华人民共和国文物保护法〉等十二部法律的决定》第二次修正。根据2018年4月27日第十三届全国人民代表大会常务委员会第二次会议《关于修改〈中华人民共和国国境卫生检疫法〉等六部法律的决定》第三次修正。2018年12月29日，根据第十三届全国人民代表大会常务委员会第七次会议决定，《中华人民共和国进出口商品检验法》作出相应修改，重新公布。

《中华人民共和国进出口商品检验法实施条例》（以下简称《商检法实施条例》作为《进出口商品检验法》的配套法规，具体规定了商检部门主管进出口商品检验工作的法律地位，规定了法定检验、鉴定业务的范围、监督管理的各项制度，并在符合《进出口商品检验法》基本原则的基础上规定了商检部门可以制定行业标准、开展外商投资财产鉴定、质量体系评审等业务。《进出口商品检验法》以及《商检法实施条例》的发布施行，对于进一步加强进出口商品检验把关、维护国家利益和信誉、促进外贸发展有重大意义。现行版本根据 2017 年 3 月 1 日《国务院关于修改和废止部分行政法规的决定》修订。

（二）《进出口商品检验法》主要内容

1. 进出口商品检验管理机构　国务院设立进出口商品检验部门（以下简称国家商检部门），主管全国进出口商品检验工作。国家商检部门设在各地的进出口商品检验机构（以下简称商检机构）管理所辖地区的进出口商品检验工作。

2. 商品检验管理的内容

（1）进口商品检验　《进出口商品检验法》规定，必须经商检机构检验的进口商品应当在商检机构规定的地点和期限内，接受商检机构对进口商品的检验。对重要的进口商品和大型的成套设备，收货人应当依据对外贸易合同约定在出口国装运前进行预检验、监造或者监装，主管部门应当加强监督；商检机构根据需要可以派出检验人员参加。前款规定的进口商品未经检验的，不准销售、使用。

（2）出口商品检验　《进出口商品检验法》规定，必须经商检机构检验的出口商品应当在商检机构规定的地点和期限内报检，接受商检机构对出口商品的检验。必须实施检验的出口商品，海关凭商检机构签发的货物通关证明验放。生产出口危险货物的企业，必须申请商检机构进行包装容器的使用鉴定。使用未经鉴定合格的包装容器的危险货物，不准出口。对装运出口易腐烂变质食品的船舱和集装箱，承运人或者装箱单位必须在装货前申请检验。未经检验合格的，不准装运。

（3）公证鉴定　经国家商检部门许可的检验机构，可以接受对外贸易关系人或者外国检验机构的委托，办理进出口商品检验鉴定业务。进出口商品鉴定业务的范围包括：进出口商品的质量、数量、重量、包装鉴定，海损鉴定，集装箱检验，进口商品的残损鉴定，出口商品的装运技术条件鉴定、货载衡量、产地声明、价值证明以及其他业务。

3. 商品检验管理的方法　①法定检验、地方性法定检验和自行检验；②报检、检验与出证；③公证鉴定申请与鉴定证书；④派员驻厂；⑤处罚。

4.《进出口商品检验法》的法律责任

（1）《商检机构实施检验的进出口商品类表》中的商品必须经商检机构检验的，进口商品未报经检验而擅自销售或者使用的，出口商品未报经检验合格而擅自出口的，由商检机构处以罚款；情节严重，造成重大经济损失的，对直接责任人员比照《刑法》第一百八十七条的规定追究刑事责任。

（2）对于国家商检机构工作人员的法律责任，《进出口商品检验法》规定，国家商检部门、商检机构的工作人员滥用职权，徇私舞弊，伪造检验结果的，或者玩忽职守，延误检验出证的，根据情节轻重，给予行政处分或者依法追究刑事责任。

四、《标准化法》

《标准化法》是为了加强标准化工作，提升产品和服务质量，促进科学技术进步，保障人身健康和生命财产安全，维护国家安全、生态环境安全，提高经济社会发展水平而制定的。本法所称标准（含标准样品）是指农业、工业、服务业以及社会事业等领域需要统一的技术要求。

《标准化法》已由中华人民共和国第七届全国人民代表大会常务委员会第五次会议于1988年12月29日通过，自1989年4月1日起施行。2017年11月4日，第十二届全国人民代表大会常务委员会第三十次会议修订，自2018年1月1日起施行。

? 思考题

1. 《产品质量法》制定和出台的背景是什么？
2. 简述《农产品质量安全法》的基本内容。
3. 产品质量认证制度与企业质量体系认证制度的区别是什么？
4. 简述商标注册程序，及商标注销、撤销和无效的区别。
5. 简述《计量法》在食品生产中的运用与实践。

扫码"练一练"

（崔俊林）

第五章　标准与标准化

📖 知识目标

1. **掌握**　标准的构成及各要素编写的基本要求。
2. **熟悉**　标准的分类方法和含义、企业标准制定的基本原则。
3. **了解**　标准和标准化的基本概念。

📋 能力目标

1. 能够看懂并实施现行标准。
2. 能够利用TCS软件编制企业标准。

第一节　标准化基础知识

👉 案例讨论

　　案例： 食品标准包括国家标准、行业标准、地方标准、企业标准、团体标准。有些食品无国家、行业标准，则需执行地方标准。2018年发生的辣条食品安全事件就是在标准执行过程中出现了问题，辣条在该事件发生时无国家、行业标准，普遍执行河南及湖南等地的地方标准，标准不同，标准中对食品添加剂的要求也不同，从而导致在本省抽检合格，到外省抽检不合格的情况。

　　问题： 这种情况我们应该如何解决？

一、标准化的定义

　　GB/T 20000.1—2014《标准化工作指南 第1部分：标准化和相关活动的通用术语》对"标准化"的定义："为了在既定范围内获得最佳秩序，促进共同效益，对现实问题或潜在问题确立共同使用和重复使用的条款以及编制、发布和应用文件的活动。"标准化包括编制、发布和实施标准的过程。标准化的主要作用在于为了其预期目的改进产品、过程或服务的适用性，防止贸易壁垒，并促进技术使用。

📰 拓展阅读

国际标准与第四次工业革命

　　每年的10月14日，IEC、ISO和ITU的成员都会一起庆祝国际世界标准日，以向全世界成千上万致力于将技术协议制定为国际标准的专家致敬。2018 年世界标准日主题为"国际标准与第四次工业革命"。第四次工业革命指的是使物理、数字和生物世界之间传统界限不再明显的新兴技术。在 18 世纪，从手工作业到机械和工厂作业的转变提升了社会对标准的需求。例如更换机器零件和大规模生产的专用部件。今天，标准将再次在向新时代的过渡中发挥关键作用。若没有标准，我们将无法见证世界的快速发展。创新者依据国际标准，如 IEC、ISO 和 ITU 标准，来确保兼容性和互操作性，使得新技术得以无缝对接。标准也是全世界进行知识传播和创新的工具。

二、标准化的原则

1. 超前预防的原则　标准作为共同使用和重复使用的一种规范性文件，需要具有一定的稳定性，为了更好地适应科技的快速发展，标准化的对象不仅要在依存主体的实际问题中选取，更应从潜在问题中选取，以有效地应对其多样化和复杂化，避免该对象非标准化造成的损失。

2. 协商一致的原则　标准是通过标准化活动，按照规定的程序经协商一致制定，大家共同使用和重复使用的一种规范性文件。基于"共同使用"和"重复使用"，标准化的成果应建立在相关各方协商一致的基础上，最终形成一致的标准，才能在实际生产和工作中得到顺利的贯彻实施。例如许多食品标准由国内从事该行业的主要协会和生产企业联合协商制定。如 GB/T 10789—2015《饮料通则》起草单位为中国饮料工业协会技术工作委员会、可口可乐饮料（上海）有限公司、康师傅饮品投资（中国）有限公司、杭州娃哈哈集团有限公司、农夫山泉股份有限公司、北京汇源饮料食品集团有限公司、百事亚洲研发中心有限公司、统一企业（中国）投资有限公司、四川蓝剑饮品集团有限公司、华润怡宝食品饮料（深圳）有限公司、雀巢（中国）有限公司等。

3. 统一有度的原则　技术指标反映标准水平，要根据科学技术的发展水平和产品、管理等方面实际情况来确定技术指标，必须坚持统一有度的原则。如同一类食品，食品安全标准中应有统一的上限（食品中污染物、微生物等）和统一的下限（食品中营养成分的含量）。同一类产品的企业标准，要与相应的行业标准、地方标准以及国家标准相统一，可严于相应的行业、地方及国家标准，但不得松于其规定的指标。

4. 动变有序的原则　标准应依据其所处环境的变化，按规定的程序适时修订，才能保证标准的先进性。一个标准制定完成之后，并不是一成不变的，应随着科学技术的发展、人民生活水平的提升以及人民对食品安全要求的不断提高进行修订。国家标准一般每五年修订一次，企业标准一般每三年修订一次。

5. 互相兼容的原则　标准应尽可能地使不同的产品、过程或服务实现互换和兼容，以扩大标准化经济效益和社会效益。在标准中要统一计量单位、统一制图符号，对同一类的产品在核心技术上应制定统一的技术要求。如在食品中微生物指标限量表示方法中菌落总数的单位均为 CFU/g 或 CFU/mL，检验参考标准为统一的 GB 4789.2—2016《食品安全国家标准 食品微生物学检验 菌落总数测定》。单位和检测方法的兼容统一，利于资源、技术共享。

6. 系列优化的原则　标准化的对象优先考虑其依存主体能获得经济效益。在标准制定中，尤其是系列标准的制定中，一定应坚持系列优化的原则。如《食品中农药残留量的测定方法》（GB 23200.1～115），《食品微生物学检验方法》（GB 4789.1～43）以及《食品理化分析检验方法》（GB 5009.1～279），都是一系列通用的方法，是不断完善、系列优化的检验标准，不同种类的食品都可以引用这些检验方法，也便于测定结果的相互比较，保证食品质量。

7. 阶梯发展的原则　标准的发展是一个阶梯发展的过程。科学技术的发展和进步以及人们认识水平的提高，对标准化的发展有明显的促进作用。如目前适用的标准 GB 4789.2—2016《食品安全国家标准 食品微生物学检验 菌落总数测定》，从 1984 年至今历经了 6 次修订，每一次修订都是该标准的一次进步与发展，使其更适应于社会及产业技术的发展，水平不断提高，检测方法更加科学合理。

8. 滞阻即废的原则　当标准制约或阻碍依存主体的发展时，应及时进行更正、修订或废止，以适应社会经济的发展需要。近些年，国家一直进行食品标准的清理工作，食品安全标准体系也初步形成。

第二节　标准的分类

一、按标准实施的约束力分类

1. 强制性标准　国家通过法律的形式，明确要求对于一些标准所规定的技术内容和要求必须执行，不允许以任何理由或方式加以违反、变更，这样的标准称之为强制性标准。强制性标准必须执行。

2. 推荐性标准　强制性标准以外的标准都是推荐性标准。推荐性标准是倡导性、指导性、自愿性的标准。国家鼓励企业采用推荐性标准，但企业一旦采用了某推荐性标准作为产品标准，则对于该企业这个标准同样具备强制标准的约束力，标准中规定的产品各项指标必须被满足后方可出厂。推荐性国家标准、行业标准、地方标准、团体标准、企业标准的技术要求不得低于强制性国家标准的相关技术要求。

二、按标准制定的主体分类

根据标准制定的主体，从世界范围来看，标准分为国际标准、区域性标准、国家标准、行业标准、地方标准与企业标准。按照《标准化法》，我国目前将标准分为国家标准、行业标准、地方标准和企业标准、团体标准。国家标准又分为强制性标准、推荐性标准，行业标准、地方标准是推荐性标准。

1. 国家标准

（1）强制性国家标准　《标准化法》规定，对保障人身健康和生命财产安全、国家安全、生态环境安全以及满足经济社会管理基本需要的技术要求，应当制定强制性国家标准。

扫码"学一学"

强制性国家标准由国务院批准发布或者授权批准发布。法律、行政法规和国务院决定对强制性标准的制定另有规定的，从其规定。食品安全标准是《食品安全法》中明确规定的唯一强制性食品标准。

强制性国家标准代号由大写字母"GB"表示，强制性国家标准的编号由国家标准的代号、标准顺序号和发布年代号组成，见图5－1。如 GB 2716—2018《食品安全国家标准 植物油》。

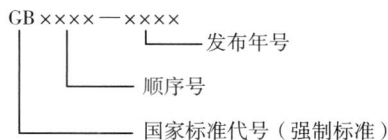

GB××××—××××
└── 发布年号
└── 顺序号
└── 国家标准代号（强制标准）

图 5－1　强制性国家标准编号

（2）推荐性国家标准　对满足基础通用、与强制性国家标准配套、对各有关行业起引领作用等需要的技术要求，可以制定推荐性国家标准。

推荐性国家标准代号由大写字母"GB/T"表示。推荐性国家标准的编号由国家标准的代号、标准顺序号和发布年代号组成，见图5－2。如 GB/T 317—2018《白砂糖》。推荐性国家标准由国务院标准化行政主管部门制定。

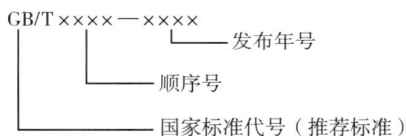

GB/T××××—××××
└── 发布年号
└── 顺序号
└── 国家标准代号（推荐标准）

图 5－2　推荐性国家标准编号

2. 行业标准　对没有国家标准、需要在全国某个行业范围内统一的技术要求，可以制定行业标准。行业标准是对国家标准的补充，是专业性、技术性较强的标准。行业标准由国务院有关行政主管部门制定，报国务院标准化行政主管部门备案。行业标准由行业标准归口部门统一管理。行业标准在相应的国家标准实施后，即行废止。

需要在行业范围内统一的以下技术要求，可以制定行业标准（含标准样品的制作）。

（1）技术术语、符号、代号（含代码）、文件格式、制图方法等通用技术语言。

（2）工、农业产品的品种、规格、性能参数、质量指标、试验方法以及安全、卫生要求。

（3）工、农业产品的设计、生产、检验、包装、储存、运输、使用、维修方法以及生产、储存、运输过程中的安全、卫生要求。

（4）通用零部件的技术要求。

（5）产品结构要素和互换配合要求。

（6）工程建设的勘察、规划、设计、施工及验收的技术要求和方法。

（7）信息、能源、资源、交通运输的技术要求及其管理技术等要求。

不同的行业标准具有不同的代号，国家规定了58个行业标准的代号，具体见表5－1。

表 5-1 中华人民共和国行业标准代号

序号	行业标准名称	行业标准代号	序号	行业标准名称	行业标准代号
1	农业	NY	30	劳动和劳动安全	LD
2	水产	SC	31	电子	SJ
3	水利	SL	32	通信	YD
4	林业	LY	33	广播电影电视	GY
5	轻工	QB	34	电力	DL
6	纺织	FZ	35	金融	JR
7	医药	YY	36	海洋	HY
8	民政	MZ	37	档案	DA
9	教育	JY	38	商检	SN
10	烟草	YC	39	文化	WH
11	黑色冶金	YB	40	体育	TY
12	有色冶金	YS	41	商业	SB
13	石油天然气	SY	42	物资管理	WB
14	化工	HG	43	环境保护	HJ
15	石油化工	SH	44	稀土	XB
16	建材	JC	45	城镇建设	CJ
17	地质矿产	DZ	46	建筑工业	JG
18	土地管理	TD	47	新闻出版	CY
19	测绘	CH	48	煤炭	MT
20	机械	JB	49	卫生	WS
21	汽车	QC	50	公共安全	GA
22	民用航空	MH	51	包装	BB
23	兵工民品	WJ	52	地震	DB
24	船舶	CB	53	旅游	LB
25	航空	HB	54	气象	QX
26	航天	QJ	55	外经贸	WM
27	核工业	EJ	56	海关	HS
28	铁路运输	TB	57	邮政	YZ
29	交通	JT	58	认证认可	RB

根据《标准化法》规定，行业标准均为推荐性标准，推荐性行业标准的代号是在行业标准代号后面加"/T"，如"NY/T"表示农业行业标准代号。行业标准的编号由行业标准的代号、标准顺序号和发布年代号组成，见图 5-3。如 NY/T 1041—2018《绿色食品干果》。

图 5-3 行业标准编号

3. 地方标准 我国地方标准是指在某个省、自治区、直辖市范围内需要统一的标准。没有国家标准和行业标准而又需要在省、自治区、直辖市范围内统一的食品安全、卫生要求，为满足地方自然条件、风俗习惯等特殊技术要求，可以制定地方标准。地方标准只在本行政区域内使用。

地方标准由省、自治区、直辖市人民政府标准化行政主管部门制定；设区的市级人民政府标准化行政主管部门根据本行政区域的特殊需要，经所在地省、自治区、直辖市人民政府标准化行政主管部门批准，可以制定本行政区域的地方标准。地方标准由省、自治区、直辖市人民政府标准化行政主管部门报国务院标准化行政主管部门备案，由国务院标准化行政主管部门通报国务院有关行政主管部门。

对地方特色食品，没有食品安全国家标准的，省、自治区、直辖市人民政府卫生行政部门可以制定并公布食品安全地方标准，报国务院卫生行政部门备案。食品安全国家标准制定后，该地方标准即行废止。

地方标准的编号由地方标准的代号、标准顺序号和发布年代号组成，见图5-4。地方标准代号为"DB+行政区代码/T"，如天津地方标准 DB 12/T 3016—2018《低温食品储运温控技术要求》；而食品安全地方标准代号为"DBS+省、自治区、直辖市行政区划代码+/"，见图5-5，如广西食品安全地方标准 DBS 45/051—2018《食品安全地方标准干制米粉》。

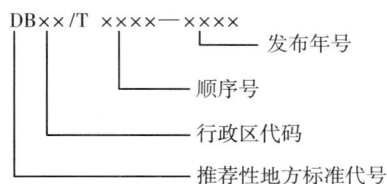

图5-4 推荐性地方标准编号

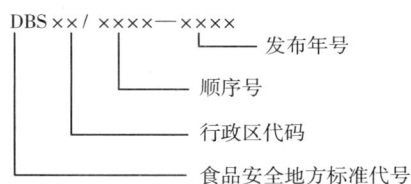

图5-5 食品安全地方标准编号

各省、自治区、直辖市行政区划代码见表5-2。

表5-2 省、自治区、直辖市行政区划代码

序号	地区	代码	序号	地区	代码
1	北京市	11	18	湖南省	43
2	天津市	12	19	广东省	44
3	河北省	13	20	广西壮族自治区	45
4	山西省	14	21	海南省	46
5	内蒙古自治区	15	22	重庆	50
6	辽宁省	21	23	四川省	51
7	吉林省	22	24	贵州省	52
8	黑龙江省	23	25	云南省	53
9	上海市	31	26	西藏自治区	54
10	江苏省	32	27	陕西省	61
11	浙江省	33	28	甘肃省	62
12	安徽省	34	29	青海省	63
13	福建省	35	30	宁夏回族自治区	64
14	江西省	36	31	新疆维吾尔自治区	65
15	山东省	37	32	台湾省	71
16	河南省	41	33	香港特别行政区	81
17	湖北省	42	34	澳门特别行政区	82

4. 企业标准　企业可以根据需要自行制定企业标准或者与其他企业联合制定企业标准。

企业标准的代号由"Q/"加企业代号组成，企业代号可用汉语拼音大写字母或阿拉伯数字或两者兼用，一般常见企业代号为大写字母。企业标准的编号由企业标准的代号、标准顺序号和发布年代号组成，见图5－6。如 Q/CPZHS 0001—2018《北京智昊食品有限责任公司 肉粉肠制品》。

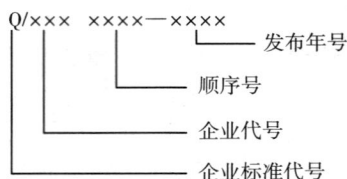

Q/××× ××××—××××
└── 发布年号
└── 顺序号
└── 企业代号
└── 企业标准代号

图5－6　企业标准编号

国家鼓励食品生产企业制定严于食品安全国家标准或者地方标准的企业标准，在本企业适用，并报省、自治区、直辖市人民政府卫生行政部门备案。

5. 团体标准　国家鼓励学会、协会、商会、联合会、产业技术联盟等社会团体协调相关市场主体共同制定满足市场和创新需要的团体标准，由本团体成员约定采用或者按照本团体的规定供社会自愿采用。

制定团体标准，应当遵循开放、透明、公平的原则，保证各参与主体获取相关信息，反映各参与主体的共同需求，并应当组织对标准相关事项进行调查分析、实验、论证。国务院标准化行政主管部门会同国务院有关行政主管部门对团体标准的制定进行规范、引导和监督。

团体标准编号依次由团体标准代号、社会团体代号、团体标准顺序号和年代号组成，见图5－7。社会团体代号由社会团体自主拟定，可使用大写拉丁字母或大写拉丁字母与阿拉伯数字的组合。社会团体代号应当合法，不得与现有标准代号重复。

T/××× ××××—××××
└── 发布年号
└── 团体标准顺序号
└── 社会团体代号
└── 团体标准代号

图5－7　团体标准编号

▤ 拓展阅读

全国团体标准信息平台

全国团体标准信息平台是由国家标准委组织领导、中国标准化研究院开发、运营的全国性信息平台，负责发布团体标准化的相关政策、新闻资讯以及团体标准，进行社会团体注册和评议，畅通获取、评价和监督团体标准的渠道，为团体标准化工作提供技术支撑，实现对社会团体和团体标准的信息管理。

三、按标准对象的基本属性分类

根据标准对象的基本属性，可将标准分为技术标准、管理标准和工作标准。

1. 技术标准 对标准化领域中需要统一的技术事项所制定的标准，主要是事物的技术性内容。技术标准形式多样，主要包括基础标准，产品标准，设计标准，工艺标准，检验和试验标准，信息标识、包装、搬运、贮存、安装标准，安全标准，环境标准等。以下介绍几类食品行业常见的标准。

（1）基础标准 在一定范围内作为其他标准的基础并普遍使用，具有广泛指导意义的标准。基础标准可以直接应用，也可以作为其他标准的基础。如 GB/T 10789—2015《饮料通则》，GB/T 21171—2018《香精香料术语》，GB/T 19000—2016《质量管理体系 基础和术语》等。

（2）产品标准 对产品必须达到的某些或全部特性要求所制定的标准。产品标准主要作用是规定产品的质量要求，包括品种、规格、技术要求、试验方法、检验规则、包装、标志、运输和贮存要求等。如 GB/T 19855—2015《月饼》，GB/T 317—2018《白砂糖》，GB/T 8233—2018《芝麻油》及 GB 2717—2018《食品安全国家标准 酱油》等。

（3）工艺标准 依据产品标准要求，对产品实现过程中原材料、零部件、元器件进行加工、制造、装配的方法，以及有关技术要求制定的标准。有利于生产出符合规定要求的产品。如 SB/T 11169—2016《川点制作工艺》，GB/T 29342—2012《肉制品生产管理规范》及 GB/T 30800—2014《冷冻饮品生产管理要求》等。

（4）检验和试验标准 通过观察和判断，适当结合测量、试验所进行的符合性评价。检验的目的是判断是否合格。如 GB 5009.3—2016《食品安全国家标准 食品中水分的测定》，GB 4789.2—2016《食品安全国家标准 食品微生物学检验 菌落总数测定》及 GB 23200.113—2018《食品安全国家标准 植物源性食品中 208 种农药及其代谢物残留量的测定 气相色谱－质谱联用法》等。

（5）信息标识、包装、搬运、贮存、安装标准 如 GB/T 36192—2018《活水产品运输技术规范》，GB/T 32950—2016《鲜活农产品标签标识》及 NY/T 3220—2018《食用菌包装及贮运技术规范》。

2. 管理标准 对标准化领域中需要统一的管理事项所制定的标准。主要针对管理目标、项目、程序、组织。食品行业常用的管理标准有 GB/T 22000—2006《食品安全管理体系 食品链中各类组织的要求》，GB/T 19001—2016《质量管理体系要求》，GB/T 24001—2016《环境管理体系 要求及使用指南》及 GB/T 28001—2011《职业健康安全管理体系 要求》等。

3. 工作标准 对标准化领域中需要统一的工作事项所制定的标准。包括部门工作标准和岗位（个人）工作标准，对工作责任，权利，范围，质量要求，程序，效果，检查方法所制定的标准。如 WB/T 1059—2016《肉与肉制品冷链物流作业规范》。

第三节　标准的制定

一、标准制定的程序

（一）国家标准的制定程序

我国以世界贸易组织（WTO）关于标准制定阶段划分的要求为基础，参考国际标准化组织（ISO）和国际电工委员会（IEC）的《ISO/IEC 导则 第 1 部分：技术工作程序》（1995 年版），提出了我国国家标准制定程序的阶段划分及代码。把我国国家标准的制定程序分为 9 个阶段，并对每个阶段给出阶段任务、阶段成果和完成周期。国家标准制定程序的阶段划分见表 5 - 3。

表 5 - 3　国家标准制定程序的阶段划分

阶段代码	阶段名称	阶段任务	阶段成果	完成周期（月）
00	预阶段	提出新工作项目建议	PWI（新工作项目建议）	—
10	立项阶段	提出新工作项目	NP（新工作项目）	3
20	起草阶段	提出标准草案征求意见稿	WD（标准草案征求意见稿）	10
30	征求意见阶段	提出标准草案送审稿	CD（标准草案送审稿）	5
40	审查阶段	提出标准草案报批稿	DS（标准草案报批稿）	5
50	批准阶段	提出标准出版稿	FDS（标准出版稿）	8
60	出版阶段	提出标准出版物	GB、GB/T、GB/Z（强制性国家标准、推荐性国家标准、国家标准化指导性技术文件）	3
90	复审阶段	定期复审	确认、修改、修订	60
95	废止阶段	—	废止	

1. 预阶段　对标准计划项目提出的阶段。对将要立项的新工作项目进行研究及必要的论证，并在此基础上提出新工作项目建议，包括标准草案或标准大纲，如标准的范围、结构及其相互关系等［00 阶段的成果：PWI（新工作项目建议）］。在这个阶段全国专业标准化技术委员会或技术归口单位根据编制国家标准计划项目的原则、要求，提出国家标准计划项目的建议，报其主管部门；国务院有关行政主管部门审查、协调后，提出国家标准计划项目草案和项目任务书报国务院标准化行政主管部门。

2. 立项阶段　时间周期不超过 3 个月。该阶段对新工作项目建议进行审查、汇总、协调、确定，直至下达《国家标准制、修订项目计划》［10 阶段的成果：NP（新工作项目）］。在立项阶段，国务院标准化行政主管部门对上报的国家标准计划项目草案，统一汇总、审查、协调，后将批准后的下一年度国家标准计划项目下达。药品、兽药、食品卫生、环境保护和工程建设的国家标准计划，由国务院有关行政主管部门报国务院标准化行政主管部门审查后下达。立项的目的是保证标准的统一协调性，避免标准的交叉和重复制定。

3. 起草阶段　起草阶段的主要任务：制订工作计划，广泛调查研究，收集与起草标准有关的资料，确定标准的技术内容或技术指标，对需要试验验证的项目，要选择有条件的单位承担，并提出试验报告和结论意见。该阶段自技术委员会收到新的工作项目计划起，落实项目实施，至标准起草工作组完成标准征求意见稿止。应按《标准化工作导则》的要求起草国家标准征求意见稿，项目负责人组织标准起草工作直至完成标准草案征求意见稿［20阶段的成果：WD（标准草案征求意见稿）］。时间周期不超过10个月。

4. 征求意见阶段 国家标准征求意见稿和"编制说明"及有关附件，经起草单位的技术负责人审查后，印发各有关部门的主要生产、经销、使用、科研、检验等单位及大专院校征求意见。可列出征求意见的表格，方便对意见的综合、整理。在回复意见的日期截止后，标准起草工作组应根据返回的意见，完成意见汇总处理表和标准草案送审稿［30阶段的成果：CD（标准草案送审稿）］。时间周期不超过5个月。

制定食品安全国家标准，应当依据食品安全风险评估结果并充分考虑食用农产品安全风险评估结果，参照相关的国际标准和国际食品安全风险评估结果，并将食品安全国家标准草案向社会公布，广泛听取食品生产经营者、消费者、有关部门等方面的意见。

若回复意见要求对征求意见稿进行重大修改，则应分发第二征求意见稿（甚至第三征求意见稿）征求意见。此时，项目负责人应主动向有关部门提出延长或终止该项目计划的申请报告。

5. 审查阶段 对标准草案送审稿组织审查（会审或函审），并在（审查）协商一致的基础上，形成标准草案报批稿和审查会议纪要或函审结论［40阶段的成果：DS（标准草案报批稿）］。时间周期不超过5个月。

国家标准送审稿的审查，凡已成立技术委员会的，由技术委员会按《全国专业标准化技术委员会章程》组织进行。未成立技术委员会的，由项目主管部门或其委托的技术归口单位组织进行。审查可采用会议审查或函审。对技术、经济意义重大，涉及面广，分歧意见较多的国家标准送审稿可会议审查；其余的可函审。会议审查，应写出"会议纪要"，并附参加审查会议的单位和人员名单及未参加审查会议的有关部门和单位名单；函审，应写出"函审结论"，并附"函审单"。

食品安全国家标准应当经国务院卫生行政部门组织的食品安全国家标准审评委员会审查通过。食品安全国家标准审评委员会由医学、农业、食品、营养、生物、环境等方面的专家以及国务院有关部门、食品行业协会、消费者协会的代表组成，对食品安全国家标准草案的科学性和实用性等进行审查。

若标准草案送审稿没有被通过，则应分发第二标准草案送审稿，并再次进行审查。此时，项目负责人应主动向有关部门提出延长或终止该项目计划的申请报告。

6. 批准阶段 批准阶段自国务院有关行政主管部门、国务院标准化行政主管部门收到标准草案报批稿起，至国务院标准化行政主管部门批准发布国家标准止。主要包括以下阶段。

（1）主管部门对标准草案报批稿及报批材料进行程序、技术审核。对不符合报批要求的，一般应退回有关标准化技术委员会或起草单位，限时解决问题后再行审核。时间周期不超过4个月。

（2）国家标准技术审查机构对标准草案报批稿及报批材料进行技术审查，在此基础上对报批稿完成必要的协调和完善工作。时间周期不超过3个月。

（3）国务院标准化行政主管部门批准、发布国家标准（50阶段的成果：FDS—标准出版稿）。时间周期不超过 1 个月。

国务院卫生行政部门依照《食品安全法》和国务院规定的职责，组织开展食品安全风险监测和风险评估；国务院卫生行政部门会同国务院食品安全监督管理部门制定、公布，国务院标准化行政部门提供国家标准编号。

7. 出版阶段　标准出版阶段自国家标准出版单位收到国家标准出版稿起，至国家标准正式出版止。此阶段将国家标准出版稿编辑出版，提供标准出版物（60 阶段的成果：GB、GB/T、GB/Z）。时间周期不超过 3 个月。

8. 复审阶段　国家标准实施到一定阶段后，应当根据科学技术的发展和经济建设的需要，由该国家标准的主管部门组织有关单位适时进行复审，国家标准的复审周期一般不超过 5 年。复审的目的是确定标准是否继续有效，修改、修订或废止。需要制定、修订相关食品安全国家标准的，国务院卫生行政部门应当会同国务院食品安全监督管理部门立即制定、修订。一般国家、行业、地方标准复审年限不超 5 年，企业标准为 3 年。

9. 废止阶段　对于经复审后确定为无存在必要的标准予以废止。

（二）行业标准的制定程序

行业标准的制定包括立项、起草、审查、报批、批准公布、出版、复审、修订、修改等工作。具体内容参见《行业标准制定管理办法》。

二、标准制定的基本原则

1. 统一性　每项标准或系列标准（或一项标准的不同部分）内，标准的文体和术语应保持一致。系列标准的每项标准（或一项标准的不同部分）的结构及其章、条的编号应尽可能相同。类似的条款应使用类似的措辞来表述；相同的条款应使用相同的措辞来表述。如 GB 4789《食品微生物学检验方法》系列标准中，各微生物检测的标准章节编写均包括：①范围；②术语和定义；③设备和材料；④培养基和试剂；⑤检验程序；⑥操作步骤；⑦结果和步骤。

每项标准或系列标准（或一项标准的不同部分）内，对于同一个概念应使用同一个术语。对于已定义的概念应避免使用同义词。每个选用的术语应尽可能只有唯一的含义。

2. 协调性　为了达到所有标准整体协调的目的，标准的编写应遵守现行基础标准的有关条款，尤其是涉及以下方面时。

（1）标准化原理和方法。

（2）标准化术语。

（3）术语的原则和方法。

（4）量、单位及其符号。

（5）符号、代号和缩略语。

（6）参考文献的标引。

（7）技术制图和简图。

（8）技术文件编制。

（9）图形符号。

对于某些技术领域，标准的编写还应遵守涉及下列内容的现行基础标准的有关条款，如极限、配合和表面特征；尺寸公差和测量的不确定度；优先数；统计方法；环境条件和有关试验；安全；电磁兼容；符合性和质量等。

3. 适用性　标准的内容应便于实施，并且易于被其他的标准或文件所引用；充分考虑使用要求，并兼顾全社会的综合效益。满足使用要求是制定标准的重要目的。

4. 一致性　如果有相应的国际文件，起草标准时应以其为基础，并尽可能保持与国际文件相一致。积极采用国际标准和国外先进标准，有利于促进对外经济技术合作和发展对外贸易，有利于我国标准化与国际接轨。与国际文件的一致性程度为等同、修改或非等效的我国标准的起草应符合 GB/T 20000.2 的规定。如 GB/T 19001—2016/ISO 9001：2015《质量管理体系 要求》，在标准的封面标注有"ISO 9001：2015，IDT"，说明在标准 GB/T 19001—2016 与所采用的国际标准 ISO 9001：2015 中一致性程度表示等同采用。

5. 规范性　在起草标准之前应确定标准的预计结构和内在关系，尤其应考虑内容的划分。通常针对一个标准化对象应编制成一项标准并作为整体出版，特殊情况下，可编制成若干个单独的标准，或在同一个标准顺序号下将一项标准分成若干个单独的部分。标准分成部分后，需要时，每一部分可以单独修订。如果标准分为多个部分，则应预先确定各个部分的名称。为了保证一项标准或一系列标准的及时发布，从起草工作开始到随后的所有阶段均应遵守 GB/T 1 规定的程序，根据编写标准的具体情况还应遵守 GB/T 20000、GB/T 20001 和 GB/T 20002 等标准中相应部分的规定。

三、标准制定的要求

制定标准的目标是规定明确且无歧义的条款，以便促进贸易和交流。为此，标准应具备以下要求。

1. 在其范围所规定的界限内按需要力求完整。

2. 清楚和准确。

3. 充分考虑最新技术水平。

4. 为未来技术的发展提供框架。

5. 能被未参加标准编制的专业人员所理解。

第四节　标准的结构与编写

一、标准的结构

国家标准 GB/T 1.1—2009《标准化工作导则 第 1 部分：标准的结构和编写》中规定了标准编写的原则、标准的结构、起草表述规则和编排格式，并给出了有关表述样式。本部分适用于国家标准、行业标准和地方标准以及国家标准化指导性技术文件的编写，其他标准如企业标准的编写也可以参照该格式。

（一）按内容划分

通常，针对一个标准化对象应编制成一项标准并作为整体出版，特殊情况下，可编制成若干个单独的标准，或在同一个标准顺序号下将一项标准分成若干个单独的部分。标准分成部分后，需要时，每一部分可以单独修订。

扫码"学一学"

1. 部分的划分

（1）一项标准分成若干个单独的部分时，通常有一些特殊需要或具体原因：①标准篇幅过长；②后续的内容相互关联；③标准的某些内容可能被法规引用；④标准的某些内容拟用于认证。

（2）标准化对象的不同方面有可能分别引起各相关方（例如生产者、认证机构、立法机关等）的关注时，应清楚地区分这些不同方面，最好将它们分别编制成一项标准的若干个单独的部分。例如，这些不同方面可能有健康和安全要求、性能要求、维修和服务要求、安装规则、质量评定。

标准化对象的不同方面也可编制成若干项单独的标准，从而形成一组系列标准。

（3）一项标准分成若干个单独的部分时，可使用下列两种方式：①将标准化对象分为若干个特定方面，各个部分分别涉及其中的一个方面，并且能够单独使用。如 GB/T 20000.1~11《标准化工作指南》系列标准，GB/T 20000.1—2014《标准化工作指南 第1部分 标准化和相关活动的通用术语》，GB/T 20000.2—2014《标准化工作指南 第2部分：采用国际标准》，GB/T 20000.3—2014《标准化工作指南 第3部分：引用文件》等。②将标准化对象分为通用和特殊两个方面，通用方面作为标准的第1部分，特殊方面（可修改或补充通用方面，不能单独使用）作为标准的其他各部分。如 RB/T 242.1—2018《绿色产品认证机构要求 第1部分：通则》，RB/T 242.2—2018《绿色产品认证机构要求 第2部分：环境保护和资源节约》，RB/T 242.3—2018《绿色产品认证机构要求 第3部分：可再生能源利用》及 RB/T 242.4—2018《绿色产品认证机构要求 第4部分：有机产品》。

2. 单独标准的内容划分 任何一项标准，无论其规范哪些方面的内容，涉及什么领域的活动，都应该根据规定的内容范围和叙述的先后顺序，将标准的内容划分为各个不重复的结构要素，作为编写标准内容的依据。以下以单独标准为例进行阐述。标准由各类要素构成，一项标准的要素可按性质及其在标准中的位置进行分类。

（1）按要素的性质划分 可分为：①资料性要素，指标示标准、介绍标准、提供标准附加信息的要素。②规范性要素，指声明符合标准而需要遵守的条款的要素。故规范性要素是必须要遵守的，而资料性要素是提供辅助信息的要素。

（2）按要素的性质以及它们在标准中的具体位置划分 可分为：①资料性概述要素，指标示标准，介绍标准的内容，说明背景、制定情况以及该标准与其他标准或文件的关系的要素。一般是指标准的封面、目次、前言、引言等。②规范性一般要素，指描述标准的名称、范围，给出对于标准的使用必不可少的文件清单等要素。位于正文中靠前的几个要素，即名称、范围、规范性引用文件等。③规范性技术要素，指规定标准技术内容的要素。是标准的核心部分，也是标准的主要技术内容。通常有术语和定义、符号和缩略语、要求、规范性附录等。④资料性补充要素，指提供有助于标准的理解或使用的附加信息的要素，即标准的资料性附录、参考文献、索引等要素。

（3）按要素的必备的或可选的状态划分 可分为：①必备要素，指在标准中不可缺少的要素，包括封面、前言、名称、范围等。②可选要素，在标准中存在与否取决于特定标准的具体需求的要素，包括目次、引言、资料性附录、参考文献、索引等。

图 5-8 表明了标准各要素之间的关系，以及所包含的具体要素。

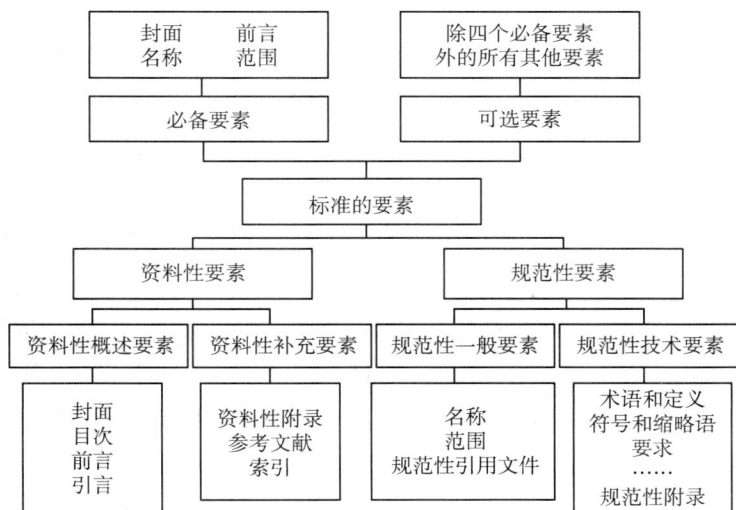

图 5 - 8　标准各要素之间的关系与内容

图中各类要素的前后顺序即其在标准中所呈现的具体位置。一项标准不一定包括图 5 - 8 中的所有规范性技术要素，可以包含此图之外的其他规范性技术要素。规范性技术要素的构成及其在标准中的编排顺序根据所起草的标准的具体情况而定。

（二）按层次划分

一项标准可能具有的层次包括部分、章、条、段等，具体如下。

1. 部分

（1）应使用阿拉伯数字从 1 开始对部分编号。部分的编号应置于标准顺序号之后，并用下脚点与标准顺序号隔开，例如：9999.1、9999.2 等。部分可以连续编号，也可以分组编号。部分不应再分成分部分。如绿茶标准包括六个部分，依次分别为 GB/T 14456.1—2017《绿茶　第 1 部分：基本要求》，GB/T 14456.2—2018《绿茶　第 2 部分：大叶种绿茶》，GB/T 14456.3—2016《绿茶　第 3 部分：中小叶种绿茶》，GB/T 14456.4—2016《绿茶　第 4 部分：珠茶》，GB/T 14456.5—2016《绿茶　第 5 部分：眉茶》，GB/T 14456.6—2017《绿茶　第 6 部分：蒸青茶》等。

（2）部分的名称组成方式应符合后文中要素的起草中标准名称中的规定。同一标准的各个部分名称的引导要素（如果有）和主体要素应相同，而补充要素应不同，以便区分各个部分。在每个部分的名称中，补充要素前均应使用部分编号标明"第×部分："（×为与部分编号完全相同的阿拉伯数字）。

如上述绿茶国家标准中主体要素为绿茶，每个部分都含有相同的主体部分，不同的部分所采用的补充要素不同，如第 2 部分为大叶种绿茶，第 6 部分为蒸青茶。另外，如《粮油检验　粮食感官检验辅助图谱》标准包括三个部分：GB/T 22504.1《粮油检验　粮食感官检验辅助图谱　第 1 部分：小麦》，GB/T 22504.2《粮油检验　粮食感官检验辅助图谱　第 2 部分：玉米》，GB/T 22504.3《粮油检验　粮食感官检验辅助图谱　第 3 部分：稻谷》。三个不同部分的标准名称中引导要素"粮油检验"、主体要素"粮食感官检验辅助图谱"相同，而补充要素不同。

2. 章　每个标准内容划分的基本单元。章是标准或部分中分离出来的第一层次，构成标准的基本框架。章包括编号、题目，应使用阿拉伯数字从 1 开始对章编号。编号应从"范围"一章开始，一直连续到附录之前。每一章均应有章标题，并应置于编号之后。

3. 条 章的细分。应使用阿拉伯数字对条编号，条的编号只在其所属章内或上一层次的条内进行编号。第一层次的条（例如 5.1、5.2 等）下可编第二层次的条。如条 5.1 下分第二层次的条（例如 5.1.1、5.1.2 等），需要时，一直可分到第五层次（例如 5.1.1.1.1.1、5.1.1.1.1.2 等）。

一个层次中有两个或两个以上的条时才可设条。例如，第 10 章中，如果没有 10.2，就不应设 10.1。对于无标题的条，如果需要强调某些关键术语，则可以用黑体突出显示条文首句中的关键术语或短语，以标明所涉及的主题。注意应避免对无标题条再分条。

第一层次的条一般应该给出条标题，并置于编号之后。第二层次的条可同样处理。某一章或条中，其下一个层次上的各条，有无标题应统一。例如，第 10 章的下一层次 10.1 有标题，则 10.2、10.3 等也应有标题。如在 GB 8950—2016《食品安全国家标准 罐头食品生产卫生规范》中，5.1、5.2 为第一层次，均有标题；5.2.1、5.2.2、5.2.3 为第二层次的条，统一没有标题，见图 5 - 9。

4. 段 章或条的细分。段不编号。为了不在引用时产生混淆，应避免在章标题或条标题与下一层次条之间设段，即"悬置段"，见图 5 - 10。

> **5.1　一般要求**
> 应符合GB 14881—2013中第5章的相关规定。
> **5.2　基本要求**
> 　5.2.1　罐头食品加工车间内接触食品的设备、传送带、操作台、运输车、工器具和容器等，应采用无毒无味、耐腐蚀、不易脱落、无吸收性、易清洗、表面光滑的材料制作，并应易于清洁和保养。不应使用竹木工器具和容器。生产车间避免使用纤维类材质的工器具，如棉纱手套，布质的过滤袋、网，清洁抹布等，如生产需要，企业应制定相应的管理制度，加强安全卫生管理。
> 　5.2.2　罐头食品加工车间内所用设备、工器具的结构和固定设备的安装位置都应便于彻底清洗、消毒。
> 　5.2.3　盛装废弃物的容器不应与盛装食品的容器混用。废弃物容器应选用耐腐蚀、易清洗的材料制成，并有明显的标识。

图 5 - 9　条示例

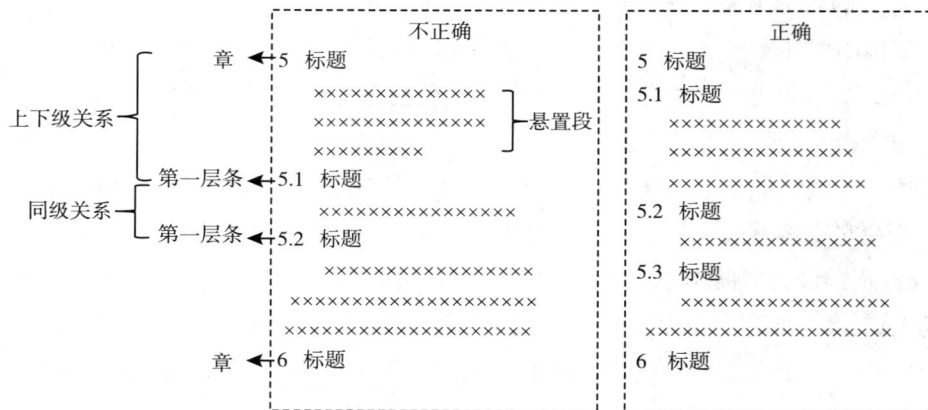

图 5 - 10　悬置段示例

如图 5 - 10 左侧所示，按照隶属关系，第 5 章不仅包括所标出的"悬置段"，还包括 5.1 和 5.2，鉴于这种情况，在引用这些悬置段时有可能发生混淆。图 5 - 10 右侧表示出了避免混淆的方法之一：将左侧的悬置段编号，并加标题"5.1 × ×（标题）"，并且将左侧的 5.1 和 5.2 重新编号，依次改为 5.2 和 5.3。避免混淆的其他方法还有，将悬置段移到别处或删除。

5. 列项　应由一段后跟冒号的文字引出。在列项的各项之前应使用列项符号（"破折号"或"圆点"），见图 5 - 11（来源 GB 19000—2016《质量管理体系　基础和术语》），在一项标准的同一层次的列项中，使用破折号还是圆点应统一。列项中的项如果需要识别，应使用字母编号（后带半圆括号的小写拉丁字母）在各项之前进行标示，见图5 - 12（来源 GB 7718—2011《食品安全国家标准　预包装食品标签通则》）。在字母编号的列项中，如果需要对某一项进一步细分成需要识别的若干分项，则应使用数字编号（后带半圆括号的阿拉伯数字）在各分项之前进行标示。

在列项的各项中，可将其中的关键术语或短语标为黑体，以标明各项所涉及的主题。这类术语或短语不应列入目次，如果有必要列入目次，则不应使用列项的形式，而应采用条的形式，将相应的术语或短语作为条标题。

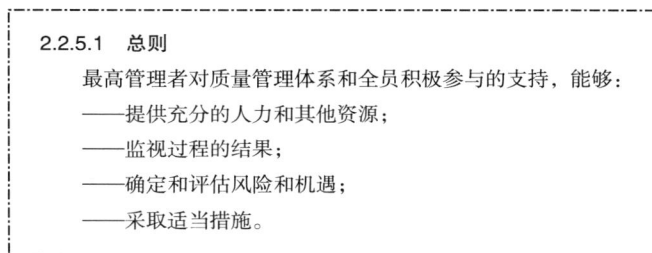

> 2.2.5.1　总则
> 最高管理者对质量管理体系和全员积极参与的支持，能够：
> ——提供充分的人力和其他资源；
> ——监视过程的结果；
> ——确定和评估风险和机遇；
> ——采取适当措施。

图 5 - 11　列项示例 1

> 4.4.3.1　以下食品及其制品可能导致过敏反应，如果用作配料，宜在配料表中使用易辨识的名称，或在配料表邻近位置加以提示：
> 　a）含有麸质的谷物及其制品（如小麦、黑麦、大麦、燕麦、斯佩耳特小麦或它们的杂交品质）；
> 　b）甲壳纲类动物及其制品（如虾、龙虾、蟹等）；
> 　c）鱼类及其制品；
> 　d）蛋类及其制品；
> 　e）花生及其制品；
> 　f）大豆及其制品；
> 　g）乳及乳制品（包括乳糖）；
> 　h）坚果及其果仁类制品。

图 5 - 12　列项示例 2

6. 附录　标准中层次的表现形式之一。按附录性质分为规范性附录和资料性附录两类。规范性附录为可选要素，它给出标准正文的附加或补充条款，是必须遵守的；资料性附录也为可选要素，它给出有助于理解或使用标准的附加信息。规范性附录可以通过两种方式加以明确：①条文中提及时的措辞方式，例如"符合附录 A 的规定""见附录 C"等；

②目次中和附录编号下方标明。资料性附录的性质可以通过两种方式加以明确：①条文中提及时的措辞方式，例如"参见附录B"；②目次中和附录编号下方标明。

每个附录均应在正文或前言的相关条文中明确提及。附录的顺序应按在条文（从前言算起）中提及它的先后次序编排。每个附录均应有编号。附录编号由"附录"和随后表明顺序的大写拉丁字母组成，字母从"A"开始，按A、B、C、D、E等英文字母顺序排列。例如："附录A""附录B""附录C"等。只有一个附录时，仍应给出编号"附录A"。附录编号下方应标明附录的性质，即"（规范性附录）"或"（资料性附录）"，再下方是附录标题。

每个附录中章、图、表和数学公式的编号均应重新从1开始，编号前应加上附录编号中表明顺序的大写字母，字母后跟下脚点。例如：附录A中的章用"A.1""A.2""A.3"等表示；图用"图A.1""图A.2""图A.3"等表示。

标准编写基本层次结构见图5-13。

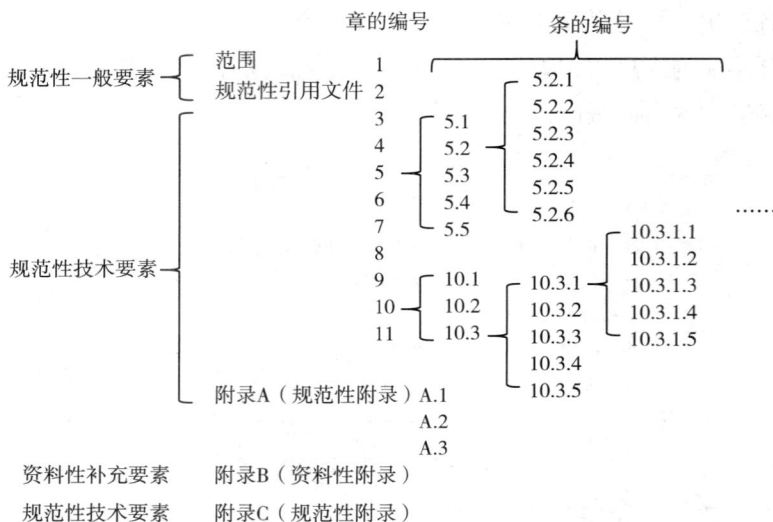

图5-13 层次编号示例

二、标准的编写

（一）资料性概述要素

1. 封面 必备要素。它应给出标示标准的信息，包括：标准的名称、英文译名、层次（国家标准为"中华人民共和国国家标准"字样，行业标准为"中华人民共和国××标准"）、标志、编号、国际标准分类号（ICS号）、中国标准文献分类号、备案号（不适用于国家标准）、发布日期、实施日期、发布部门等。如果标准代替了某个或几个标准，封面应给出被代替标准的编号；如果标准与国际文件的一致性程度为等同、修改或非等效，还应按照GB/T 20000.2中的规定在封面上给出一致性程度标识。一致性程度及代号包括等同（IDT）、修改（MOD）、非等效（NEQ）。标准的封面示意图以SB/T 10423—2017《速冻汤圆》为例，见图5-14。

标准征求意见稿和送审稿的封面显著位置应按GB/T 1.1—2009《标准化工作导则 第1部分：标准的结构和编写》附录C中C.1的规定，给出征集标准是否涉及专利的信息。

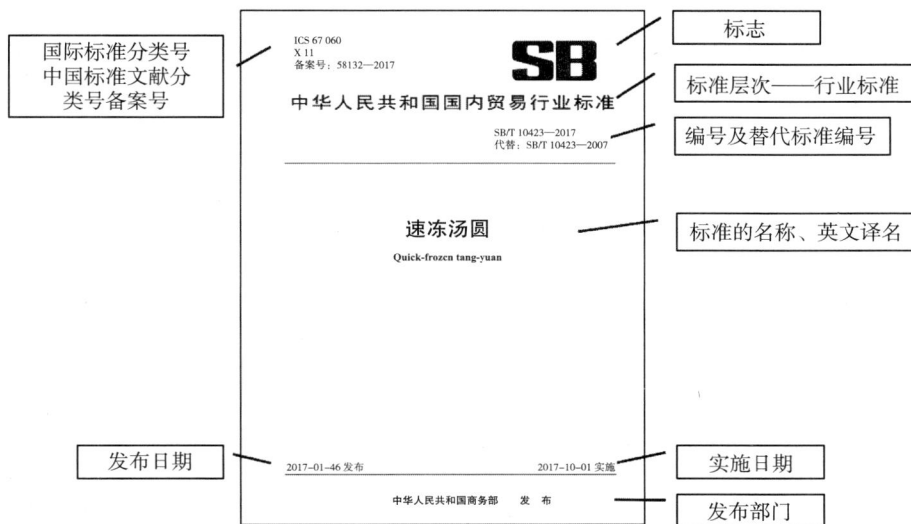

国际标准分类号 中国标准文献分类号备案号

标志

标准层次——行业标准

编号及替代标准编号

标准的名称、英文译名

发布日期

实施日期

发布部门

ICS 67 060
X 11
备案号：58132—2017

SB

中华人民共和国国内贸易行业标准

SB/T 10423—2017
代替：SB/T 10423—2007

速冻汤圆

Quick-frozen tang-yuan

2017-01-46 发布　　　　　　　　　2017-10-01 实施

中华人民共和国商务部　发　布

图 5－14　标准封面示意图

2. 目次　可选的资料性概述要素。若标准的内容很多，结构复杂，可以加入目次，以清晰地显示标准的结构，方便查阅。目次所列的各项内容和顺序如下：前言；引言；章；带有标题的条（需要时列出）；附录；附录中的章（需要时列出）；附录中的带有标题的条（需要时列出）；参考文献；索引；图（需要时列出）；表（需要时列出）。目次不应列出"术语和定义"一章中的术语。电子文本的目次应自动生成。

3. 前言　必备的资料性概述要素。不应包含要求和推荐，也不应包含公式、图和表。前言应视情况依次给出下列内容。

（1）标准结构的说明　对于系列标准或分部分标准，在第一项标准或标准的第 1 部分中说明标准的预计结构；在系列标准的每一项标准或分部分标准的每一部分中列出所有已经发布或计划发布的其他标准或其他部分的名称。

（2）标准编制所依据的起草规则　提及 GB/T 1.1，如"本标准按照 GB/T 1.1—2009 给出的规则起草"。

（3）标准代替的全部或部分其他文件的说明　给出被代替的标准（含修改单）或其他文件的编号和名称，列出与前一版本相比的主要技术变化。

（4）与国际文件、国外文件关系的说明　以国外文件为基础形成的标准，可在前言中陈述与相应文件的关系。与国际文件的一致性程度为等同、修改或非等效的标准，应按照 GB/T 20000.2 的有关规定陈述与对应国际文件的关系。

（5）有关专利的说明　凡可能涉及专利的标准，如果尚未识别出涉及的专利，则应按照 GB/T 1.1—2009 中 C.2 的规定，说明相关内容。

（6）标准的提出信息（可省略）或归口信息　如果标准由全国专业标准化技术委员会提出或归口，则应在相应技术委员会名称之后给出其国内代号，并加圆括号。应使用下述适用的表述形式："本标准由全国×××标准化技术委员会（SAC/TC×××）提出""本标准由××××提出""本标准由全国×××标准化技术委员会（SAC/TC×××）归口""本标准由××××归口"。

（7）标准的起草单位和主要起草人　使用"本标准起草单位：……"或"本标准主要

起草人：……"进行表述。

（8）标准所代替标准的历次版本发布情况　针对不同的文件，应将以上列项中的"本标准……"改为"GB/T××××的本部分……""本部分……"或"本指导性技术文件……"。

4. 引言　可选的资料性概述要素。引言的内容视标准的具体要求而定。如可包括标准技术内容的特殊信息或说明，以及编制该标准的原因。引言不应包含要求，不编号。当引言的内容需要分条时，应仅对条编号，编为0.1、0.2等。

（二）规范性一般要素

1. 标准名称　必备的规范性一般要素。应置于范围之前。标准的名称是标准总的标题，应简练并明确表示出标准的主题，使之与其他标准相区分。标准名称不应涉及不必要的细节。必要的补充说明应在范围中给出。标准名称由1~3个尽可能短的要素组成，其顺序由一般到特殊。通常所使用的要素不多于下述三种。

（1）引导要素（可选）　表示标准所属的领域（可使用该标准的归口标准化技术委员会的名称）。如果标准有归口的标准化委员会，则可用技术委员会的名称作为依据来起草标准的名称的引导要素。引导要素是一个可选要素，可根据实际情况来确定标准名称中是否有引导要素。

（2）主体要素（必备）　表示上述领域内标准所涉及的主要对象。

（3）补充要素（可选）　表示上述主要对象的特定方面，或给出区分该标准（或该部分）与其他标准（或其他部分）的细节。

标准名称中主体要素为标准的主题，是必须存在的。引导要素与补充要素视情况而定。

标准名称的一般构成要素是引导要素、主体要素和补充要素。这三个要素在名称中的排列顺序：引导要素＋主体要素＋补充要素。标准名称的具体结构有以下三种形式。

①一段式：只有主体要素，如咖啡研磨机、果味酸奶、速冻野葱、山楂饮料、食品中蛋白质的测定等。

②二段式：引导要素＋主体要素，如"食品卫生微生物学检验 沙门氏菌检验"；主体要素＋补充要素，如"食用酒精 密度测定"。

③三段式：引导要素＋主体要素＋补充要素，如"叉车 钩式叉臂 词汇"。

例1：QB/T 5037—2017《坚果与籽类食品设备 带式干燥机》

引导要素：坚果与籽类食品设备。

主体要素：带式干燥机。

释义：标准所涉及的主要对象为"带式干燥机"，如果没有引导要素"坚果与籽类食品设备"，该标准主体要素所表示的对象就不明确。

例2：GB/T 13738.1—2017《红茶 第1部分：红碎茶》

主体要素：红茶。

补充要素：第1部分：红碎茶。

释义：标准所涉及的主要对象为"红茶"，而此标准划分为部分，应该使用补充要素区分和识别每个部分，该标准的第1部分为"红碎茶"。

例3：GB 23200. 110—2018《食品安全国家标准 植物源性食品中氯吡脲残留量的测定 液相色谱－质谱联用法》

引导要素：食品安全国家标准。

主体要素：植物源性食品中氯吡脲残留量的测定。

补充要素：液相色谱－质谱联用法。

释义：标准所涉及的主要对象为"植物源性食品中氯吡脲残留量的测定"，补充要素"液相色谱－质谱联用法"明确了该标准中使用的检测方法。

如果标准名称中含有"规范"，则标准中应包含要素"要求"以及相应的验证方法；标准名称中含有"规程"，则标准宜以推荐和建议的形式起草；标准名称中含有"指南"，则标准中不应包含要求型条款，可采用建议的形式。如强制性国家标准 GB 14881—2013《食品安全国家标准 食品生产通用卫生规范》，标准名称中含有"规范"，则标准内容中含有"要求"，见图 5－15。

> 6.3.2　食品加工人员卫生要求
>
> 6.3.2.1　进入食品生产场所前应整理个人卫生，防止污染食品。
>
> 6.3.2.2　进入作业区域规范穿着洁净的工作服，并按要求洗手、消毒；头发应藏于工作帽内或使用发网约束。
>
> 6.3.2.2　进入作业区域不应配戴饰物、手表、不应化妆、染指甲、喷洒香水；不得携带或存放与食品生产无关的个人用品。
>
> 6.3.2.4　使用卫生间、接触可能污染食品的物品、或从事与食品生产无关的其他活动后，再次从事接触食品、食品工器具、食品设备等与食品生产相关的活动前应洗手消毒。

图 5－15　GB 14881 要求部分示例

2. 范围　必备的规范性一般要素。应置于标准正文的起始位置。范围应明确界定标准化对象和所涉及的各个方面，由此指明标准或其特定部分的适用界限。必要时，可指出标准不适用的界限。如果标准分成若干个部分，则每个部分的范围只应界定该部分的标准化对象和所涉及的相关方面。

范围的陈述应简洁，以便能作内容提要使用。范围不应包含要求。

标准化对象的陈述应使用下列表述形式："本标准规定了……的方法""本标准确立了……的一般原则""本标准给出了……的指南""本标准界定了……的术语"。

标准适用性的陈述应使用下列表述形式："本标准适用于……""本标准不适用于……"。

例如 GB 5009. 5—2016《食品安全国家标准 食品中蛋白质的测定》，该标准的范围"本标准规定了食品中蛋白质的测定方法。本标准第一法和第二法适用于各种食品中蛋白质的测定，第三法适用于蛋白质含量在 10g/100g 以上的粮食、豆类奶粉、米粉、蛋白质粉等固体试样的测定。本标准不适用于添加无机含氮物质、有机非蛋白质含氮物质的食品的测定。"该范围通过"规定了……的方法""适用于……""不适用于……"等语句对标准的对象以及适用性进行了界定。

3. 规范性引用文件　可选的规范性一般要素。它应列出标准中规范性引用其他文件的文件清单，这些文件经过标准条文的引用后，成为标准应用时必不可少的文件。也就是说，引用文件中的相应条款与标准文本中的规范性要素具有同等的效力。如果某些文件在标准中只是被资料性引用，则不应放在此部分，而应该放在"参考文献"部分。原则上，被引用的文件应是国家标准、行业标准、国家标准化指导性技术文件或国际标准。

引用文件可以注日期，也可以不注日期。文件清单中，对于标准条文中注日期引用的文件，应给出版本号或年号（引用标准时，给出标准代号、顺序号和年号）以及完整的标准名称；对于标准条文中不注日期引用的文件，则不应给出版本号或年号。若引用的是完整的文件或标准的某个部分，并且当引用的这个文件或标准的某个部分将来会更新，也能够被接受时，则在文件名称后面不注日期。但是当仅仅只是引用文件中具体的章或条、附录、图或表时，则需要在文件后标注日期。注日期引用一般只是部分引用，故要在标准中表示出具体的引用内容。如"……（引用标准）给出了相应的试验方法，……""……遵守（引用标准）第×章……"或"……应符合（引用标准）表×中规定的……"等。如国家标准 GB 19299—2015《食品安全国家标准 果冻》规范性引用文件中，只有 GB/T 10786—2006《罐头食品的检验方法》注明了日期，则在标准正文中涉及该标准的部分"可溶性固形物"的测定中，便会注明"按照 GB/T 10786—2006 规定的方法，用阿贝折光仪测定"。

规范性引用文件清单应由下述引导语引出："下列文件对于本文件的应用是必不可少的。凡是注日期的引用文件，仅注日期的版本适用于本文件。凡是不注日期的引用文件，其最新版本（包括所有的修改单）适用于本文件。"文件清单中引用文件的排列顺序为：国家标准（含国家标准化指导性技术文件）、行业标准、地方标准（仅适用于地方标准的编写）、国内有关文件、国际标准（含 ISO 标准、ISO/IEC 标准、IEC 标准）、ISO 及 IEC 有关文件、其他国际标准以及其他国际有关文件。国家标准、国际标准按标准顺序号排列；行业标准、地方标准、其他国际标准先按标准代号的拉丁字母和（或）阿拉伯数字的顺序排列，再按标准序号排列。

（三）规范性技术要素

标准中规范性技术要素是标准的主体要素，它的确定取决于编制标准的目的，最重要的目的是保证有关产品、过程或服务的适用性。标准的特性要求主要通过规范性技术要素中的组成要素体现。

1. 术语和定义 可选的规范性技术要素。仅给出为理解标准中某些术语所必需的定义。一般在制定行业标准级别以上的标准才制定术语和定义，在企业标准的编制过程中一般很少使用。对某概念建立有关术语和定义以前，应查找在其他标准中是否已经为该概念建立了术语和定义。如果已经有标准对该术语进行定义，则应当引用定义该术语的标准，不必重复定义。但引用时通常不需抄录具体内容，而应采取引用的方式。但是如果认为有必要重复抄录该定义的内容，则应在所抄录的内容之后准确地标明出处。如果没有标准曾定义过该术语，则"术语和定义"一章中只应定义标准中所使用的并且是属于该标准的范围所覆盖的概念，以及有助于理解这些定义的附加概念。如国内贸易行业标准 SB/T 10423—2017《速冻汤圆》中"速冻"概念在 SB/T 11073—2013《速冻食品术语》中已被定义，则在 SB/T 10423—2017 不会对其进行重新定义，而采用引用"SB/T 11073—2013"中该定义，见图 5 – 16。

```
3.1

速冻 quick-freezing
将被冻产品迅速通过最大冰晶区，使其热中心温度达到–18℃及以下的冻结过程。
［SB/T 11073–2013，定义3.1］
```

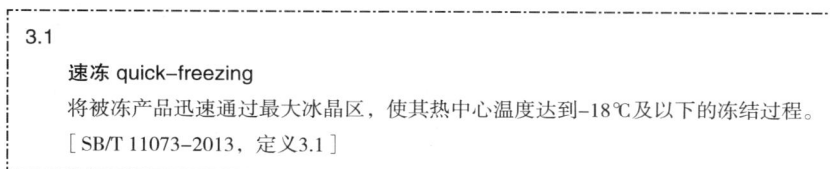

图 5 – 16　已被定义的术语示例

"术语和定义"一般采用引导语引出，根据该部分内容的应用范围分为三种情况：①仅该标准中列出的定义用于该标准时，使用"下列术语和定义适用于本文件"引出该章；②除了该标准中列出的定义外，其他文件界定的术语和定义也适用于该标准，（例如，在一项标准的分部分标准中，第 1 部分中界定的术语和定义适用于几个或所有部分），则使用"……界定的以及下列术语和定义适用于本文件"引出该章；③如果仅仅是其他文件界定的术语和定义适用时，使用"……界定的术语和定义适用于本文件"引出该章。

2. 符号、代号和缩略语　可选要素。它给出为理解标准所必需的符号、代号和缩略语清单。为了方便，该要素可与要素"术语和定义"合并。可将术语和定义、符号、代号、缩略语以及量的单位放在一个复合标题之下。

3. 要求　可选要素。要求是规范性技术要素中的核心内容之一，是标准中表达应该遵守的规定条款，若声称满足标准则必须达到这些要求的内容。它应包含下述内容：直接或以引用方式给出标准涉及的产品、过程或服务等方面的所有特性，见图 5 – 17（标准来源 DBS 45/042—2017《桂林米粉》）；可量化特性所要求的极限值，见图 5 – 18（标准来源 GB 2717—2018《酱油》）；针对每个要求，引用测定或检验特性值的试验方法，或者直接规定试验方法，见图 5 – 19（标准来源 GB/T 317—2018《白砂糖》）。

要求的表述应与陈述和推荐的表述有明显的区别。该要素中不应包含合同要求（有关索赔、担保、费用结算等）和法律或法规的要求。

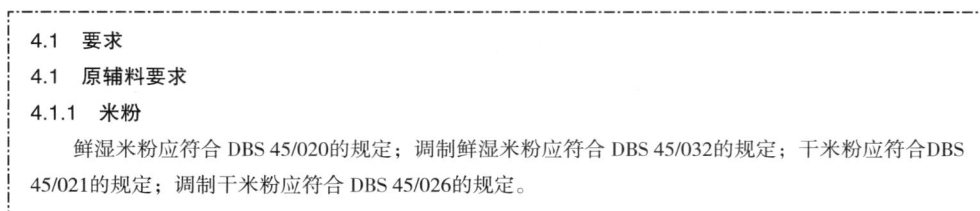

```
4.1　要求

4.1　原辅料要求

4.1.1　米粉

    鲜湿米粉应符合 DBS 45/020 的规定；调制鲜湿米粉应符合 DBS 45/032的规定；干米粉应符合DBS
45/021的规定；调制干米粉应符合 DBS 45/026 的规定。
```

图 5 – 17　直接引用的要求

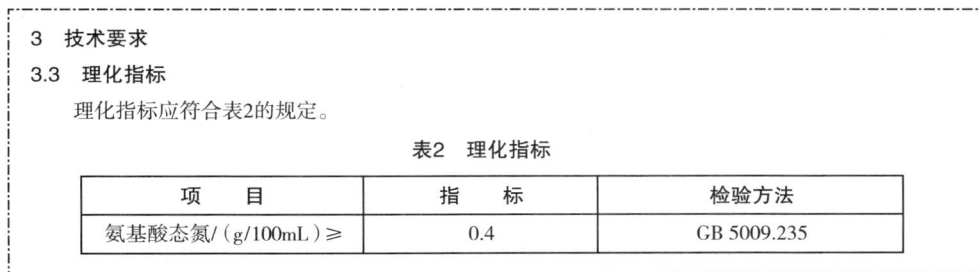

```
3　技术要求

3.3　理化指标
    理化指标应符合表2的规定。
```

表2　理化指标

项　　目	指　　标	检验方法
氨基酸态氮/（g/100mL）≥	0.4	GB 5009.235

图 5 – 18　可量化特性所要求的极限值

> **4.2 理化项目**
>
> 蔗粮分、还原糖分、电导灰分、干燥失重、色值、混浊度、不溶于水杂质按GB/T 35887规定的方法进行测定。

图 5 - 19 要求的试验方法

4. 分类、标记和编码 可选要素。它可为符合规定要求的产品、过程或服务建立一个分类、标记和（或）编码体系。为了便于标准的编写，该要素也可并入要求。

5. 规范性附录 可选要素。它给出标准正文的附加或补充条款，是如果声称符合标准必须遵守的内容。

（四）资料性补充要素

1. 资料性附录 可选的资料性补充要素。它给出有助于理解或使用标准的附加信息。该要素一般不包含要求，但是如果资料性附录中包括一个可选的试验方法，则该附录中可包含要求，但当声明符合标准时，并不需要符合这些要求。

2. 参考文献 可选要素。如果有参考文献，则应置于最后一个附录之后。文献清单中每个参考文献前应在方括号中给出序号，文献清单中所列的文献（含在线文献）以及文献的排列顺序等均应符合GB/T 1.1《标准化工作导则 第1部分：标准的结构和编写规则》要求的相关规定。

三、TCS标准编写软件介绍

中国标准编写模板 TCS 2010 是一个简单易用的标准写作模板软件，包括国家标准、行业标准、地方标准、企业标准四种模板。

（一）TCS安装

正规途径下载并安装 TCS 2010 软件。

（二）启动TCS

1. 成功安装 TCS 2010 后，打开 microsoft office word 编辑软件，点击工具栏中的"加载项"。

2. 打开"加载项"标签后，点击"TCS"工具按钮，将提示建立 TCS 结构文档，请选择"是"按钮，并选择文档保存路径和文件名称。

3. 再次点击"加载项"按钮，点击"封面"，若编写企业标准，则在出现的对话框中选中"企业标准"，出现"企业标准"封面后，完成封面信息填写。

4. 选择工具栏相应的"前言、章、条一、条二"等工具按钮进行章节的信息填写。

扫码"练一练"

> **？思考题**
>
> 1. 食品标准通常可分为哪几类？
>
> 2. 按要素的性质以及它们在标准中的具体位置可将标准的要素分为哪几类？
>
> 3. 标准包含哪些要素？
>
> 4. 企业标准备案时应当提交哪些材料？
>
> 5. 什么情况下需要制定企业标准？

实训三 标准封面

一、实训目的

通过本实训能够更好地熟悉不同类型标准封面内容含义；掌握不同类型标准封面编写要求。

二、实训原理

每项标准均应有封面，这是最基本的要求。封面是标准的必备要素，标准封面的主要内容包括：标准的类型和标志、中文名称、英文名称、ICS号（国际标准分类号）、中国标准文献分类号、标准编号、代替标准编号、发布日期、实施日期、标准的发布部门等。如果标准有对应的国际标准，还应在封面上标明一致性程度的标识，一致性程度的标识由对应的国际标准编号、国际标准名称（使用英文）、一致性程度代号等内容组成。如果标准的英文名称与国际标准名称相同时，则不标出国际标准名称。

三、实训方法

上网查阅下载国家标准、行业标准、地方标准和企业标准封面。

四、实训要求

仔细审查下载的封面资料，说明封面上每部分内容的含义，并指出下载封面所缺的项目。

实训四 标准名称

一、实训目的

通过本实训能够更好地理解标准名称构成；掌握标准名称的命名。

二、实训原理

标准的名称是构成标准要素的重要组成部分之一，它包括标准的中文名称和英文名称，在标准的封面上位于最重要的位置。标准的名称是对标准的主体最集中、最简明的概括。标准名称可直接反映标准化对象的范围和特征，也直接关系到标准化信息的传播效果。

三、实训方法

上网进行资料查阅。

四、实训要求

上网查阅10个标准名称，判断查阅的标准名称命名是否合适，并指出标准名称的结构类型及对应要素类型。

实训五　利用 TCS 软件编制企业标准

一、实训目的

在充分掌握标准基本知识、结构框架、法律法规及标准体系的基础上，会利用 TCS 软件编制企业标准。

二、实训原理

TCS 软件。

三、实训方法

上网查阅资料；分组讨论；教师演示操作；学生自主练习；教师点评。

四、实训要求

虚拟编制以下内容。

1. 一个企业名称。

2. 标准的封面（标准的编号；替代标准编号；中文名称；发布、实施日期；发布单位）。

3. 前言。

4. 范围（本标准规定了……，本标准适用于……）。请注意章、节编号。

5. 规范性引用文件（收集齐全）。

6. 术语和定义（非必需）。

7. 要求，包括原辅料要求、感官要求、理化指标、微生物指标（卫生指标）。

8. 食品添加剂。

9. 生产加工过程的卫生要求。

10. 试验方法。

11. 检验规则（组批、抽样、出厂检验、型式检验、抽样方法及数量、判定规则）。

12. 标签、标志、包装、运输、贮存。

（付晶晶）

第六章　中国食品标准体系

📖 知识目标

1. **掌握**　主要食品安全基础标准的使用方法及关键内容。
2. **熟悉**　食品安全标准的概念、编制方式、基本构架及具体内容。
3. **了解**　中国食品标准体系的现状、存在问题与前景。

📑 能力目标

1. 能够运用合理的检索方式查找需要的食品标准并对其有效性进行判定。
2. 能够正确阅读使用食品标准，并运用食品标准指导食品生产活动和经营活动。

第一节　中国食品标准概况

一、中国食品标准现状

我国食品标准体系始建于 20 世纪 60 年代，经历了初级阶段、发展阶段、调整阶段、巩固发展阶段四个阶段。2001 年国家标准化管理委员会成立，我国标准化事业快速发展，标准体系初步形成，应用范围不断扩大，水平持续提升，国际影响力显著增强，全社会标准化意识普遍提高。国家运用信息化手段，建立了全国标准信息公共服务平台，供公众进行国家标准、行业标准、地方标准、团体标准、企业标准乃至国际标准的查询。2015 年国务院发布《深化标准化工作改革方案》，部署改革标准体系和标准化管理体制，加强标准体系建设。《食品安全法》颁布以来，针对我国食品标准体系存在的标准交叉、重复、矛盾等问题，国务院卫生行政部门会同其他相关部门启动了标准的清理整合、制修订工作并制订相应的工作方案，对我国食用农产品质量安全标准、食品卫生标准、食品质量以及行业标准逐步开展了清理、整合、修订及新食品安全标准的制定工作。

"十二五"期间，已完成清理的食品标准达 5000 项，涵盖农产品质量安全、食品质量、食品卫生等标准，并发布了 1000 余项食品安全国家标准，涵盖 2 万余项指标；"十三五"期间还将完成 300 项食品安全国家标准制定。现行我国食品安全标准体系与国际基本接轨，主要指标与发达国家基本相当，确保覆盖人民群众日常消费的所有食品品种。

二、中国食品标准发展前景

（一）完善配套法规

可参考国外的食品安全法规和标准体系经验，加快制定和颁布中国食品安全法实施条

扫码"学一学"

· 91 ·

例和各专项食品安全管理法规和标准；各级地方政府加大监管力度，确保食品安全法律法规落实到位。明确政府监管部门、企业和消费者在食品安全法规和标准体系中的职责和义务。

（二）加强技术支撑

借鉴国外经验，推行目前食品法典委员会和国际标准化组织已经使用的食品安全法规和标准，加快我国食品标准体系与国际接轨，把食品安全法规和标准落实到食品产业链的各个环节，消除技术壁垒。国家需要提供足够的资金支持，增加政府经费投入，加大检验方法类、生产规范类、保健食品等特殊食品类食品安全法规与标准研究，积累科学数据，加强技术支撑，激励更多有能力的技术机构承担或参与标准的制修订工作。

（三）重视标准的应用与实施，提升使用价值

政府、行业相关部门在标准发布后，应加大对基层监管人员和企业相关人员的宣传培训，促进标准的应用与实施。同时充分发挥行业协会和食品安全管理标杆企业的带头作用，共同完善食品安全法规和标准体系实施指南和操作规范，提升食品安全法规和标准体系的使用价值。

第二节　食品安全标准

一、食品安全标准概述

（一）食品安全标准的发展历程

在"食品安全标准"这一概念提出之前，对我国食品安全相关指标进行规范的标准体系为食品卫生标准体系，这也是食品安全标准体系的前身。第一个食品卫生标准——《酱油中砷的限量标准》是 20 世纪 50 年代由卫生部发布实施的，在 20 世纪 60~70 年代，伴随着我国标准化事业的全面铺开，食品卫生标准体系开始了全面发展。1979 年的《中华人民共和国食品卫生管理条例》、1982 年的《中华人民共和国食品卫生法（试行）》，都在法律层面对食品卫生标准体系的范围、内容、制定和发布部门进行了明确。在随后的近 30 年时间中，食品卫生标准全面发展，截至 2009 年，食品卫生标准共发布 454 项，形成了与食品卫生法相配套的食品卫生标准体系。

2009 年随着工业和经济的发展，国内食品安全形式不断变化，食品安全问题不断曝光，我国政府为了适应新的食品安全形式，保证食品安全，保障公众身体健康和生命安全，颁布了《食品安全法》，法律中明确了食品安全标准是对食品中各种影响消费者健康的危害因素进行控制的技术法规，是中国唯一强制执行的食品标准，并规定国务院卫生行政部门负责食品安全标准的制定、发布工作。

自此，国家便开始了对已有食品标准的清理整合及新食品安全标准的制定工作。2010 年 4 月 22 日，卫生部发布了第一批 66 项乳制品相关食品安全国家标准；2010~2013 年，卫生部组织完成了包括食品添加剂、真菌毒素、食品污染物、致病菌食品标签标示、食品生产通用规定在内的主要的食品安全通用标准的清理和修订工作，同时还完成了 3000 多个食品包装材料物质的清理工作。

扫码"学一学"

2013 年，卫生部开始全面清理食品标准，制定了《食品安全标准整合工作方案》，提出了 1061 项标准内容的食品安全标准体系框架。2017 年 7 月，国家卫生计生委发函通报了食品安全国家标准的整合情况，文件中指出，截至 2017 年 4 月我国共计发布食品安全标准 1224 项，食品安全调整体系得到了极大的完善，同时文件中还对需要进一步整合的食品标准和不纳入食品安全标准体系的食品标准进行了明确。

（二）食品安全标准的制定依据

1. 法律依据　在我国食品安全标准制（修）订工作有明确的法律依据和基本规则。其主要遵循的法律依据有《食品安全法》《标准化法》《农产品质量法》《食品安全国家标准管理办法》《食品安全地方标准管理办法》《食品安全企业标准备案办法》等。同时，为了提高我国食品安全标准国际化程度，减少食品贸易技术壁垒，我国食品安全标准制定与修订工作越来越多地遵循国际法律，如 WTO/SPS 协议关于食品安全标准要求。

2. 科学依据　随着科技水平的进步和对外交流的不断深入，国家对于食品安全标准的科学属性越来越重视，原卫生部在 2010 年 10 月成立了食品安全风险评估中心，负责食品安全风险分析相关工作，力图以科学的风险评估结果为食品安全标准制定提供扎实的科学依据。多年来国家持续推进食品安全风险监测工作，构建了覆盖全部省份、市和县的食品安全风险监测网络，重点监测食品污染物、食品中有毒有害因素以及食源性疾病，其结果在食品安全标准的制定和修订中发挥了越来越重要的作用。风险评估、风险交流意识的提升是我国食品安全标准工作不断与国际标准工作接轨的重要表现。

（三）食品安全标准的编制与修订

我国对于食品安全标准的编制与修订有着一套完善的制度，主要包括 2010 年 12 月 1 日实施的《食品安全国家标准管理办法》及 2011 年 3 月 17 日实施的《食品安全地方标准管理办法》，其中详细规定了食品安全标准制（修）订工作的负责部门、工作流程等内容。

原卫生部负责食品安全国家标准的制（修）订工作，其下设的"食品安全国家标准评审委员会"负责审查食品安全国家标准草案，对食品安全国家标准工作提供咨询意见。为了保证标准评审的专业性和权威性，审评委员会下设了污染物、微生物、食品产品、生产经营规范、营养与特殊膳食、检验方法与规程、食品添加剂、食品相关产品、农药残留、兽药残留等 10 个分委员会和秘书处负责标准审查的相关事宜。食品安全国家标准的制（修）定具体分为规划、计划、立项、起草、审查、批准、发布以及修改与复审等环节。

（四）食品安全标准的内容及分类

食品安全标准主要分为食品安全国家标准、食品安全地方标准、食品安全企业标准三个层级，三者的相互关系为：食品安全国家标准是保障国家食品安全的底线标准，由国家卫生行政部门会同国家食品安全监督管理部门制定；对于没有国家标准的地方特色食品，可以由省级卫生行政部门制定食品安全地方标准；为提升产品的品质，企业可以制定严于国家标准、地方标准的企业标准。

食品安全国家标准具体包括 8 个部分的内容：①食品、食品添加剂、食品相关产品中的致病性微生物，农药残留、兽药残留、生物毒素、重金属等污染物质以及其他危害人体健康物质的限量规定；②食品添加剂的品种、使用范围、用量；③专供婴幼儿和其他特定人群的主辅食品的营养成分要求；④对与卫生、营养等食品安全要求有关的标签、标志、说明书的要求；⑤食品生产经营过程的卫生要求；⑥与食品安全有关的质量要求；⑦与食品安全有关的食品检验方法与规程；⑧其他需要制定为食品安全标准的内容。

按照标准的类型又可以将上述 8 个部分总结为 4 个大类：基础标准、产品标准、生产经营规范标准、检验方法标准，其具体关系见图 6 – 1。

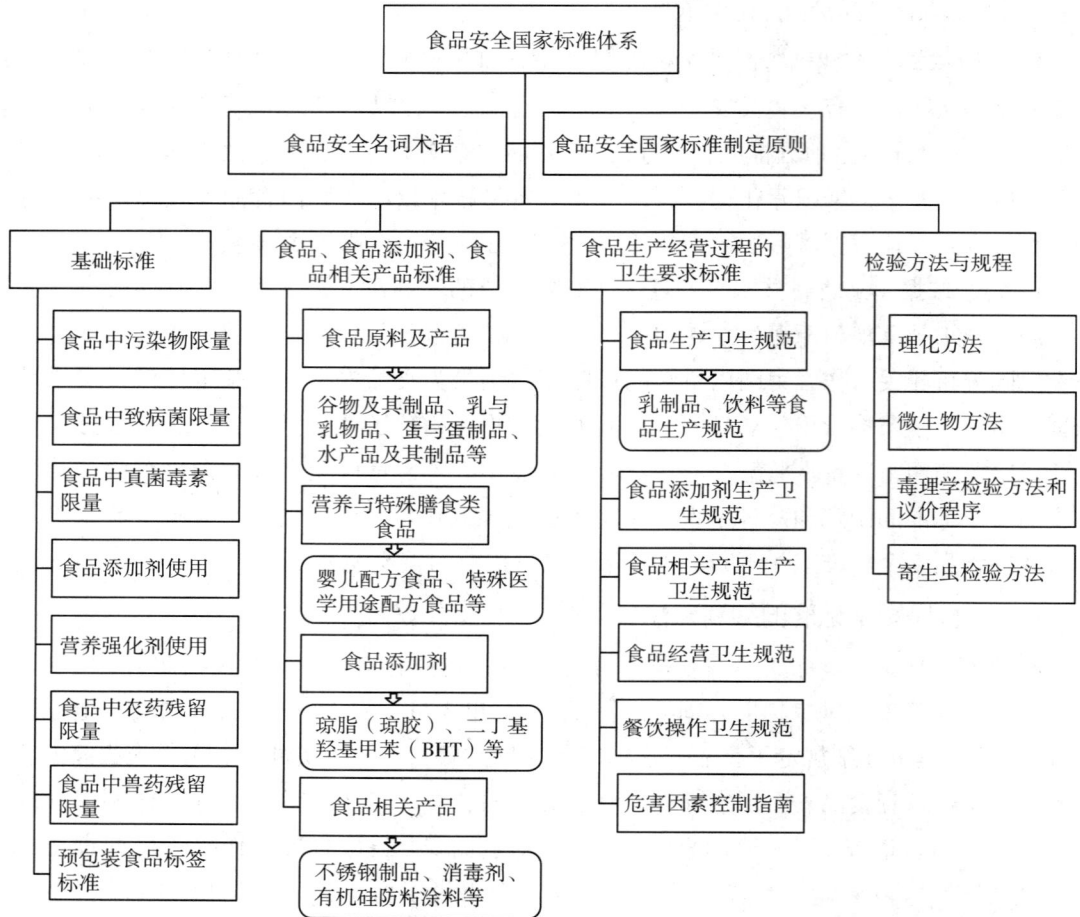

图 6 – 1　食品安全国家标准体系框架

二、食品安全基础标准

食品安全基础标准是在原有的食品卫生基础标准上修订而来的，在修订过程中专家组参考了多年的食品风险评估数据，并整合了多方面的修订意见。安全类基础标准主要是对食品生产、消费过程中的广泛安全问题和指标进行规范和指导的技术文件，是我国对于食品安全的底线要求，是不能逾越的红线，所有在我国生产、经销的食品都需要遵循这些基础标准的要求。

按照我们现行的食品国家安全标准体系，所有的食品安全产品标准中涉及基础安全指标的要求时，全部直接了引用基础标准的要求，这样就在最大程度上避免了原先食品标准体系中同一限量指标在不同标准中存在差异的情况，使得我国的食品标准体系在一定程度上得到了统一。

目前已经发布的食品安全基础标准共有 11 项，汇总情况见表 6 - 1。从表中可以看出，现行的基础标准按照内容可以分为两类：①用于规定食品中有毒有害物质限量的标准；②用于规范与食品生产相关的添加剂使用和标签标示的标准。

表 6 - 1　食品安全基础标准汇总表

序号	名称	标准号
1	食品安全国家标准 食品中真菌毒素限量	GB 2761—2017
2	食品安全国家标准 食品中污染物限量	GB 2762—2017
3	食品安全国家标准 食品中农药最大残留限量	GB 2763—2016
4	食品安全国家标准 食品中百草枯等 43 种农药最大残留限量	GB 2763.1—2018
5	食品安全国家标准 食品中致病菌限量	GB 29921—2013
6	食品安全国家标准 食品添加剂使用标准	GB 2760—2014
7	食品安全国家标准 食品接触材料及制品用添加剂使用标准	GB 9685—2016
8	食品安全国家标准 食品营养强化剂使用标准	GB 14880—2012
9	食品安全国家标准 预包装食品标签通则	GB 7718—2011
10	食品安全国家标准 预包装食品营养标签通则	GB 28050—2011
11	食品安全国家标准 预包装特殊膳食用食品标签	GB 13432—2013

1. 食品中有毒有害物质限量的标准　真菌毒素限量、农药残留限量、污染物限量、致病菌限量标准主要规定了人体对食品中存在的有毒有害物质可接受的最高水平，其目的是将有毒有害物质限制在安全阈值内，保证食用安全性，最大限度地保障人体健康。

（1）食品中真菌毒素　某些真菌在生长繁殖过程中产生的一类内源性天然污染物，主要对谷物及其制品和部分加工水果造成污染，人和动物食用后会引起致死性的急性疾病，并且与癌症风险增高有关，且一般加工方式难以除去。GB 2761—2017《食品安全国家标准 食品中真菌毒素限量》是国家最新修订的关于食品中真菌毒素的限量标准，主要规定了食品中黄曲霉毒素 B_1、黄曲霉毒素 M_1、脱氧雪腐镰刀菌烯醇、展青霉素、赭曲霉毒素 A、玉米赤霉烯酮等 6 种真菌毒素的限量指标。标准由适用范围、术语定义、应用原则、具体技术指标、仅适用于该标准的食品类别（名称）说明的附录（附录 A）5 个部分组成。

（2）食品污染物　食品在生产、加工、贮存、运输、销售直至食用过程，由于环境污染、加工工艺等原因而产生的，非人为添加的对人体有害的毒性物质。GB 2762—2017《食品安全国家标准 食品中污染物限量》是我国最新修订的食品中污染物的限量标准，主要规定了食品中铅、镉、汞、砷、锡、镍、铬、亚硝酸盐、硝酸盐、苯并（a）芘、N - 二甲基亚硝胺、多氯联苯、3 - 氯 - 1，2 - 丙二醇等 13 种污染物的限量指标。标准由适用范围、术语定义、应用原则、具体技术指标、仅适用于该标准的食品类别（名称）说明的附录（附录 A）5 个部分组成。

（3）食品致病菌　可以引起食物中毒或以食品为传播媒介的致病性细菌。食源性致病菌是导致食品安全问题的重要来源，致病性细菌可以直接或间接地污染食品及水源，导致人体肠道传染病的发生及食物中毒以及畜禽传染病的流行。GB 29921—2013《食品安全国家标准 食品中致病菌限量》是我国现行有效的致病菌限量标准，标准规定了预包装食品中，沙门菌、金黄色葡萄球菌、单核细胞增生李斯特菌、副溶血性弧菌、大肠埃希菌等 5

类致病菌的限量指标及对应的采样、判定、检测方法。同时标准中还明确指出："无论是否规定致病菌限量，食品生产、加工、经营者均应采取控制措施，尽可能降低食品中的致病菌含量水平及导致风险的可能性。"

（4）农药残留　农药施用后残留在生物体内或残存在环境中的微量农药。我国作为世界上农药使用量最多的国家，年均使用量在180万吨以上，虽然农药在病虫害防治、去除杂草、农产品质量提高等方面发挥了重要作用，但伴随着农药的过量、不合理使用，甚至滥用，农药残留超标所带来的负面影响也日益凸显。GB 2763—2016《食品安全国家标准食品中农药最大残留限量》是我国最新修订的农药残留限量标准，标准中规定了433种农药的4140项最大残留限量，标准由适用范围、配套检测方法的规范性引用文件、术语和定义、技术指标要求、适用于该标准的食品类别及测定部位的附录（附录A）、豁免制定食品中最大残留限量标准的农药名单的附录（附录B）、检索目录7个部分组成。虽然国家对于农药残留标准的整理频率和关注度都在不断提升，但是相比于发达国家的农药残留标准还有很大的差距，目前农业农村部主要牵头负责对国家农药残留标准进行持续的更新和完善。

2. 添加剂使用与标签标示标准　食品添加剂的使用规范标准包括食品、食品相关产品及营养强化剂使用规范3个标准，分别对产品中添加剂、营养强化剂的使用原则、用法用量、适用产品类别等内容作出了详细的规定。食品标签规范性标准包括预包装食品标签标准、预包装食品营养标签、预包装特殊膳食用食品标签3个标准，对食品标签的标示内容、标示方法、应用原则等内容作出了规定。这些标准实施对于规范我国的食品工业化生产有着重要的作用。

三、产品标准

在食品安全标准体系中产品安全标准占据了相当的一部分，主要包括食品产品标准、特殊膳食食品标准、食品添加剂质量规格标准、食品营养强化剂质量规格标准、食品相关产品标准5个类别。

1. 食品产品标准　主要在原有的食品产品卫生标准基础上整合而成，标准主要规定了各类产品除通用安全指标以外的安全性指标。标准一般由适用范围、术语定义、技术要求3个部分组成。在技术要求中，主要包括特殊要求和通用要求两类，通用要求全部按照食品安全基础标准的规定执行，特殊要求按照对应产品的实际情况一般包括感官要求、理化指标、微生物限量中的一项或多项内容。

需要明确的是，食品安全标准体系中的产品标准主要针对产品的安全属性进行规定，是对该产品的底线要求，对应产品的质量品质和等级要求由其他标准另行规定。目前已经发布的食品安全产品标准共71项。

2. 特殊膳食食品标准　特殊膳食食品是指满足特殊的身体或生理状况和（或）满足疾病、紊乱等状态下的特殊膳食需要，专门加工或配方的食品。与其他普通食品相比，这类食品的适宜人群、营养素和其他营养成分的含量要求有着一定的特殊性。目前我国已经发布的特殊膳食食品标准共9个，可以分为4个类别，分别是婴幼儿配方食品、婴幼儿辅助食品、特殊医学用途配方食品和其他特殊膳食用食品。标准的具体名称和涵盖范围具体见表6-2。

表 6 – 2　特殊膳食食品标准及适用范围汇总表

类别	标准名称	标准主要涵盖范围
婴幼儿配方食品	GB 10765—2010 婴幼儿配方食品	包含乳基（以乳类及乳蛋白制品为主要原料）和豆基（以大豆及大豆蛋白制品为主要原料）两类，同时加入适量的维生素、矿物质和（或）其他成分，仅以物理方法生产加工制成的液态或粉状产品。适于正常婴儿食用，其能量和营养成分能够满足 0～6 月龄婴儿的正常营养需要
	GB 10767—2010 较大婴儿和幼儿配方食品	以乳类及乳蛋白制品和（或）大豆及大豆蛋白制品为主要原料，加入适量的维生素、矿物质和（或）其他辅料，仅用物理方法生产加工制成的液态或粉状产品，适用于 6～36 月龄较大婴儿和幼儿食用，其营养成分能满足正常较大婴儿和幼儿的部分营养需求
	GB 25596—2010 特殊医学用途婴儿配方食品通则	针对患有特殊紊乱、疾病或医疗状况等特殊医学状况婴儿的营养需求而设计制成的粉状或液态配方食品。在医生或临床营养师的指导下，单独食用或与其他食物配合食用时，其能量和营养成分能够满足 0～6 月龄特殊医学状况婴儿的生长发育需求。标准涵盖了 6 类我国目前临床较常见的产品类别，即无乳糖或低乳糖配方、乳蛋白部分水解配方、乳白深度水解配方或氨基酸配方、早产/低出生体重婴儿配方、母乳营养补充剂、氨基酸代谢障碍配方
婴幼儿辅助食品	GB 10769—2010 婴幼儿谷类辅助食品	以一种或多种谷（如：小麦、大米、大麦、燕麦、黑麦、玉米等）为主要原料，且谷物占干物组成的 25% 以上，添加适量的营养强化剂和（或）其他辅料，经加工制成的适于 6 月龄以上婴儿和幼儿食用的辅助食品。包括婴幼儿谷物辅助食品、婴幼儿高蛋白谷物辅助食品、婴幼儿生制类谷物辅助食品、婴幼儿饼干或其他婴幼儿谷物辅助食品四个类别
	GB 10770—2010 婴幼儿罐装辅助食品	食品原料经处理、灌装、密封、杀菌或无菌灌装后达到高业无菌，可在常温下保存的适于 6 月龄以上婴幼儿食用的食品。根据产品形状（性状），将该类产品分为 3 类：泥（糊）状罐装食品、颗粒状罐装食品、汁类罐装食品
特殊医学用途配方食品	GB 29922—2013 特殊医学用途配方食品通则	为了满足进食受限、消化吸收障碍、代谢紊乱或特定疾病状态人群对营养素或膳食的特殊需要，专门加工配制而成的配方食品，适用于 1 岁以上人群使用。该类产品必须在医生或临床营养师指导下，单独食用或与其他食品配合使用。标准中包含了 3 类产品：全营养配方食品（可作为单一营养来源满足目标人群的营养需求）、特定全营养配方食品（可作为单一营养来源满足目标人群在特定疾病或医学状况下的营养需求）和非全营养配方食品（可满足目标人群的部分营养需求）
其他特殊膳食用食品	GB 22570—2014 辅食营养补充品	一种含多种微量营养素（维生素和矿物质等）的补充品，其中含或不含食物基质和其他辅料，添加在 6～36 月龄婴幼儿即食辅食中食用，也可用于 37～60 月龄儿童的食品，包括辅食营养素补充食品、辅食营养素补充片、辅食营养素撒剂 3 种形式
	GB 24154—2015 运动营养食品通则	为满足运动人群（每周参加体育锻炼 3 次及以上、每次持续时间 30 分钟及以上、每次运动强度达到中等及以上的人群）的生理代谢状态、运动能力及对某些营养成分的特殊需求而专门加工的食品。按特征营养素分类，包括补充能量类、控制能量类和补充蛋白质类；按运动项目分类，包括速度力量类、耐力类和运动后恢复类
	GB 31601—2015 孕妇及乳母用营养补充食品	添加优质蛋白质和多种微量营养素（维生素和矿物质等）制成的适宜孕妇及乳母补充营养素的特殊膳食用食品，适用于孕期妇女和哺乳期妇女

3. 食品添加剂质量规格标准　即食品添加剂的产品质量标准，主要是对已经批准使用的食品添加剂品质提出的质量和安全要求。食品添加剂的质量规格标准也是保证食品安全的重要标准，因为即使严格按照批准的使用范围和用量使用食品添加剂，但如果使用的食品添加剂本身存在食品安全问题，也不能生产出符合食品安全要求的食品产品。

目前已发布的食品添加剂质量标准共 591 个，大致可分为两类：①针对单一食品添加剂制定的质量标准，标准一般由适用范围、添加剂名称（化学名称、分子式、分子量）、具体技术要求（感官要求、理化指标）及相应指标检测方法的附录 4 个部分组成。②适用于多种食品添加剂产品的通用安全要求，例如：GB 26687—2011《食品安全国家标准 复配食品添加剂通则》、GB 29938—2013《食品安全国家标准 食品用香料通则》等。

4. 食品营养强化剂质量规格标准 食品营养强化是在现代营养科学的指导下，根据不同地区、不同人群的营养缺乏状况和营养需要，以及为弥补食品在正常加工、储存时造成的营养素损失，在食品中选择性地加入一种或者多种微量营养素或其他营养物质。目前已发布的营养强化剂质量标准共 40 个，都是针对单一产品的质量标准，标准一般由适用范围、添加剂名称（化学名称、分子式、分子量）、具体技术要求（感官要求、理化指标）及相应指标检测方法的附录 4 个部分组成。

5. 食品相关产品标准 食品相关产品包括用于食品的包装材料和容器、洗涤剂、消毒剂以及用于食品生产经营的工具、设备。食品相关产品的质量也是食品安全的主要环节之一，食品安全国家标准体系中食品相关产品的标准包括质量标准、生产规范标准与检验方法标准 3 个部分，此处仅对质量标准进行介绍。

目前已发布的食品相关产品质量标准共 13 项，其中通用质量标准 1 项，即 GB 4806.1—2016《食品安全国家标准 食品接触材料及制品通用安全要求》，该标准规定了食品接触材料的术语定义、基本要求、限量要求、产品标准和检验方法标准符合性原则、可追溯性和产品信息等内容；具体食品相关产品标准 12 项，针对某一种独立的食品接触产品的特殊质量要求进行规定。食品相关产品具体标准见表 6 - 3。

表 6 - 3　食品相关产品标准汇总表

序号	名称	标准号
1	食品安全国家标准 洗涤剂	GB 14930.1—2015
2	食品安全国家标准 消毒剂	GB 14930.2—2012
3	食品安全国家标准 奶嘴	GB 4806.2—2015
4	食品安全国家标准 搪瓷制品	GB 4806.3—2016
5	食品安全国家标准 陶瓷制品	GB 4806.4—2016
6	食品安全国家标准 玻璃制品	GB 4806.5—2016
7	食品安全国家标准 食品接触用塑料树脂	GB 4806.6—2016
8	食品安全国家标准 食品接触用塑料材料及制品	GB 4806.7—2016
9	食品安全国家标准 食品接触用纸和纸板材料及制品	GB 4806.8—2016
10	食品安全国家标准 食品接触用金属材料及制品	GB 4806.9—2016
11	食品安全国家标准 食品接触用涂料及涂层	GB 4806.10—2016
12	食品安全国家标准 食品接触用橡胶材料及制品	GB 4806.11—2016

四、食品生产经营过程的卫生要求标准

食品生产经营过程中的卫生要求是否控制得当直接关系食品终产品的质量安全，是食品安全风险控制的关键环节。《食品安全法》第四章用了 4 节共 51 条内容对食品生产经营要求进行了详细的规定，足见国家对于食品生产经营过程安全情况的重视程度。

在《食品安全法》实施之前，食品生产经营环节的操作规范类标准为原卫生部发布的"卫生规范"和"良好生产规范"，以及有关行业主管部门制定和发布的各类"良好生产规范""技术操作规范"等 400 余项生产经营过程标准，其中适用范围交叉，规定内容冲突的情况比较多见。为了更好地配合《食品安全法》的要求，原卫生计生委组织专家对标准进

行整合，提出了以《食品生产通用卫生规范》为基础的 40 余项涵盖主要食品类别的生产经营规范类食品安全标准的顶层设计，目前已经发布的食品生产经营规范类标准共 29 项，其中通用型标准 4 项，具体是 GB 14881—2013《食品安全国家标准 食品生产通用卫生规范》、GB 31621—2014《食品安全国家标准 食品经营过程卫生规范》、GB 31603—2015《食品安全国家标准 食品接触材料及制品生产通用卫生规范》、GB 31647—2018《食品安全国家标准 食品添加剂生产通用卫生规范》；适用于单一食品类别的生产卫生规范标准有 25 项，具体内容见表 6-4。

表 6-4　生产经营规范标准表汇总表

序号	名称	标准号
1	食品安全国家标准 乳制品良好生产规范	GB 12693—2010
2	食品安全国家标准 粉状婴幼儿配方食品良好生产规范	GB 23790—2010
3	食品安全国家标准 特殊医学用途配方食品良好生产规范	GB 29923—2013
4	食品安全国家标准 罐头食品生产卫生规范	GB 8950—2016
5	食品安全国家标准 蒸馏酒及其配制酒生产卫生规范	GB 8951—2016
6	食品安全国家标准 啤酒生产卫生规范	GB 8952—2016
7	食品安全国家标准 食醋生产卫生规范	GB 8954—2016
8	食品安全国家标准 食用植物油及其制品生产卫生规范	GB 8955—2016
9	食品安全国家标准 蜜饯生产卫生规范	GB 8956—2016
10	食品安全国家标准 糕点、面包卫生规范	GB 8957—2016
11	食品安全国家标准 畜禽屠宰加工卫生规范	GB 12694—2016
12	食品安全国家标准 饮料生产卫生规范	GB 12695—2016
13	食品安全国家标准 谷物加工卫生规范	GB 13122—2016
14	食品安全国家标准 糖果巧克力生产卫生规范	GB 17403—2016
15	食品安全国家标准 膨化食品生产卫生规范	GB 17404—2016
16	食品安全国家标准 食品辐照加工卫生规范	GB 18524—2016
17	食品安全国家标准 蛋与蛋制品生产卫生规范	GB 21710—2016
18	食品安全国家标准 发酵酒及其配制酒生产卫生规范	GB 12696—2016
19	食品安全国家标准 原粮储运卫生规范	GB 22508—2016
20	食品安全国家标准 水产制品生产卫生规范	GB 20941—2016
21	食品安全国家标准 肉和肉制品经营卫生规范	GB 20799—2016
22	食品安全国家标准 航空食品卫生规范	GB 31641—2016
23	食品安全国家标准 酱油生产卫生规范	GB 8953—2018
24	食品安全国家标准 包装饮用水生产卫生规范	GB 19304—2018
25	食品安全国家标准 速冻食品生产和经营卫生规范	GB 31646—2018

GB 14881—2013《食品生产通用卫生规范》是规范食品生产行为，防止食品生产过程的各种污染，生产安全且适宜食用的食品的基础性食品安全国家标准。该标准既是规范企业食品生产过程管理的技术措施和要求，又是监管部门开展生产过程监管与执法的重要依据，也是鼓励社会监督食品安全的重要手段。

标准共分 14 个章节，内容包括：适用范围，术语和定义，选址及厂区环境，厂房和车间，设施与设备，卫生管理，食品原料、食品添加剂和食品相关产品，生产过程的食品安全控制，检验，食品的贮存和运输，产品召回管理，培训，管理制度和人员，记录和文件管理。附录"食品加工过程的微生物监控程序指南"针对食品生产过程中较难控制的微生物污染因素，向食品生产企业提供了指导性较强的监控程序建立指南。与原有的标准相比，新标准强化了源头控制，对原料采购、验收、运输和贮存等环节食品安全控制措施作出了详细规定；加强了过程控制，对加工、产品贮存和运输等食品生产过程的食品安全控制提出了明确要求，并制定了控制生物、化学、物理等主要污染的控制措施；加强生物、化学、物理污染的防控，对设计布局、设施设备、材质和卫生管理提出了要求；增加了产品追溯与召回的具体要求；增加了记录和文件的管理要求。

五、食品检验方法标准

食品检验方法标准是食品安全标准的体系的另一个重要组成部分，是对基础标准和产品标准所规定指标的技术支撑，食品安全标准整合之前食品检验标准体系相对混乱，卫生标准体系、产品质量标准体系、各行业标准体系，均制定了配套自身标准体系的检测方法标准，经常出现同一个方法具有多个标准号的情况，给食品的检验与判定造成了许多困难。

食品安全标准修订以后，将各个行业检验方法中与食品安全标准规定一致的检验方法进行了清理整合，形成了较为完善的食品检验标准体系。标准规定了物理化学检验、微生物学检验和毒理学检验规程的内容，标准一般包括检测方法的基本原理、仪器和设备要求、操作步骤、结果判定和报告内容、检验相关的各种资料性附录等内容。目前已经发布的食品检验标准体系可以分成如下几个类别。

1. 理化指标检测标准　GB 5009 系列标准。标准主要规定食品常规理化指标的检测方法，主要包括食品污染物、食品真菌毒素、食品中食品添加剂含量及食品产品标准中规定的特殊理化指标的检测方法，已发布的食品理化检验标准共 146 项。

2. 婴幼儿食品及乳制品理化指标检验标准　GB 5413 系列标准。标准主要规定乳制品及婴幼儿食品中特征理化指标的检测方法，其中"脂肪""酸度"等与 GB 5009 系列标准重合的指标已经被整合入 GB 5009 标准系列，目前现行有效的标准共 12 项。

3. 放射性物质及辐照食品检验标准　GB 14883 系列标准。标准规定了食品中放射性物质的检验方法，现行标准共 10 项。辐照食品标准检验方法共 2 项，分别是 GB 23748—2016《食品安全国家标准 辐照食品鉴定 筛选法》和 GB 21926—2016《食品安全国家标准 含脂类辐照食品鉴定 2–十二烷基环丁酮的气相色谱质谱 分析法》。

4. 食品接触材料及制品检测标准　GB 31604 系列标准。标准规定了食品测定材料中，详细食品接触材质和制品中关键理化指标及各类物质化学迁移量的测定方法，共 49 项。

5. 食品微生物指标检验标准　GB 4789 系列标准。标准规定了食品微生物限量及指标病菌的检测方法和质量控制相关要求，共 30 项。

6. 食品毒理学指标检验标准　GB 15193 系列标准。标准规定了食品毒理学评价程序，实验室操作规范及具体毒理学指标的检测方法，共 26 项。

7. 残留检测标准　由于兽药残留标准的种类很多，食品安全标准中涉及的兽药残留检测方法正在逐年完善中，目前已经发布的兽药残留类检测方法标准为 GB 29681 ~ GB 29709 系列标准共 29 项，但还远远不能满足兽药残留监管的需求，目前主要采用的兽药残留检测方法多为原质检总局发布的推荐性国标和原农业部发布的兽药残留检测行业标准。

8. 农药残留检测标准 GB 23200 系列标准。目前农药残留标准的修订完善工作已经移交农业管理部门负责，GB 23200 系列标准已经发布了 106 项，基本满足 GB 2763 标准中规定农药品种的检测需求。

第三节 其他食品标准体系

扫码"学一学"

我国的食品标准体系中，除强制性的食品安全标准体系外，还包括许多其他的食品标准体系。这类标准数量庞大，在整个食品标准体系中占据了相当的地位，概括地可以分为与食品质量、生产相关的推荐性国家标准及各个行业自行制定的行业标准。

与食品质量、生产相关的推荐性国家标准主要包括规定各类食品、食品相关产品的品质、等级的产品标准，特征质量指标的相关检验方法标准及与配套通用规范标准，食品的生产经营规范标准等内容。

食品相关的行业标准包括：进出口行业标准（标准代号 SN）、农业行业标准（标准代号 NY）、水产行业标准（标准代号 SC）、商业行业标准（标准代号 SB）、轻工行业标准（标准代号 QB）、林业行业标准（标准代号 LY），此外还包括食品补充检验方法（标准代号 BJ），这些行业标准涉及与其行业相关的产品质量、检验方法、生产经营规范等内容。

一、食品工业相关标准

（一）食品工业基础标准

基础标准是在一定范围内作为其他标准的基础普遍使用，并具有广泛指导意义的标准，它规定了各种标准中最基本的共同要求。食品工业基础标准主要包括食品工业基础术语标准、食品符号（代号）标准、食品分类标准。

1. 食品术语标准 术语是在特定学科领域用来表示概念的称谓的集合，是通过语音或文字来表达或限定科学概念的约定性语言符号，是思想和认识交流的工具。术语标准化指的是术语的标准化和术语工作方法（术语工作本身也要有标准化的原则和方法）上的标准化，即运用标准化的原理和方法，通过制定术语标准，使之达到一定范围内的术语统一，从而获得最佳秩序和社会效益。术语标准化是当代社会发展的需要，也是信息技术兴起的需要，是标准化工作的重要基础。

GB 15091—1994《食品工业基本术语》标准规定了食品工业常用的基本术语，包括：一般术语、产品术语、工业术语、质量、营养及卫生术语等内容。标准适用于食品工业生产、科研、教学及其他的有关领域。

各类食品工业的名词术语标准，如：GB/T 15109—2008《白酒工业术语》、GB/T 19420—2013《制盐工业术语》、GB/T 19480—2009《肉与肉制品术语》、GB/T 12140—2007《糕点术语》、GB/T 31120—2014《糖果术语》、GB/T 18007—2011《咖啡及其制品术语》、GB/T 20573—2006《蜜蜂产品术语》、GB/T 34262—2017《蛋与蛋制品术语和分类》等。

2. 食品图形符号、代号类标准 图形符号是指以图形为主要特征，用以传递某种信

息的视觉符号。图形符号跨越语言和文化的障碍，具有世界通用效果。符号代表的含义比文字丰富，具有直观、简明、易懂、易记的特点，便于信息的传递。术语标准体系和图形符号标准体系属于标准体系中的两大分支，是各行业、各领域开展标准化工作的基础。

我国食品的图形符号、代号标准主要包括 GB/T 13385—2008《包装图样要求》、GB/T 12529.1—2008～GB/T 12529.4—2008《粮油工业用图形符号、代号》、SC/T《水产养殖的量、单位和符号》、GB/T 6963—2006《渔具与渔具材料量、单位及符号》等。

3. 食品分类标准 食品分类是人为增加于食品自然属性之上的，为使食品适应现代人类社会的一种属性，分类方法并没有对错之分，只有完善与否、实用与否的区别。我国目前尚无统一的食品分类标准，主要实用的食品分类系统包括"食品生产许可品种明细表"和各食品安全基础标准中食品分类附录，这些分类模式的适用范围都比较局限，都是仅适用于标准自身所述的范畴，对于某大类食品的具体分类标准，我国目前现行的由国标分类标准和行业分类标准两部分组成。

国标分类标准主要包括：GB/T 20903—2007《调味品分类》、GB/T 17204—2008《饮料酒分类标准》、GB/T 23823—2009《糖果分类》、GB/T 30645—2015《糕点分类》、GB/T 10784—2006《罐头食品分类》、GB/T 30766—2014《茶叶分类》、GB/T 8887—2009《淀粉分类》、GB/T 26604—2011《肉制品分类》、GB/T 30590—2014《冷冻饮品分类》等。

行业分类标准主要包括：SB/T 10671—2012《坚果炒货食品分类》、SB/T 10174—1993《食醋的分类》、SB/T 10173—1993《酱油分类》、SB/T 10297—1999《酱腌菜分类》、SB/T 10172—1993《酱的分类》、SB/T10171—1993《腐乳分类》、SB/T 10687—2012《大豆食品分类》等。

（二）食品流通标准

食品流通包括商流和物流两个方面，它的基本活动主要有运输、贮藏、装卸搬运、包装、流通加工、配送、信息处理以及销售等。食品流通过程与食品安全密切相关，涉及原料、加工工艺过程、包装、贮运及生产加工的相关因素等一系列过程中可能影响食品质量安全的因素，如在农产品流通中可能涉及的微生物、化学污染等。

1. 运输工具标准 主要包括运输车辆、船、搬运车辆、装载工作等的相关术语、类型代码、规格和性能标准以及相应的操作方法标准等。对运输工具实施标准化，有利于各种运输工具配合与衔接，实现多种运输方式的联运，提高运输效率。

GB/T 14521.1～14521.9—1993《运输机械术语》是对运输机械类型、主要参数、装置和零部件、带式运输机、埋刮板运输机、板式运输机、螺旋运输机、流体运输机和提升机制定的系列标准。

2. 站场技术标准 主要包括站台、堆场等技术规范和工艺标准。不同运输方式所要求的站场不一致会导致在运输装卸时人力和物力的浪费。通过规范站台、堆场就可以保证不同的运输方式能够在统一的站台、堆场进行装卸作业，提高工作效率。

与站场技术相关的标准有 GB/T 11601—2000《集装箱进出港站检查交接要求》和 GB/T 13145—2018《冷藏集装箱堆场技术管理要求》。

3. 运输方式及作业规范标准　运输是一个系统，制定各种运输方式标准和作业规范，将有利于运输的合理分工、配合协作，发挥各种运输方式的运输潜力。

GB/T 6512—2012《运输方式代码》是根据欧洲经济委员会国际贸易程序简化工作组（UUN/ECE/WP. 4）的第 19 号推荐标准《运输方式代码》而制定的，在技术内容和结构上等同采用第 19 号推荐标准。标准规定了运输方式的基本分类代码结构及表示运输工具类别的运输方式代码，适用于我国国际贸易有关文件（单证、报文）中使用标明运输方式的一切场合，也适用于我国行政、运输、商业等领域的业务所涉及的运输方式的标识。

在运输作业规范方面，我国颁布了 GB/T 20014.11—2005《良好农业规范 第 11 部分：畜禽公路运输控制品与复合性规范》。

4. 食品贮藏标准　贮藏和运输是流通过程中的两个关键环节，被称为"流通的支柱"。贮藏的概念包括商品的分类、计量、入库、保管、出库、库存控制以及配送等多种功能。

我国与食品贮藏相关的标准主要如下。

（1）仓库布局标准　如：GB/T 17913—2008《粮食储藏 磷化氢环流熏蒸装备》，GB/T 18768—2002《数码仓库应用系统规范》，GB 50072—2010《冷库设计规范》。

（2）贮藏保鲜技术规程　此项技术标准大多是关于果蔬的，如：GB/T 29372—2012《食用农产品保鲜贮藏管理规范》，GB/T 15034—2009《芒果 贮藏导则》，GB/T 25872—2010《马铃薯 通风库贮藏指南》，GB/T 26908—2011《枣贮藏技术规程》，NY/T 2320—2013《干制蔬菜贮藏导则》，GB/T 25870—2010《甜瓜 冷藏和冷藏运输》等标准，分别规定了贮藏前的处理、贮藏的温度、相对湿度和贮藏期限等内容。

（3）堆码苫垫技术标准　对食品的堆垛方式和技术、货架以及苫盖、衬垫方式和技术等都应制定相应的标准和操作规程。

5. 食品包装工艺标准　包装工艺过程就是对各种包装原材料或半成品进行加工或处理，最终将产品包装成为商品的过程。包装工艺规程则是文件形式的包装工艺过程。食品包装工艺、规程的标准化是指必须按"提高品质、严格控制有害物质含量"的有关标准，设计每道工序、确定每项工艺，并制定科学、严格和可行的操作规程。包装工艺标准化应包括产品和包装材料，按规定的方式将其结合成可供销售的包装产品，然后在流通过程中保护内包装产品，并在销售和消费时得到消费者的认可。其主要内容如下。

（1）容量标准化　容量即每个包装中的产品数量。食品包装容量是标准化的重要内容，数量的过多过少均是不合规范的，不便于食品的贮藏、运输与销售。

（2）产品状态条件标准化　包装产品的状态，如温度、物理外形或浓度都会影响食品的贮存期，因此应该规范产品的状态条件。

（3）包装材料标准化　在选用合适、卫生的包装材料的同时，将现场操作时的材料准备状态标准化，必要时需将包装材料部件组装成形以供产品充填。

（4）包装速度规范化　包装速度也应规范化，它是控制成本和质量的因素之一。包装速度取决于所采用的工艺装备的自动化程度。

（5）包装步骤说明　选定生产线的操作规程。

（6）规定质量控制要求。

6. 食品配送标准　配送是在经济合理区域范围内，根据用户要求，对物品进行拣选、加工包装、分割、组配等作业，并按时送达指定地点的物流活动。配送是由集货、配货、送货三部分有机结合而成的流通活动，配送中的送货是短距离的运输。配送与传统的"送货"存在明显的区别，在配送业务活动中包含的分货、选货、加工、配发、配装等工作是具有一定难度的作业。配送不仅是分发、配货、送货等活动的有机结合形式，同时它与订货、销售系统也有密切联系。因此，必须依赖物流信息的作用，建立完善的配送系统，形成现代化的配送方式。

配送的一般流程：进货→存贮→分拣→配货→送货。进货是组织货源的过程，可采取订货或购货的方式，也可采取集货或接货的方式。存贮是按照用户要求并依据配送计划对购到或收集到的各种货物进行检验，再分门别类地存贮在相应的设施场所中以备挑选和配货。分拣和配货是同一流程中两项紧密联系的活动，大多是同时进行和完成的，而且多是采用机械化和半机械化方式操作的。送货是配送的终结，一般包括搬运、配装和交货等活动。

目前我国颁布的配送方面的标准有 GB/T 18715—2002《配送备货与货物移动报文》。该标准适用于国内和国际贸易，以通用的商业管理为基础，而不局限于其特定的业务类型和行业，规定了在配送中心管辖范围内的仓库之间发生的配送备货服务和所需货物移动所用到的报文的基本框架结构。

7. 食品销售标准　食品销售就是将产品的所有权转给用户的流通过程，也是以实现企业销售利润为目的的经营活动。产品只有经过销售才能实现其价值，创造利润，实现企业的价值。销售是包装、运输、贮藏、配送等环节的统一，是流通的最后环节，而实现食品销售的重要因素就是市场。商务部等八部委联合组织制定了 GB/T 19220—2003《农副产品绿色批发市场》和 GB/T 19221—2003《农副产品绿色零售市场》两个国家标准，二者均从场地环境、设施设备、商品管理、市场管理等方面对销售市场进行了规定。农副产品绿色批发市场是指环境设施清洁卫生、交易商品符合本标准的质量管理要求、经营管理具有较好信誉的农副产品批发市场；农副产品绿色零售市场是指环境设施清洁卫生、交易商品符合本标准的质量管理要求、经营管理具有较好信誉的农副产品零售市场。这两个绿色市场标准对市场流通标准体系建设和规范市场流通环节均具有重要意义。

二、食品产品质量相关标准

产品标准是食品标准的重要组成部分，与前述的食品安全标准中的产品标准不同，这类标准主要是用来规定产品必须满足的品质特性要求的标准。此类标准一般为推荐性标准，内容通常包括：产品的品种、规格、技术要求、试验方法、检验规则、包装、标志、贮运等要求。

我国的食品产品标准由国家标准和行业标准两个部分组成，国家标准由原国家质量监督部门发布，行业标准由原农业部、商务部、原国家粮食局等发布。在现行的食品标准体系中，各类食品的产品标准普遍存在国家标准和行业标准混合使用的情况。表 6-5 中以食品生产许可的食品分类方法为基础，介绍了各类产品中涉及的标准。

表 6-5 各类食品中涉及的标准举例

产品类别	发布部门	标准举例
粮食及粮食加工品	国家质量监督检验检疫总局	GB/T 8883—2017 食用小麦淀粉 GB/T 21118—2007 小麦粉馒头 GB/T 22499—2008 富硒稻谷 GB 13358—2008 糯米
	农业部	NY/T 3218—2018 食用小麦麸皮 NY/T 598—2002 食用绿豆 NY/T 596—2002 香稻米
	商务部	SB/T 10652—2012 米饭、米粥、米粉制品
	国家粮食局	LS/T 3246—2017 碎米 LS/T 3214—1992 手工面
食用油、油脂及其制品	国家质量监督检验检疫总局	GB/T 1535—2017 大豆油 GB/T 1534—2017 花生油 GB/T 10464—2017 葵花籽油
	商务部	SB/T 10419—2017 植脂奶油
	农业部	NY/T 230—2006 椰子油 NY/T 1272—2007 玉米油
	农业部	SC/T 3502—2016 鱼油
	国家粮食局	LS/T 3242—2014 牡丹籽油
调味品	国家质量监督检验检疫总局	GB/T 22267—2017 孜然 GB/T 5461—2016 食用盐 GB/T 23183—2009 辣椒粉
	国家粮食局	LS/T 3311—2017 花生酱 LS/T 3220—2017 芝麻酱
	商务部	SB/T 11191—2017 蚝汁 SB/T 10371—2003 鸡精调味料 SB/T 10337—2012 配制食醋
	工业和信息化部	QB/T 1733.4—2015 花生酱 QB/T 4650—2014 邻叔丁基环己醇
	农业部	NY/T 958—2006 花生酱
肉制品	国家质量监督检验检疫总局	GB/T 31319—2014 风干禽肉制品 GB/T 31406—2015 肉脯 GB/T 23969—2009 肉干
	农业部	NY/T 632—2002 冷却猪肉
	商务部	SB/T 10279—2017 熏煮香肠 SB/T 10294—2012 腌猪肉
饮料	国家质量监督检验检疫总局	GB/T 31326—2014 植物饮料 GB/T 31121—2014 果蔬汁类及其饮料 GB 15266—2009 运动饮料
	农业部	NY/T 707—2003 芒果汁 NY/T 873—2004 菠萝汁
	国家发展和改革委员会	QB/T 2438—2006 植物蛋白饮料 杏仁露 QB/T 2132—2008 植物蛋白饮料 豆奶（豆浆）和豆奶饮料
	商务部	SB/T 10947—2012 固体饮料 SB/T 10202—1993 山楂浓缩汁

产品类别	发布部门	标准举例
方便食品	国家质量监督检验检疫总局	GB/T 31323—2014 方便米饭 GB/T 23781—2009 黑芝麻糊
	国家粮食局	LS/T 3303—2014 方便玉米粉 LS/T 3302—2014 方便杂粮粉
	国家发展和改革委员会	QB/T 2762—2006 复合麦片 QB/T 2652—2004 方便米粉（米线）
罐头	国家质量监督检验检疫总局	GB/T 13213—2017 猪肉糜类罐头 GB/T 31116—2014 八宝粥罐头
	工业和信息化部	QB/T 1410—2017 坚果类罐头 QB/T 1402—2017 榨菜类罐头 QB/T 1384—2017 果汁类罐头
冷冻饮品	国家质量监督检验检疫总局	GB/T 31119—2014 冷冻饮品 雪糕 GB/T 31114—2014 冷冻饮品 冰淇淋
	商务部	SB/T 10418—2017 软冰淇淋 SB/T 10327—2008 冷冻饮品 甜味冰
速冻食品	国家质量监督检验检疫总局	GB/T 23500—2009 元宵 GB/T 23786—2009 速冻饺子
	农业部	NY/T 952—2006 速冻菠菜
	商务部	SB/T 10423—2017 速冻汤圆 SB/T 10412—2007 速冻面米食品
薯类和膨化食品	国家质量监督检验检疫总局	GB/T 22699—2008 膨化食品
	农业部	NY/T 1605—2008 加工用马铃薯 油炸
	国家发展和改革委员会	QB/T 2686—2005 马铃薯片
	商务部	SB/T 10453—2007 膨化豆制品
糖果制品（含巧克力）	国家质量监督检验检疫总局	GB/T 19343—2016 巧克力及巧克力制品、代可可脂巧克力及代可可脂巧克力制品 GB/T 31320—2014 流质糖果
	商务部	SB/T 10347—2017 糖果 压片糖果 SB/T 10104—2017 糖果 充气糖果 SB/T 10023—2017 糖果 胶基糖果
茶叶及相关制品	国家质量监督检验检疫总局	GB/T 24690—2018 袋泡茶 GB/T 21726—2018 黄茶
	农业部	NY/T 783—2004 洞庭春茶 NY/T 780—2004 红茶
	商务部	SB/T 10168—1993 闽烘青绿茶
	工业和信息化部	QB/T 4067—2010 食品工业用速溶茶
酒类	国家质量监督检验检疫总局	GB/T 20823—2017 特香型白酒 GB/T 27586—2011 山葡萄酒 GB/T 10781.1—2006 浓香型白酒
	国家发展和改革委员会	QB/T 2745—2005 烹饪黄酒 QB/T 4262—2011 荔枝酒

续表

产品类别	发布部门	标准举例
蔬菜制品	国家质量监督 检验检疫总局	GB/T 23597—2009 干紫菜 GB/T 23787—2009 非油炸水果、蔬菜脆片
	农业部	NY/T 960—2006 脱水蔬菜 叶菜类 NY/T 959—2006 脱水蔬菜 根菜类
	国家林业局	LY/T 2134—2013 森林食品 薇菜干 LY/T 2133－2013 森林食品 榛蘑干制品
	商务部	SB/T 10756—2012 泡菜 SB/T 10439—2007 酱腌菜
	中国轻工总会	QB/T 2076—1995 水果、蔬菜脆片
水果制品	国家质量监督 检验检疫总局	GB/T 31318—2014 蜜饯 山楂制品 GB/T 26150—2010 免洗红枣 GB/T 22474—2008 果酱
	农业部	NY/T 786—2004 食用椰干 NY/T 709—2003 荔枝干 NY/T 705—2003 无核葡萄干
	商务部	SB/T 10088—1992 苹果酱 SB/T 10088—1992 苹果酱 SB/T 10057—1992 山楂糕、条、片
炒货食品及 坚果制品	国家质量监督 检验检疫总局	GB/T 11764—2008 葵花籽 GB/T 30761—2014 扁桃仁 GB/T 1532—2008 花生
	农业部	NY/T 1581—2007 食用向日葵籽 NY/T 1521—2007 澳洲坚果 带壳果 NY/T 1067—2006 食用花生
	国家林业局	LY/T 1922—2010 核桃仁 LY/T 1963—2011 澳洲坚果果仁
	商务部	SB/T 10672—2012 熟制松籽和仁 SB/T 10616—2011 熟制山核桃（仁）
	工业和信息化部	QB/T 1733.7—2015 烤花生 QB/T 1733.5—2015 油炸花生仁
蛋制品	国家质量监督 检验检疫总局	GB/T 9694—2014 皮蛋 GB/T 23970—2009 卤蛋
	商务部	SB/T 10651—2012 咸鸭蛋黄
可可及焙烤 咖啡产品	国家质量监督 检验检疫总局	GB/T 20706—2006 可可粉 GB/T 20705—2006 可可液块及可可饼块 GB/T 20707—2006 可可脂
	农业部	NY/T 605—2006 焙炒咖啡 NY/T 604—2006 生咖啡
食糖	国家质量监督 检验检疫总局	GB/T 15108—2017 原糖 GB/T 20885—2007 葡萄糖浆
	工业和信息化部	QB/T 5006—2016 姜汁（粉）红糖 QB/T 4567—2013 黑糖 QB/T 4561—2013 红糖

续表

产品类别	发布部门	标准举例
水产制品	国家质量监督检验检疫总局	GB/T 35375—2017 冻银鱼 GB/T 16919—1997 食用螺旋藻粉 GB/T 30889—2014 冻虾
	农业部	SC/T 3114—2017 冻螯虾 SC/T 3208—2017 鱿鱼干·墨鱼干
淀粉及淀粉制品	国家质量监督检验检疫总局	GB/T 8885—2017 食用玉米淀粉 GB/T 20884—2007 麦芽糊精 GB/T 23587—2009 粉条
	农业部	NY/T 494—2010 魔芋粉 NY/T 875—2012 食用木薯淀粉
	工业和信息化部	QB/T 4565—2013 全糖粉
糕点	国家质量监督检验检疫总局	GB/T 31059—2014 裱花蛋糕 GB/T 19855—2015 月饼 GB/T 20981—2007 面包
	商务部	SB/T 10403—2006 蛋类芯饼（蛋黄派） SB/T 10507—2008 年糕
豆制品	国家质量监督检验检疫总局	GB/T 18738—2006 速溶豆粉和豆奶粉 GB/T 23494—2009 豆腐干 GB/T 22493—2008 大豆蛋白粉
	国家粮食局	LS/T 3241—2012 豆浆用大豆
	商务部	SB/T 10948—2012 熟制豆类 SB/T 10649—2012 大豆蛋白制品 SB/T 10453—2007 膨化豆制品
	工业和信息化部	QB/T 1998—2015 栗（豆）羊羹
蜂产品	国家质量监督检验检疫总局	GB/T 34780—2017 蜂王幼虫冻干粉 GB/T 30359—2013 蜂花粉
	农业部	NY/T 2649—2014 蜂王幼虫和蜂王幼虫冻干粉 NY/T 629—2002 蜂胶
	国内贸易部	SB/T 10096—1992 蜂胶 SB/T 10190—1993 蜂蜡

注：发布部门均为标准发布时的机构设置。

由表6-5我们可以看出，现行食品产品标准体系中同类食品标准交叉的现象依旧比较严重，缺乏统一的顶层设计，不利于食品安全的统一管理，需要在今后的工作中进一步完善，不断推进标准的整合工作。

三、特色食品相关标准

（一）地理标志产品标准

地理标志产品是指产自特定地域，所具有的质量、声誉或其他特征本质上取决于其产地的自然因素和人文因素，经审核批准以地理名称进行命名的产品，包括来自本地区的种植、养殖产品，及原材料全部来自本地区或部分来自其他地区，并在本地区按照特定工艺生产和加工的产品。地理标志产品是我国重要的特殊产品，具有很高的文化和历史价值，我国在2005年就由国家质检总局发布了《地理标志产品保护规定》，其中第四章第十七条明确规定："拟保护的地理标志产品，应根据产品的类别、范围、知名度、产品的生产销售等方面的因素，分别制定相应的国家标准、地方标准或管理规范。"

目前我国的地理标志产品标准已经形成了以产品标准为主的多级标准体系，按照其制定主体的不同，划分为地理标志产品国家标准、地理标志产品地方标准、地理标志产品企业标准3个层级。GB/T 17924—2008《地理标志产品标准通用要求》详细规定了地理标志产品标准的适用范围、相关概念、制定基本原则与通用要求，并具体对地理标志产品的命名、保护范围、自然环境、种养殖要求、工艺、产品质量要求等内容进行了较为详细的说明。地理标志产品标准作为特定产品的质量等级标准，不在食品安全标准的修订整合范围之内，其标准的批准发布由食品安全监督部门进行管理。

目前已发布且现行有效的地理标志产品标准如：GB/T 19266—2008《地理标志产品 五常大米》、GB/T 19777—2013《地理标志产品 山西老陈醋》、GB/T 18356—2007《地理标志产品 贵州茅台酒》、DB21/T 2865—2017《地理标志产品 大连海参》、DB34/T 426—2015《地理标志产品 天华谷尖茶》、DB13/T 1272—2010《地理标志产品 武安小米》等。

（二）绿色食品标准

绿色食品是指产自优良生态环境，按照绿色食品标准生产，实行全程质量控制并获得绿色食品标志使用权的安全、优质食用农产品及相关产品。绿色食品标准是绿色食品认证的基础，在绿色食品事业起步之初，国务院就在有关批复中明确指出："农业部应根据国际市场要求，并结合我国的具体情况，制定和完善'绿色食品'标准，以推动'绿色食品'开发工作朝着正规化、标准化的方向发展。"对绿色食品标准工作进行了定位。

我国绿色食品标准体系建设注重落实"从土地到餐桌"的全程质量控制理念，经过多年的发展与完善已经形成了包括产地环境质量标准、生产技术标准、产品标准和包装贮藏运输标准4部分的标准体系，对绿色食品的生产、销售、储运等过程进行规范。

1. 绿色食品产品环境标准 我国绿色食品产品环境标准包括2项：①NY/T 391—2013《绿色食品 产地环境质量》规定了绿色食品产地的术语和定义、生态环境要求、空气质量要求、水质要求、土壤质量要求；②NY/T 1054—2013《绿色食品 产地环境调查、监测与评价规范》规定了绿色食品产地环境调查、产地环境质量监测和产地环境质量评价的要求。绿色食品产地环境标准充分体现了绿色食品促进可持续发展的理念。

2. 绿色食品生产技术标准 绿色食品生产过程的控制是绿色食品质量控制的关键环节，绿色食品生产技术标准是绿色食品标准体系的核心。绿色食品生产技术标准主要包括3部分。

（1）绿色食品生产资料使用准则 主要对生产绿色食品过程中的投入品使用原则进行规定，包括农药、肥料、兽药、渔药、饲料及饲料添加剂（包括畜禽和渔业）、食品添加剂等使用准则。如：NY/T 392—2013《绿色食品 食品添加剂使用准则》规定了绿色食品食品添加剂的术语和定义、食品添加剂使用原则和使用规定。

（2）绿色食品生产认证管理通则 主要对绿色食品生产、认证过程中的关键技术进行规范。如：NY/T 473—2016《绿色食品 畜禽卫生防疫准则》对畜禽饲养过程中的疫病预防、疫病监测、疫病控制和净化以及疫病档案记录等环节提出了具体的技术要求。

（3）绿色食品生产操作规程 主要包括种植、畜禽养殖、水产养殖和食品加工方面各类具体产品的生产操作规程，这部分标准主要以地方标准和企业标准形式发布。如 DB11/T 956—2013《绿色食品 红小豆生产技术规程》、DB3701/T 120—2010《绿色食品 辣椒生产技术规程》等。

3. 绿色食品产品标准 衡量绿色食品终产品质量的指标，反映了绿色食品生产、管理及质量控制水平，是树立绿色食品形象的主要标志。绿色食品产品标准按照加工程度分初级农产品标准和加工品标准两个大类，标准规定了相关产品的术语和定义、分类、感官要求、理化要求、卫生要求和微生物要求、试验方法、检验规则、标志和标签以及包装、贮藏运输等。绿色食品产品标准的安全卫生指标定位严于相关国家和行业标准。

4. 绿色食品包装、贮藏运输标准 以农业行业标准发布的绿色食品包装、贮藏运输标准主要有两项：①NY/T 658—2015《绿色食品 包装通用准则》对绿色食品包装的术语和定义、基本要求、安全卫生要求、生产要求、环保要求、标志与标签要求和标识、包装、贮存与运输要求进行了规定；②NY/T 1056—2006《绿色食品 贮藏运输准则》要求从全过程质量控制为出发点，对产品的贮藏设施、堆放和贮藏条件、贮藏管理人员和记录，以及运输工具和运输过程的温度控制都提出了原则性要求，尤其强调记录要求，以保证产品的可追溯性。

（三）"中国好粮油"系列标准

"中国好粮油计划"是 2017 年国家粮食局实施优质粮食工程，促进粮食产业提质增效工作的重要举措，旨在通过标准引领、示范带动、政策扶持等措施，加强优质粮油基地建设，大力推进优质粮油地域品牌和企业品牌建设，创新产业融合发展机制，扶持龙头企业做大做强，大幅增加绿色优质粮油供给，满足粮油消费升级需求。"中国好粮油"系列标准是"中国好粮油计划"的重要成果，标准由原国家粮食局、全国粮油标准化技术委员会归口管理。

"中国好粮油"系列标准于 2017 年 9 月发布实施，其中包括基础标准 1 项，即 LS/T 1218—2017《中国好粮油 生产质量控制规范》，用于规范中国好粮油产品的产地环境、品种、栽培技术、田间管理技术、收储条件、干燥技术、运输条件、加工、包装、销售等质量控制技术要求等内容；产品标准 11 项，具体包括：LS/T 3108—2017《中国好粮油 稻谷》、LS/T 3109—2017《中国好粮油 小麦》、LS/T 3110—2017《中国好粮油 食用玉米》、LS/T 3111—2017《中国好粮油 大豆》、LS/T 3112—2017《中国好粮油 杂粮》、LS/T 3113—2017《中国好粮油 杂豆》、LS/T 3247—2017《中国好粮油 大米》、LS/T 3248—2017《中国好粮油 小麦粉》、LS/T 3249—2017《中国好粮油 食用植物油》、LS/T 3304—2017《中国好粮油 挂面》、LS/T 3411—2017《中国好粮油 饲用玉米》。上述产品标准对参加"中国好粮油"的商品化产品的术语和定义、分类、质量要求、食品安全要求、检验方法、检验规则、标签标识、包装、储存和运输、质量追溯信息要求进行了规定。

该系列标准与同类产品标准相比具有如下特点：①安全性要求更加严格，其安全指标要求均为国标限度的 70%；②根据食品加工实际需要和市场认可原则，对优质粮食进行分类分级，同时，针对不同食品用途，设定了一系列理化特性评价指标作为"声称指标"，尽管不参与分类定级，但鼓励明确标识，方便食品企业和消费者自主选择，也有利于企业开发特色产品；③倡导适度加工，鼓励企业兼顾加工适用性、食味、营养和出品率，自行确定产品加工精度；鼓励企业采用新技术、新工艺开发生产充分保留天然营养成分的健康粮油产品；在质量控制导则中明确规定，不得采用过度加工手段浪费能源和粮食；④突出营养特性，在植物油、大豆、挂面等产品标准中具有明显的营养成分要求；⑤明确质量信息公开要求，标准明确规定，供应方应提供可供质量追溯的各种相关信息，以达到全面质量追溯的目的。

第四节　重要食品安全基础标准应用解析

一、《食品添加剂使用标准》应用解析

（一）标准的基本构架

标准分为正文和附录两大部分，正文部分包括标准的适用范围、术语定义、添加剂使用原则、食品分类系统、食品添加剂的使用规定、食品用香料、食品工业用加工助剂7个部分。其中添加剂的使用原则是核心内容，该部分详细阐述了添加剂使用的基本要求，允许使用添加剂的情况、添加剂的质量标准、带入原则等4部分内容。附录分为5个部分，附录A为食品添加剂使用规定，附录B为食品用香料使用规定，附录C为食品工业用加工助剂使用规定，附录D为食品添加剂功能类别，附录E为食品分类系统，附录F为附录A中食品添加剂使用规定索引。附表部分的相关表格内容见表6-6。

表6-6　GB 2760—2014附录中重要表格汇总

附录	相关表格名称
附录A	A.1 食品添加剂允许使用品种、使用范围及最大使用量或残留量
	A.2 可在各类食品中按生产需要适量使用的食品添加剂名单
	A.3 按生产需要适量使用的食品添加剂所例外的食品类别名单
附录B	B.1 不得添加食品用香料、香精的食品名单
	B.2 允许使用的食品用天然香料名单
	B.3 允许使用的食品用合成香料名单
附录C	C.1 可在各类食品加工过程中使用，残留量不需要限定的加工助剂名单（不含酶制剂）
	C.2 需要规定功能和使用范围的加工助剂名单（不含酶制剂）
	C.3 食品用酶制剂及其来源名单
附录E	E.1 食品分类系统

（二）标准使用相关知识

1. 食品分类系统使用说明

（1）分类系统的适用范围与层级　我国的食品分类系统较为复杂，不同的基础判定标准（GB 2761—2017、GB 2762—2017）都有自己的食品分类规则，食品生产许可体系也可有自己的食品分类规则，其相互之间并不能替代使用。GB 2760—2014中将食品分为16大类，其项下又分为亚类、次亚类、小类及次小类共5个级别，分类原则是根据食品添加剂的使用特点来划分的，并对各个类别进行了解释和举例。

（2）分类系统使用原则　如允许某一食品添加剂应用于某一食品类别时，则允许其应用于该类别下的所有食品类别，另有规定除外。

（3）"另有规定除外"解析　以着色剂诱惑红及其铝色淀为例。

图6-2中诱惑红可以应用于"03.0冷冻饮品"类别，则图6-3中03.01～05类产品中均可以使用诱惑红，但是图6-2中又说明"03.04食用冰除外"，此条款表明食用冰中不得使用诱惑红。

诱惑红及其铝色淀		allura red.allura aluminum lake		
CNS号　08.012		INS号　129		
功能　着色剂				
食品分类号	食品名称	最大使用量/（g/kg）	备注	
03.0	冷冻饮品（03.04食用冰除外）	0.07	以诱惑红计	
04.01.02.02	水果干类（仅限苹果干）	0.07	以诱惑红计，用于燕麦片调色调香载体	
0.4.01.02.09	装饰性果蔬	0.05	以诱惑红计	

图6-2　GB 2760—2014 表A.1（节选：诱惑红及其铝色淀）

食品分类号	食品类别/名称
03.0	冷冻饮品
03.01	冰淇淋、雪糕类
03.02	—
03.03	风味冰、冰棍类
03.04	食用冰
03.05	其他冷冻饮品

图6-3　GB 2760—2014 表E.1（节选）

（4）特别说明　当某种添加剂被允许应用于某一食品类别时，则该添加剂不能被允许应用于该类别项之上的类别。例如，诱惑红可以应用于"04.01.02.09装饰性果蔬"，但其并不能应用于"04.01.02加工水果"的其他类别。

2. 食品添加剂允许使用量查询方法　查询一种食品添加剂的允许使用量是GB 2760—2014的主要功能之一，下面将详细介绍查询某一食品添加剂在产品中允许使用用量的方法。

添加剂使用量的查询应将附录A中的表A.1～A.3联合使用，一般顺序为先查A.2再查A.1，最后查A.3。其具体过程见图6-4。

下面分别对四种查询结果进行举例说明。

（1）既在A.2又在表A.1中的食品添加剂　例：需要查询柠檬酸在浓缩果蔬汁中的使用规定，可查表A.2发现柠檬酸在表A.2中，继续查表A.1，发现表A.1中有如下特殊规定（见图6-5），虽然"浓缩果蔬汁"类别在表A.2中也可以查到，但其使用量应该按A.1中要求执行。

（2）只在A.2中规定的食品添加剂　例：查询琼脂的使用规定，发现其只在表A.2中列出，则表示其可以在除A.3规定的食品类别以外的所有食品类别中适量使用。

（3）表A.2中没有但表A.1中有的食品添加剂　例：查询添加剂"柠檬黄"的使用范围时，发现其不在表A.2的范围中，再查询表A.1，发现了表A.1中有"柠檬黄"使用范围，则应按表A.1规定执行，但是需要特别注意的是，此时还需查询表A.3的相关规定，如该添加剂所适用的食品类别中有次级类别在表 A.3 中出现，则该亚类中不得使用此种添加剂。如：表 A.1 规定"柠檬黄"可以应用于"饮料类（14.01 包装饮用水除外）"，但查表 A.3 发现"饮料类 14.0"的次类"果蔬汁（浆）14.02.01"在表 A.3 规定的范围内，则在"果蔬汁（浆）"类别中不得使用添加剂"柠檬黄"。

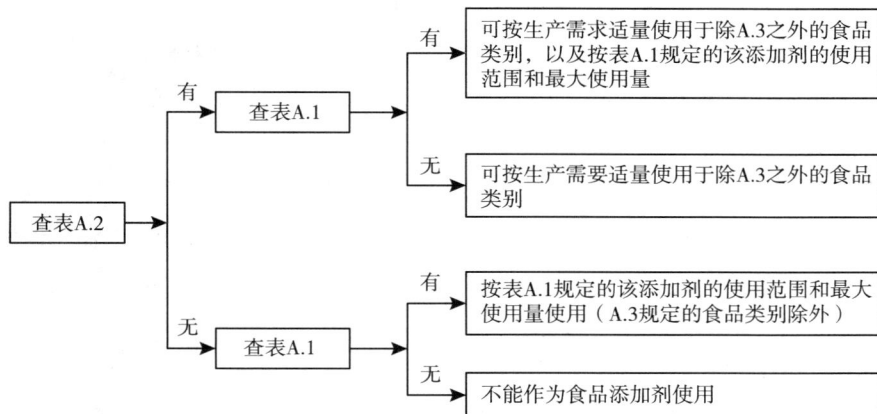

图 6 - 4　添加剂使用量查询流程图

柠檬酸及其钠盐、钾盐		citric anid,trisodium citrate,tripotassium citrate		
CNS号　01.101,01.303,01.304		INS号　330,331iii332ii		
功能　着色剂				
食品分类号	食品名称	最大使用量	备注	
13.01	婴幼儿配方食品	按生产需要适量使用		
13.02	婴幼儿辅助食品	按生产需要适量使用		
14.02.02	浓缩果蔬汁（浆）	按生产需要适量使用	固体饮料按稀释倍数增加使用量	

图 6 - 5　GB 2760—2014 表 A.1（节选：柠檬酸及其钠盐、钾盐）

（4）表 A.1、A.2 中均未规定的食品添加剂　当一种物质在表 A.1、A.2 中均未出现时，表明该物质不得在任何食品中添加，如国家已经发文禁止的"过氧化苯甲酰"等。

3. 同类食品添加剂混合使用的规定　表 A.1 列出的同一功能的食品添加剂（如相同色泽着色剂、防腐剂、抗氧化剂）在混合使用时，各自用量占其最大使用量的比例之和不应超过 1。

例：食醋中允许使用"苯甲酸""山梨酸"两种防腐剂，两种添加剂在食醋中的最大允许使用量都为 1.0 g/kg。假如每千克食醋中添加 0.9 g 苯甲酸时，其使用量符合标准规定，但如果在其中再加入 0.5 g 山梨酸时，该食醋中的防腐剂使用量是否符合标准规定呢？防腐剂混合使用最大比例之和：

$$\frac{0.9}{1.0} + \frac{0.5}{1.0} = 1.4$$

因为 >1.4>1，故此食醋中着防腐剂使用量超过了标准规定。

但需要注意的是，以下 4 种情况下不受添加剂混合使用的要求限制：①不同色泽的着色剂共同使用时；②本条所列功能外的其他功能的食品添加剂共同使用时；③多功能的食品添加剂不发挥其着色剂、防腐剂和抗氧化剂功能时；④不具有同一功能，或具有同一功能，但没有相同使用范围的食品添加剂。

4. 带入原则 GB 2760—2014 中的一个十分重要的知识点。其主要的作用是当在某一食品中检出其不得使用的添加剂时，用来界定这种添加剂的存在是否符合规定。一般情况下"带入"可以分为"正带""反带"两种情况。下面我们通过具体例子来进行说明。

（1）根据 GB 2760—2014 中的规定，"熟肉制品"中不得使用防腐剂"苯甲酸"，而酱油中允许使用防腐剂"苯甲酸"，那么当酱油作为熟肉制品的配料使用后，其中的"苯甲酸"就有可能被带入"熟肉制品"中，这种由配料带向终产品中从而使终产品不得使用的添加剂的情况就是"正带"。

（2）根据 GB 2760—2014 中的规定，面粉不得使用乳化剂"麦芽糖醇"，但当面粉用作蛋糕用的预拌粉时，允许在预拌粉中加入在终产品蛋糕中可以使用的"麦芽糖醇"。这种在配料中使用、终产品中允许，而配料中不允许使用的添加剂的情况就是"反带"。

必须说明的是，"正带"和"反带"都有严格的先决条件，而不是只要出现上述情况就可以使用带入原则。

"正带"在标准中的判定条件：①根据 GB 2760—2014 的规定，食品配料中允许使用该食品添加剂；②食品配料中该添加剂的用量不应超过允许的最大使用量；③应在正常工艺条件下使用这些配料，并且食品中该添加剂的含量不应超过由配料而带入的水平；④由配料带入食品中该添加剂的含量，应明显低于直接将其添加到该食品中通常所需要的水平。总结起来就是，要求加入食品原料的食品添加剂必须是允许在该食品原料中使用的，并且对其在食品原料和终产品中的含量进行了一系列的规定；食品原料的添加剂只在原料中发挥工艺作用，同时又随着食品原料不可避免地被带入食品终产品中，但在终产品中却不发挥工艺作用。

"反带"在标准中的判定条件：①该食品原料在标签上必须明示其用途为生产特定的终产品；②食品原料中加入的终产品添加剂的量应符合食品终产品中的使用量要求。总结起来就是，要求食品原料中加入的食品添加剂是食品终产品中允许使用的，其添加量符合食品终产品中的使用量；该食品原料的添加剂在食品终产品中发挥工艺作用，在食品原料中不发挥工艺作用。

二、《预包装食品标签通则》应用解析

（一）定义

1. 预包装食品 预先定量包装或制作在包装材料和容器中的食品。包括预先定量包装以及预先定量制作在包装材料和容器中，并且在一定量范围内具有统一的质量或体积标示的食品。

2. 食品标签 食品包装上的文字、图形、符合及一切说明物。

（二）适用范围

由定义可以看出该标准的适用对象为预包装食品，这里的预包装食品既包括直接提供给消费者的预包装食品（消费者可以直接购买的饼干、面包等），也包括非直接提供给消费者的预包装食品（如作为其他食品原料的面粉、馅料等）。该标准不适用于预包装食品在运输过程中提供保护的食品储运包装标签、散装食品和现制现售食品的标识。

（三）标准内容

标准主要包括适用范围、术语和定义、基本要求、标示内容规定、附录 5 个部分。其中标示内容部分又分为直接向消费者提供的预包装食品标签标示内容、非直接向消费者提供的预包装食品标签标示内容、标示内容的豁免、推荐标示内容 4 个部分；附录分为包装容器最大表面面积计算方法、食品添加剂在配料表中的标示形式及部分标签项目的推荐标示形式 3 个部分。

（四）标准重点问题解析

1. 标示内容 直接提供给消费者的预包装食品需标识的内容：食品名称、配料表、净含量和规格、生产商和（或）经销商的名称、地址和联系方式、生产日期和保质期、贮存条件、食品生产许可证编号、产品标准代号及其他需要标示的内容。

非直接提供给消费者的预包装食品标签必须标识的内容：食品名称、规格、净含量、生产日期、保质期和贮存条件。其他未在标签上标注的其他内容，应在说明书或合同中注明。

2. 食品名称标示的注意事项 标示的食品名称应醒目、明确地反映食品本身固有的性质、特性、特征，使消费者能够直观获知食品的属性。

食品命名可选的方式包括该食品相应标准中规定的名称（如饼干）或等效的名称；该食品广泛使用的、通俗易懂的名称（如三明治）。需要特别注意的是，当食品的风味仅由食用香料提供时，不应直接使用该香精香料的名称来命名，如仅使用苹果香精调制的饮料，其名称不能标示为"苹果饮料"，只能标示为"苹果味饮料"。

3. 配料表标示的注意事项 配料表是食品标签标示的难点部分，尤其是对于复合配料的标示及食品添加剂的标示经常会出现错误，下面将对上述两类物质的标示进行说明。

（1）复合配料的标示 标准规定对于直接加入食品中的复合配料（不包括食品添加剂），应在配料表中标示复合配料的名称，随后将复合配料的原始配料在括号内按加入量的递减顺序进行标示。当某种复合配料已有国家标准、行业标准或地方标准，且加入量小于食品总量的 25% 时，不需要标示复合配料的原始配料。

基于上述条款，复合配料标示具体可分为以下 3 种情况：①复合配料已有国家标准，加入量小于食品总量的 25%，且不含有食品添加剂；或含有食品添加剂，但符合 GB 2760—2014 中的带入原则在终产品中不起作用。标示方法：可直接标示复合配料名称，无须标示复合配料原始配料。②复合配料已有国家标准，加入量小于食品总量的 25%，含有食品添加剂且添加剂在终产品中发挥添加剂作用。标示方法：标示复合配料名称，在其后添加括号，并将发挥作用的食品添加剂通用名称标示其中。例如"酱油（焦糖色）"。③复合配料没有国家标准、行业标准或地方标准，或者该复合配料已有国家标准、行业标准或地方标准，且加入量大于食品总量的 25%。标示方法：标示复合配料的名称，并在其后加括号，按加入量的递减顺序——标示复合配料的原始配料，其中加入量不超过食品总量 2%的配料可以不按递减顺序排列。例如：豆沙馅（白砂糖、红小豆、食用植物油、水）。

（2）食品添加剂的标示 食品添加剂应标示其在 GB 2760—2014 中的通用名称。在同一预包装食品的标签上，所使用的食品添加剂可以选择以下 3 种形式之一标示：①标示食品添加剂的具体名称，例如丙二醇。②标示食品添加剂的功能类别和具体名称，例如增稠剂（卡拉胶）。③标示食品添加剂的功能类别名称以及国际编码（INS号），如果某种食品添加剂尚不存在相应的国际编码，或因致敏物质标示需要，可以标示其具体名称，例如增稠剂（卡拉胶，聚丙烯酸钠）或增稠剂（407，聚丙烯酸钠）。

此外添加剂标示时还需注意如下问题：①食品添加剂可能具有一种或多种功能时，GB 2760—2014列出了食品添加剂的主要功能，供使用参考。生产经营企业应当按照食品添加剂在产品中的实际功能在标签上标示。②如果GB 2760—2014中对一个食品添加剂规定了两个及以上的名称，则每个名称均是等效的通用名称。③对于不同制法的食品添加剂，可直接标示添加剂名称但不标示制法，例如加胺生产、普通法生产、亚硫酸铵法生产的焦糖色，在标签上可统一标示为"焦糖色"。④根据食物致敏物质标示需要，可以在GB 2760—2014规定的通用名称前增加来源描述，例如"磷脂"可以标示为"大豆磷脂"。⑤加工助剂不需要标示。加工助剂可以是食品原料，也可以是GB 2760—2014附表C中所列的物质。⑥食品中使用的酶制剂如果在终产品中已经失去酶活力则不需标注，反之则应按照其添加量标注于配料表的相应位置。

4. 配料的定量标示　标准给出了食品配料需要进行定量标示的两种情况。

（1）当食品标签或食品说明书中特别强调添加了或含有一种或多种有价值、有特性的配料或成分，应标示所强调配料或成分的添加量或在成品中的含量。

这里对于"特别强调"可以理解为通过对配料或成分的宣传引起消费者对产品、配料或成分的重视，以文字形式在配料表内容以外的标签上突出或暗示添加或含有一种或多种配料。而"有价值、有特性"就是暗示某一配料对人体的有益程度超出一般食品的程度，是相对特殊的配料。

例：某燕麦粗粮饼干中，对于燕麦进行了强调，则在配料表中标示燕麦的方式为"燕麦（添加量5%）"。

（2）如果食品的标签上特别强调一种或多种配料或成分含量较低或无时，应标示所强调的配料或成分在成品中的含量。

这里需要强调的是，如果某种添加剂在GB 2760—2014中未被允许在某类食品中使用，则不得在该食品标签中做"不添加"的宣传误导消费者。

例：某燕麦粗粮饼干中，强调了蔗糖的低添加，则在配料表中应标示"蔗糖≤0.4%"。

5. 生产日期和保质期　生产日期是食品成为最终产品的日期，也包括包装或灌装日期，即将食品装入（灌入）包装物或容器中，形成最终销售单元的日期。对于生产日期的标示，标准规定应清晰标示预包装食品的生产日期和保质期。如日期标示采用"见包装物某部位"的形式，应标示所在包装物的具体部位。日期标示不得另外加贴、补印或篡改。日期的标示需要注意两点：①年代号一般4位，小包装食品才可以标2位；②应按年、月、日的顺序标示日期，如果不按此顺序标示，应注明日期标示顺序，如"20日3月2010年"，或者"（日/月/年）：20 03 2010"。

保质期是预包装食品在标签指明的贮存条件下，保持品质的期限。保质期应与生产日期具有关系，以固定时间段形式标示保质期的，可以选择生产日期或生产日期第二天为保质期的计算起点。

保质期豁免标示的情况：①特殊产品类别，包括：酒精度大于10%的饮料酒、食醋、食用盐、固态食糖类和味精；②预包装食品包装物或包装容器的最大表面面积小于 10 cm² 时。

关于 GB 7718—2011 的其他问题解释，可以参考原国家卫生计生委发布的《食品安全国家标准 预包装食品标签通则》（GB 7718—2011）问答（修订版）。

三、《预包装食品营养标签通则》应用解析

（一）定义

1. 营养标签 预包装食品标签上向消费者提供食品营养信息和特性的说明。包括营养成分表、营养声称和营养成分功能声称。营养标签是预包装食品标签的一部分。

2. 营养素 食物中具有特定生理作用，能维持机体生长、发育、活动、繁殖以及正常代谢所需的物质。包括蛋白质、脂肪、碳水化合物、矿物质及维生素等。

（二）适用范围及与 GB 7718—2011 的关系

该标准适用于预包装食品营养标签上营养信息的描述和说明，不适用于保健食品及预包装特殊膳用食品的营养标签标示。从概念上可以看出，营养标签是预包装食品标签的一个组成部分，并不是孤立存在的，所以，GB 7718—2011《食品安全国家标准 预包装食品标签通则》中的基本要求同样适用于营养标签。与 GB 7718—2011 不同的是，GB 28050—2011《预包装食品营养标签通则》只适用于直接提供给消费者的预包装食品。

营养标签是直接向消费者提供产品营养信息的重要说明，标准规定除豁免标示的产品外，其他直接提供给消费者的预包装食品必须进行营养标签的标示，而非直接提供给消费者的预包装食品不强制标示营养标签，如果标示可参照 GB 28050—2011 进行，也可以按照企业双方的约定，或按合同要求标注，或提供有关营养信息。

（三）标准内容

该标准共分为适用范围、术语和定义、基本要求、强制标示内容、可选标示内容、营养成分的表达方式、豁免强制标示营养标签的预包装食品、附录 8 个部分，其中附录表述了食品标签营养素参考值及其使用方法，营养标签格式，能量和营养成分含量声称和比较声称的要求、条件和同义语，能量和营养成分功能声称标准用语等内容。标准中的主要表格见表 6-7。

表 6-7 GB 28050—2011 中主要表格汇总

内容	相关表格名称
正文	表 1 能量和营养成分名称、顺序、表达单位、修约间隔和"0"界限值
	表 2 能量和营养成分含量的允许误差范围
附录 A	表 A.1 营养素参考值（NRV）
附录 C	表 C.1 能量和营养成分含量声称的要求和条件
	表 C.2 含量声称的同义语
	表 C.3 能量和营养成分比较声称的要求和条件
	表 C.4 比较声称的同义语

（四）标准重点问题解析

1. 豁免标示营养标签的情况 标准中规定下列几种情况下可以豁免标示营养标签。

（1）生鲜食品　如包装的生肉、生鱼、生蔬菜和水果、禽蛋等。生鲜产品是指预先定量包装的、未经烹煮、未添加其他配料的生肉、生鱼、生蔬菜和水果等，如袋装鲜（或冻）虾、肉、鱼或鱼块、肉块、肉馅等。此外，未添加其他配料的干制品类，如干蘑菇、木耳、干水果、干蔬菜等，以及生鲜蛋类等，也属于本标准中生鲜食品的范围。但是，预包装速冻面米制品和冷冻调理食品不属于豁免范围，如速冻饺子、包子、汤圆、虾丸等。

（2）乙醇含量≥0.5%的饮料酒类　包括发酵酒及其配制酒、蒸馏酒及其配制酒以及其他酒类（如料酒等）。上述酒类产品除水分和酒精外，基本不含任何营养素，可不标示营养标签。

（3）包装总表面积≤100 cm²或最大表面面积≤20 cm²的食品　可豁免强制标示营养标签（两者满足其一即可），但允许自愿标示营养信息。这类产品自愿标示营养信息时，可使用文字格式，并可省略营养素参考值标示。

包装总表面积计算可在包装未放置产品时平铺测定，但应除去封边及不能印刷文字部分所占尺寸。包装最大表面面积的计算方法同 GB 7718—2011《预包装食品标签通则》的附录 A。此外对于重复使用玻璃瓶包装的食品，如果无法在瓶身印刷信息，可按照"包装总表面积≤100 cm²或最大表面面积≤20 cm²的食品"执行，免于标示营养标签。

（4）现制现售的食品　现场制作、销售并可即时食用的食品。但是，食品加工企业集中生产加工、配送到商场、超市、连锁店、零售店等销售的预包装食品，应当按标准规定标示营养标签。

（5）包装的饮用水　饮用天然矿泉水、饮用纯净水及其他饮用水。这类产品主要提供水分，基本不提供营养素，因此豁免强制标示营养标签。

对于包装饮用水，依据相关标准标注产品的特征性指标，如偏硅酸、碘化物、硒、溶解性总固体含量以及主要阳离子（K^+、Na^+、Ca^{2+}、Mg^{2+}）含量范围等，不作为营养信息。

（6）每日食用量≤10 g（mL）的预包装食品　食用量少、对机体营养素的摄入贡献较小，或者单一成分调味品的食品。具体包括：①调味品：味精、食醋等。②甜味料：食糖、淀粉糖、花粉、餐桌甜味料、调味糖浆等。③香辛料：花椒、大料、辣椒等单一原料香辛料和五香粉、咖喱粉等多种香辛料混合物。④可食用比例较小的食品：茶叶（包括袋泡茶）、胶基糖果、咖啡豆、研磨咖啡粉等。⑤其他：酵母、食用淀粉等。但是，对于单项营养素含量较高、对营养素日摄入量影响较大的食品，如腐乳类、酱腌菜（咸菜）、酱油、酱类（黄酱、肉酱、辣酱、豆瓣酱等）以及复合调味料等，应当标示营养标签。

（7）其他法律法规标准规定可以不标示营养标签的预包装食品。

2. 营养素参考值百分比的计算与修约　营养素参考值（NRV）是专用于比较食品营养成分含量高低的参考值，专用于食品营养标签。营养成分含量与 NRV 进行比较，能使消费者更好地理解营养成分含量的高低。GB 28050—2011 附录 A 中表 A.1 列出了常见营养素的NRV 值。

NRV 百分比主要用于描述能量或营养成分含量的多少，使用营养声称和零数值的标示时，用作标准参考值。

NRV 百分数的制定修约间隔为"1"，其修约规则可采用 GB/T 8170—2008《数值修约规则与极限数值的表示和判定》中规定的数值修约规则，也可直接采用四舍五入法。建议在同一营养成分表中采用同一修约规则。

例：某食品中，每100 g中蛋白质含量为23 g，其NRV%的计算方法如下。

$$\text{NRV} = \frac{\text{样品中某营养素含量}}{\text{该营养素的营养参考值}} \times 100\% = \frac{23}{60} = 38.33\% \approx 38\%$$

3. 营养声称与营养成分功能声称　营养声称是对食品营养特性的描述和声明，如能量水平、蛋白质含量水平。营养声称包括含量声称和比较声称。含量声称是描述食品中能量或营养成分含量水平的声称，声称用语包括"含有""高""低"或"无"等。比较声称是与消费者熟知的同类食品的营养成分含量或能量值进行比较以后的声称，声称用语包括"增加"或"减少"等。使用上述用语的条件是某种营养素的含量符合附录C中对应表格的要求，如果同时符合含量声称和比较声称的要求，则可以同时使用两种声称方式，此时营养素必须在营养成分表里进行标识。

一般来说，当产品营养素含量条件符合含量声称要求时，可以首先选择含量声称。因为含量声称的条件和要求明确，更加容易使用和理解。当产品不能满足含量声称条件，或者参考食品被广大消费者熟知，用比较声称更能说明营养特点的时候，可以用比较声称。

营养成分功能声称是某营养成分可以维持人体正常生长、发育和正常生理功能等作用的声称。功能声称使用的条件是，能量或营养成分含量符合含量声称或比较声称的要求，其用语必须是附录D中的一条或多条功能声称的标准用语。注意不得删改和添加。

（五）营养成分表实例及相关内容说明

某食品营养成分表见表6-8。

表6-8　某食品营养成分表

项目	每100g	NRV%
能量	1823 kJ	22%
蛋白质	9.0 g	15%
脂肪	12.7 g	21%
碳水化合物	70.6 g	24%
钠	204 mg	10%
维生素A	72 mg	9%

1. 营养成分表格式　营养成分表应以一个"方框表"的形式表示（特殊情况除外），方框可以是任意尺寸，并与包装的基线垂直，这里包装的基线是指包装的直线边缘或轴线，或者是产品的底面形成的基线。在保证营养成分表为方框表的前提下，其一边与基线垂直即可。营养成分表包括5个要素：表头、营养成分名称、含量、NRV%、方框（采用表格或相应形式）。GB 28050—2011正文表1中列出了营养成分表中强制标示和可选择标示的营养成分名称和顺序、修约间隔、"0"界限等内容。

同时，为了规范食品营养标签标示，便于消费者记忆和比较，标准附录B中推荐了6种基本格式。在保证符合基本格式要求和确保不对消费者造成误导的基础上，企业在版面设计时可进行适当调整，包括但不限于：因美观要求或为便于消费者观察，而调整文字格式（左对齐、居中等）、背景和表格颜色，或适当增加内框线等。

2. 强制标示内容　表6-8中"能量、蛋白质、脂肪、碳水化合物、钠"是营养标签中强制标示的内容。其中"蛋白质、脂肪、碳水化合物、钠"被称作核心营养素，上述5个强制标示的营养素成分通常被称为"1+4"成分。

需要注意的是，当营养标签中除去上述5种成分以外，还需标示其他成分时，上述5种成分应以适当的形式进行凸显标注，如上表中就以加粗的方式对5个成分进行了强调。

此外，如标示其他营养素，其在表格中的顺序按照GB 28050—2011中文表1所列顺序排列。

3. 营养成分含量的单位　表6-8第二列表头中所列的"每100 g"就是营养成分含量单位的一种表述形式。GB 28050—2011中规定食品企业可选择以"每100克（g）""每100毫升（mL）""每份"来标示营养成分表，目标是准确表达产品营养信息。

"份"是企业根据产品特点或推荐量而设定的，每包、每袋、每支、每罐等均可作为1份，也可将1个包装分成多份，但应注明每份的具体含量（克、毫升）。

需要注意的是，用"份"为计量单位时，营养成分含量数值"0"界限值应符合每100 g或每100 mL的"0"界限值规定。例如：某食品每份（20 g）中含蛋白质0.4 g，100 g该食品中蛋白质含量为2.0 g，按照"0"界限值的规定，在产品营养成分表中蛋白质含量应标示为0.4 g，而不能为0。

4. 营养成分含量的获得　表6-8第二列给出的营养素成分含量的来源主要有两个。

（1）直接检测　选择国家标准规定的检测方法，在没有国家标准方法的情况下，可选用AOAC推荐的方法或公认的其他方法，通过检测产品直接得到营养成分含量数值。

（2）间接计算　①利用原料的营养成分含量数据，根据原料配方计算获得；②利用可信赖的食物成分数据库数据，根据原料配方计算获得。

对于采用计算法的，企业负责计算数值的准确性，必要时可用检测数据进行比较和评价。为保证数值的溯源性，建议企业保留相关信息，以便查询和及时纠正相关问题。

营养标签中标示的营养成分含量允许误差的规定见GB 28050—2011正文表2。判定营养成分含量的准确性应以企业确定数值的方法作为依据。同时在判定时必须遵循"真实、客观"原则。例如，某产品中脂肪的含量在2 g/100 g左右波动，而标准中规定脂肪的实测值应≤120%标示值（没有下限），某企业为了确保其标示在标准规定范围内，故意将脂肪含量标示为5 g/100 g，这种行为就违背了标准"真实、客观"的基本要求。

关于GB 28050—2011的其他问题解释可以参考原国家卫生计生委发布的《预包装食品营养标签通则》（GB 28050—2011）问答（修订版）。

第五节　标准在企业中的应用

本节将以一个葡萄汁饮料生产厂的建设为例，全方位展示食品标准在食品企业建设过程中的应用情况。

扫码"学一学"

一、确定目标产品，了解目标产品的相关标准要求

要进行一款葡萄汁饮料产品的生产，首先要做的事就是了解葡萄汁饮料这个产品本身应该符合的标准，对于产品标准的查询一般分以下三个层级进行。

（一）产品通用标准查询

葡萄汁饮料是饮料的一种，首先应该了解国家对于饮料的基本要求，经过检索发现饮料的通用标准为 GB/T 10789—2015《饮料通则》，通过对标准的分析，能掌握如下信息。

1. 该标准属于推荐性国家标准，包含适用范围、规范性引用文件、术语和定义、分类、命名、技术要求、食品安全要求标签和声称、运输和贮存、瓶装饮用水消费者识别要求、附录等内容。

2. "葡萄汁饮料"在分类上属于"果蔬汁及其饮料"中的"果蔬汁类饮料"，标准中给出了详细的定义，并明确其应符合 GB/T 31131—2014《果蔬汁及其饮料》中的要求。

3. 饮料的食品安全要求应符合国家相关的食品安全标准，就是说饮料产品必须遵守食品安全标准基础标准中涉及饮料的要求、产品标准要求及生产卫生规范要求。

4. 明确饮料的标签和声称基本要求与特殊要求。

5. 明确饮料运输存储的相关要求。

（二）产品质量标准查询

按照 GB/T 10789—2015 中对于果蔬汁饮料的技术要求，可检索到标准 GB/T 31131—2014《果蔬汁及其饮料》，通过对标准的查阅，可进一步掌握如下信息。

1. 果蔬汁饮料定义的细化。GB/T 31131—2014 中对于果蔬汁饮料的定义与 GB/T 10789—2015 基本一致，但进一步明确了可以在饮料中添加通过物理方法从水果中获得的果粒、囊胞，这一信息为最终产品品质的确定提供了支持。

2. 产品包括原辅料、感官、理化指标在内的技术要求及对应指标的检测方法。需要强调的是，这里的技术要求主要是针对产品的品质提出的，对于安全性的技术要求需要查阅相关的食品安全标准。

3. 果蔬汁饮料需要标示的特殊内容。

4. 果蔬汁饮料贮存运输的要求与 GB/T 10789—2015 的中要求一致。

（三）产品安全标准查询

在对产品执行标准有了详细了解后，下一步需要了解产品的安全指标要求。经过检索，适用于"葡萄汁饮料"的食品安全标准为 GB 7101—2015《食品安全国家标准 饮料》，通过对这一标准的查阅，明确如下信息。

1. 产品必须满足针对本标准的感官指标、理化指标及微生物指标要求。

2. 产品必须满足食品污染物、真菌毒素、农药残留、致病菌、食品添加剂使用、食品营养强化剂使用等基础标准中涉及该产品的全部要求。

至此，通过对产品通用标准、产品质量标准、产品安全标准三个标准层级的查阅，已能基本掌握所要生产产品的一系列相关要求。

二、确定产品生产工艺及配方

在充分了解产品属性和标准要求后，应根据标准要求对产品工艺及配方进行设计，在工艺配方确定后，需要根据相关标准要求对工艺及配方进行审核，确定其符合相关标准的要求。

在产品工艺方面，主要需符合 GB 12695—2016《饮料生产卫生规范》中对于产品工艺流程的基本要求。在产品配方设计方面，产品生产所涉及的各种食品添加剂、香精香料、食品加工助剂及酶制剂的种类、适用范围、用法、用量都需要符合 GB 2760—2014《食品安全国家标准 食品添加剂使用标准》的相关规定，如果产品拟加入营养强化剂提高产品的品质，则加入营养强化剂的种类、适用范围、用法、用量应符合 GB 14880—2012《食品安全国家标准 食品营养强化剂使用标准》的要求。

三、生产场所的建设

在完成产品的配方及工艺设计后，下一步应该着手进行生产场所的建设，建设过程通常包括：前期设计、建设施工、内部装修、生产设备购置与安装调试等流程。

厂区的设计、施工、装修及验收方法需要执行的主要标准有 GB 14881—2013《食品安全国家标准 食品生产通用卫生规范》、GB 12695—2016《饮料生产卫生规范》、GB 50073—2013《洁净厂房设计规范》、GB 50300—2013《建筑施工质量验收统一标准》。其中 GB 14881—2013 与 GB 12695—2016 是饮料厂设计的主要依据，其中详细规定了厂区选址，功能区域划分，生产车间及生产设备布局、内部装修要求等内容。

食品相关机械选择方面需要了解的通用标准包括：GB/T 30785—2014《食品加工设备术语》、GB 22747—2008《食品机构机械 基本概念 卫生要求》、GB 16798—1997《食品机械安全卫生》。由于该产品在工艺设计时选择 PET 瓶包装工艺，所以在食品生产机械的选择上还应该关注 QB/T 4213—2011《饮料机械 聚酯（PET）瓶装饮料无菌冷灌装生产线》这一食品机械标准。同时根据我国计量要求，对定量灌装机在投入使用前应按照 JJG 687—2008《液态物理定量灌装机检定规程》进行检定合格后方能使用。

四、产品生产与检验

完成生产厂房建设及设备调试后，就可以按照既定的工艺流程进入葡萄汁饮料的试生产环节，在试生产的过程中需要关注以下几个环节。

（一）原辅材料合格性验收

对于生产葡萄汁饮料所用的所有原辅料都应进行复核性验收，及进货后查验相关质检报告。如该葡萄汁饮料的原辅料为"水、浓缩葡萄汁、白砂糖、柠檬酸、安赛蜜、山梨酸钾、苹果酸、水晶葡萄香精"，则进货查验设计的标准应包括：GB 5749—2006《生活饮用水卫生标准》、GB 17325—2015《食品安全国家标准 食品工业用浓缩液（汁、浆）》、GB/T 317—2018《白砂糖》及相应的食品添加剂产品标准。

（二）产品包装与标签标示规范性要求

产品的包装是产品生产的重要环节，企业在这个环节上需要关注三个方面的问题：

①包装材料的选择；②包装的设计与标签标示的合规性要求；③定量包装的计量要求。

包装材料选择方面需要查阅的标准包括：GB/T 23509—2009《食品包装容器及材料 分类》、GB/T 23508—2009《食品包装容器及材料 术语》。

包装的设计方面需要符合 GB/T 31268—2014《限制商品过渡包装 通则》及产品标准和生产卫生规范中涉及包装的内容。产品的标签标示方面着重关注其规范性要求，主要依据的标准包括：GB 7718—2011《食品安全国家标准 预包装食品标签通则》、GB 28050—2011《食品安全国家标准 预包装食品营养标签通则》，以及饮料相关产品标准中对于标签标示的特殊要求，同时在确定产品营养成分表中的数值时，应按照 GB 28050—2011 的要求选取计算法或实际测量法中的一种。

产品的定量包装应符合的标准为 JJF 1070—2015《定量包装商品净含量检验规则》。

（三）产品检验

产品检验是食品生产的一个重要环节，也是产品质量的最后一道防线。食品检验分为出厂检验和型式检验两类，出厂检验规定的项目要求每批产品出厂前必须进行，检验项目按照产品标准中的规定执行；型式检验每年至少一次，检验项目覆盖标准规定的全部项目。

食品企业的实验室要求配置的实验设施设备需要满足相应产品出厂检验的全部项目要求。对于该"葡萄汁饮料"厂，GB/T 31121—2014 规定的出厂检验项目为感官要求、菌落总数、大肠菌群。其对应的检验方法标准为：感官要求应符合 GB/T 31121—2014 中 6.2 部分，菌落总数应符合 GB 4789.2—2016，大肠菌群应符合 GB 4789.3—2016。企业需根据检验标准的要求配置相应的检验检测仪器，这里需要配置的主要仪器有：无菌室（或超净工作台）、灭菌锅、微生物培养箱、生物显微镜（或菌落计数器）、折光仪（或密度仪）、酸碱滴定装置、分析天平（0.1 mg）等。上述仪器应按照国家计量标准的要求进行检定和校准后方能进行产品检验。

此外，企业的实验室还应满足生产过程中检验的需求，如 GB 12695—2016 中规定饮料生产企业应按照附录 A《饮料加工过程的微生物监控程序指南》合理设置卫生监控要求，则企业的实验室也应具备相应的微生物检验能力。

五、生产许可的申请

按照《食品生产许可管理办法》的相关要求，食品企业必须取得《食品生产许可证》方能进行食品生产活动，故该"葡萄汁饮料厂"在完成了产品设计、厂房建设、试生产、产品检测等一系列工作后就可以按照《食品生产许可管理办法》的要求申请《食品生产许可证》。企业应按照要求向当地相关监督管理部门提供食品生产许可的相关材料，相关监督管理部门应组织专家按照《食品生产许可审查通则》及《饮料生产许可审查细则》的要求对企业进行审查，审查通过后颁发生产许可证，企业才可以开始正常的食品生产活动。

一家食品生产企业的建设过程可以分为前期设计、建设施工、设备调试与试生产、许可申请与取证四个阶段，而食品标准作为食品生产的灵魂，在四个阶段都发挥着至关重要的作用。

在前期设计中，需要检索与产品相关的分类标准、质量标准及安全标准，全面了解国家对于目标产品的质量安全要求。在工艺与配方设计时，需要检索相应的食品投入品使用标准，确定配方的合规性。在厂区设计时，需要检索产品对应的生产规范性标准，保证厂区在选址、布局、装修、环境、设施设备等方面符合标准要求。在建设施工方面，需要检索相关的工程设计验收标准及生产设施设备标准，保证厂房建设和设备的性能符合标准与设计的要求。

在设备调试与试生产环节，需要检索生产所涉及的全部原辅料及食品相关产品标准，依据标准对其进行原材料的质量控制，同时按照生产规范标准中的要求对生产环境和过程进行控制。待产品生产完成后，应依据产品的检验标准对产品进行包括产品质量和标签标示在内的全部质量、安全指标的检验，在确定生产的产品稳定地符合标准要求后，方可确定产品试制的成功，并依据国家《食品生产许可管理办法》的要求申请食品生产许可。

> ⑦ **思考题**
>
> 1. 简述我国食品安全标准体系的主要框架，并对各类标准的适用范围进行说明。
> 2. 分析食品安全国家标准中的产品标准与产品质量国家标准的区别与联系。
> 3. 结合生产生活实际，分析目前我国食品标准体系存在的主要问题及解决措施。

实训六　国内食品标准查询

一、实训目的

通过本实训能够更好地掌握我国食品标准的查询方式；熟练运用各类网络资源检索食品标准，并确定标准的有效性。

二、实训原理

（一）食品安全标准的查询

按照我国对于食品安全标准的有关规定，食品安全标准应在国家卫生健康委员会的网站上发布供民众免费查询。目前我国卫健委网站上已经上线了"食品安全标准数据检索平台"，供广大民众查询食品安全标准，民众可以从官方平台上查阅已经发布的食品安全标准。

（二）其他食品标准的查询

农业农村部下属的中国农产品质量安全网官方网站上可以登录"农业行业标准查询"平台，平台提供包括食品安全标准、原农业部发布标准、原国家质检总局发布标准、原国家粮食局发布标准、商务部发布标准和其他部门发布标准等标准的检索查询服务，其中大部分标准可以进行下载。

（三）第三方食品标准检索平台

目前网络可以搜索到的标准检索平台较多，下面介绍几个常用的食品标准下载平台。

1. "食品伙伴网"下设的"食品标准下载中心"。平台运行时间较长，收载标准较为全面系统，同时还提供标准发布更新的相关内容。

2. "食典通－食品安全标准免费下载网"。平台的标准分类检索功能比较强大，适于对不同标准的分类检索。

3. "食安通食品安全查询系统"。平台不仅提供食品标准的下载，还提供食品法律法规的查询服务及食品合规性查询工具。

三、实训方法

网络检索。

四、实训要求

由于工作需要，现需要收集目前"糖果类"产品现行有效的全部产品标准（包括国家标准和行业标准，不包括地方标准和企业标准）。要求至少用 2 种查询途径进行标准检索。

实训七　食品添加剂使用标准应用

一、实训目的

通过本实训能够更好地掌握食品添加剂使用规范的主要内容；熟练利用 GB 2760—2014 查阅某一添加剂在特定食品中的用量规定；运用添加剂使用原则判断某一添加剂在特定食品中的用法用量是否合理。

二、实训原理

GB 2760—2014《食品安全国家标准　食品添加剂使用标准》。

原国家卫生计生委办公厅关于实施《食品添加剂使用标准》（GB 2760—2014）问题的复函。

三、实训方法

标准查阅；课堂讨论。

四、实训要求

1. 按照流程查阅"浓缩果蔬汁"及"苹果汁饮料"中食品添加剂"柠檬黄"的使用规定。

2. 根据以下信息判断产品中"苯甲酸"的检测结果是否合理。

产品名称："乡巴佬"卤蛋。

配料表：鸡蛋、食用盐、酱油（含焦糖色）、白砂糖、味精、香辛料。

执行标准：GB/T 23970—2009。

生产工艺：每 1 kg 产品中辅料用量为食盐 0.3 kg、酱油 0.28 kg、白砂糖 0.1 kg、味精 0.02 kg、香辛料 0.01 kg。

该产品中"苯甲酸"检测结果为 0.015 g/kg，判定该检测结果中，"苯甲酸"检测结果是否符合 GB 2760—2014 的规定。

实训八　食品标签通则应用

一、实训目的

通过本实训能够更好地掌握预包装食品标签的内容及要求；正确判断预包装食品的合规性。

二、实训原理

GB 7718—2011《食品安全国家标准 预包装食品标签通则》。

《食品安全国家标准 预包装食品标签通则》（GB 7718—2011）问答（修订版）。

三、实训方法

标准查阅；课堂讨论。

四、实训要求

根据提供的信息判断下面配料表填写是否合理。某食品标签上的原辅料见图6-6。

> 原辅料：一级小麦粉，食物油，白砂糖，糖浆，芸豆，玉米≥25%、淀粉、糕点用复合添加剂

图6-6　某食品标签原辅料

相关信息：该产品为玉米莲蓉月饼，所使用的复合添加剂中包括玉米油香精和山梨酸钾成分。

实训九　食品营养标签应用

一、实训目的

通过本实训能够更好地掌握营养标签的内容及要求；设计一份食品营养标签。

二、实训原理

GB 28050—2011《食品安全国家标准 预包装食品营养标签通则》。

三、实训方法

标准查阅；课堂讨论。

四、实训要求

指出表6-9中营养标签的不妥之处。

表 6 – 9　某食品标签的营养成分

项目	每100克	营养素参考值%
能量	1841 千焦	22%
蛋白质	5.0 克	5% ~ 8%
脂肪	20.8 克	
碳水化合物	58.2 克	19%
钠	25 毫克	1%
维生素 C	3 IU	0.5%

（冯　斌　张　玲）

第七章　国际食品法规与标准

知识目标

1. **掌握**　采用国际标准的原则和方法。
2. **熟悉**　国际食品法规与标准组织的基础情况。
3. **了解**　发达国家的食品法规与标准。

能力目标

1. 能够对主要国际食品法规与标准组织及其制定的主要食品法规与标准有初步的了解。
2. 能够独立查阅基础的国际食品法规与标准。
3. 能够运用采用国际标准的原则和方法。

第一节　国际食品法规与标准组织

扫码"学一学"

案例讨论

案例： 2011 年 4 月，国内媒体报道雀巢等品牌生产的部分婴儿食品被瑞典检测机构检出含有砷、铅等有毒物质，存在安全隐患。中国疾病预防控制中心随后通报，这些品牌在华产品检出的砷、铅等物质均未超出中国标准。一方面是国外认为存在安全隐患，另一方面是有关部门回应未超我国标准，这引发了消费者对食品海内外"双重"标准的困惑。长期以来，我国不少食品标准宽于国外标准，比如，我国鲜奶标准规定每毫升菌落总数不得超过 200 万，但欧盟等地区为 20 万；我国允许的"农残"量通常比欧盟和美国高出数倍等。另据媒体报道，我国食品安全标准采用国际标准和国外先进标准的比例仅为 23%，卫生部门公布的非法食品添加剂，近半缺乏检测标准。

问题： 1. 食品标准是否越严越好？

2. 采用国际标准的原则是什么？

一、国际食品法典委员会

（一）国际食品法典委员会介绍

1. 概况　国际食品法典委员会（Codex Alimentarius Commission，CAC）由联合国粮食与农业组织（Food and Agriculture Organization of the United Nations，FAO）和世界卫生组织

（World Health Organization，WHO）创立于1963年。国际食品法典委员会是负责执行FAO/WHO食品标准计划所有事宜的机构。委员会成员资格向对国际食品标准有兴趣的FAO和WHO所有成员国和准成员开放。截至2018年，该委员会已拥有189个成员、188个成员国和1个成员组织（欧盟），覆盖全球99%以上人口。委员会秘书处设在罗马FAO食品政策与营养部食品质量标准处，WHO的联络点设在日内瓦WHO健康促进部食品安全处，每年在日内瓦和罗马之间交替举行一次例会，以联合国6种官方语言开展工作。

2. 国际食品法典委员会主要工作 国际食品法典委员会的主要工作是制定国际食品标准、准则和操作规范。该委员会制定了一系列协调性的国际食品标准、准则和操作规范——《食品法典》，这些食品标准及相关文本旨在保护消费者健康，确保食品贸易公平。此外，该委员会还致力于促进国际组织和非政府组织所开展的所有食品标准工作的协调与统一。

3. 我国食品法典委员会工作进展 我国于1984年成为CAC的成员国。1986年由国务院批准成立了"CAC国内协调小组"，2004年"CAC国内协调小组"名称与英文统一为"中国食品法典委员会"。该委员会负责组织协调我国参与国际食品法典委员会的各项工作。2014年，国家卫生计生委颁布《中国食品法典委员会工作规则》，规定我国食品法典委员会由国家卫生计生委、原农业部、商务部等单位的主管司局、国家认监委和中国商业联合会、中国轻工业联合会等单位组成。国家卫生计生委为委员会主任单位，负责国内参加国际食品法典工作的组织协调；农业部为副主任单位，负责对外组织联络。委员会设秘书处，挂靠国家食品安全风险评估中心，负责委员会日常事务，组织协调参与CAC工作。委员会设联络处，挂靠农业部科技发展中心，负责对外联络，对外参会报名和提交正式意见。

我国食品法典工作主要包括组织审议和参与制定国际食品法典标准草案、组织参与CAC及其下属机构所开展的各项食品法典活动、食品法典的信息交流、与CAC共同承办食品法典会议、定期举办工作会议商讨法典工作的具体问题等。在近30年的时间里，中国在法典活动的参与中已经逐渐由被动转为主动，并取得了一些显著的成就，如参与制定了国际"竹笋标准""腌菜标准""干鱼片标准"，主导制定了亚洲区域标准"非发酵豆制品标准"等，在保障消费者健康的同时，也有助于保护我国进出口的贸易利益。

（二）《食品法典》介绍

1. 概况 《食品法典》汇集了全球通过的、以统一方式呈现的食品标准及相关文本。发行《食品法典》的目的是指导并促进食品定义与要求的制定，推动其协调统一，并借以促进国际贸易。《食品法典》包括所有面向消费者提供食品的标准，无论是加工、半加工还是未加工食品。供进一步加工成食品的原料也应视必要性包括在内，实现《食品法典》规定的宗旨。《食品法典》包括食品卫生、食品添加剂、农药和兽药残留、污染物、标签及其描述、分析与采样方法，以及进出口检验和认证方面的规定，旨在确保为消费者提供安全健康、没有掺假的食品，并保证食品的正确标签及描述。尽管法典标准及相关文本不能取代国家立法，也不能作为国家立法的备选方案，但根据相关世贸组织协定，CAC所制定的法典标准已被认可为食品的参考标准，同时也是很多国家食品相关立法的依据。

2.《食品法典》的内容构成 简单而言，《食品法典》是一套标准、操作规范、准则及其他建议的汇集。这些文本中有一些非常普遍，有一些则非常具体；有一些涉及与某种食品或某类食品相关的详细要求；有一些则涉及食品生产过程的操作、管理或政府食品安全管理系统及消费者保护的操作。

（1）标准　分为通用标准和商品标准两大类：①通用标准是各种通用的技术标准、法规和良好规范，包括食品添加剂的使用、污染物限量、食品的农药与兽药残留、食品卫生（食品微生物污染及其控制）、食品进出口检验和出证系统以及食品标签等。②商品标准是食品法典中数量最大的具体标准，主要规定了食品非安全性的质量要求，如该标准的适用范围、产品的描述、重要组成成分、使用的添加剂、污染物最高限量、卫生要求、重量和容量以及标签的制定。由于标准与产品的特点有关，所以产品用于贸易时均可适用这些标准。

（2）规范　主要包括卫生操作规范（对确保食品安全和适当性至关重要的个别食品或食品类别的生产、加工、制作、运输和储存方法）。

（3）准则　分为两类：①规定某些食品关键领域政策的原则。例如，就食品添加剂、污染物、食品卫生和肉类卫生而言，管制这些事项必须遵循的基本原则应纳入相关的标准和规范。另外，还有一些独立的《食品法典》原则，如在食品中增加必要的营养素；食品进口和出口检查及验证；制定和应用食品微生物标准进行微生物风险分析；现代生物技术食品风险分析。②解释上述原则或解释《食品法典》通用标准规定的准则。这类准则包括营养和卫生要求准则、有机食品生产、销售和标签的条件、"伊斯兰认证"食品的要求、解释《食品进口和出口检查及验证原则》的规定，以及关于对DNA已改变的植物和微生物食品进行安全评估的准则。

3. 《食品法典》的内容编排顺序

（1）第一卷第一部分　一般要求。

（2）第一卷第二部分　一般要求（食品卫生）。

（3）第二卷第一部分　食品中的农药残留（一般描述）。

（4）第二卷第二部分　食品中的农药残留（最大残留限量）。

（5）第三卷　食品中的兽药残留。

（6）第四卷　特殊功用食品（包括婴儿和儿童食品）。

（7）第五卷第一部分　速冻水果和蔬菜的加工过程。

（8）第五卷第二部分　新鲜水果和蔬菜。

（9）第六卷　果汁。

（10）第七卷　谷类、豆类（豆芽）和其派生产品和植物蛋白质。

（11）第八卷　脂肪和油脂及相关产品。

（12）第九卷　鱼和鱼类产品。

（13）第十卷　肉和肉制品；汤和肉汤。

（14）第十一卷　糖、可口产品、巧克力和各类不同产品。

（15）第十二卷　乳及乳制品。

（16）第十三卷　取样和分析方法。

各卷均包括一般原则、一般标准、定义、产品标准、分析方法和推荐性技术标准等内容，每卷所列内容都按一定顺序排列以便于参考。各卷标准分别用英文、法文和西班牙文出版。汇编的法典内容更新（再版）通常比单行本晚，现行有效或最新的法典内容具体以国际食品法典委员会网站公布的最新单行本为准。

4. 成员国对法典标准的接受情况　《食品法典》为各国参与国际社会制定和协调食品

标准，以及保证这些标准在全球得以实施提供了一个难得的机会。该体系也使得各国能参与有关标准规则的制定，以及有关遵守这些标准的建议的形成。《食品法典》与国际食品贸易紧密相关，特别是面对不断增长的全球市场，以普遍统一的食品标准保护消费者十分有必要，《食品法典》标准因此成为在 WTO 的法律框架内对各国食品标准和规章进行评价的参照尺度。

尽管当今世界对《食品法典》的兴趣与日俱增，但许多国家实际上仍很难接受《食品法典》标准。不同的法律制度与行政管理体制、不同的政治制度、国家的态度及主权观念有时将妨碍食品标准一致性的进展，阻碍《食品法典》标准被接受。尽管有这样的困难，但国际上要求促进贸易的强烈愿望和全世界消费者对获取安全和营养食品的期望，已日益成为推动食品标准一致性进程的动力。特别是在感官难以察觉的食品添加剂、食品中的污染物及农药残留等方面，越来越多的国家正在使本国的食品标准或部分标准（特别是有关食品安全的内容）与《食品法典》的有关规定相一致。

二、国际标准化组织

（一）国际标准化组织介绍

国际标准化组织（International Organization for Standardization，ISO）是世界上最大的、独立的、非政府性的标准化国际组织。ISO 的宗旨是在世界范围内促进标准化及其相关活动的发展，以便于商品和服务的国际交换和互助，同时在知识、科学、技术和经济领域开展合作。

ISO 成立于 1946 年，其日常办事机构是中央秘书处，设于瑞士日内瓦，官方语言是英语、法语和俄语。截至 2018 年，国际标准化组织已拥有 161 个会员国。

中国于 1978 年加入 ISO，在 2008 年 10 月的第 31 届国际化标准组织大会上，中国正式成为 ISO 的常任理事国。2013 年，张晓刚当选 ISO 主席，这是中国首次担任 ISO 最高领导职务，成为我国标准化事业发展具有里程碑意义的突破。代表中国参加 ISO 的国家机构是原国家质检总局。

由于 ISO 颁布的标准在世界上具有很强的权威性、指导性和通用性，世界各国都非常重视 ISO 标准，许多国家的政府部门、有影响的工业机构及有关方面均积极参与 ISO 标准的制定工作。

（二）ISO 标准相关制定介绍

标准的制定是 ISO 的重要工作，ISO 标准主要由 ISO 的各个技术委员会（Technology Committee，TC）提出并制定。技术委员会是由工业相关人士、无政府人士、政府相关人员和其他利益相关者组成的。根据工作需要，每个技术委员会可以设若干分委员会（Sub Committee，SC）和工作组（Working Group，WG）。各个 TC 按其成立的时间先后贯以阿拉伯数字，并按顺序排列在 ISO 标准体系中，如最早成立的 TC 1（螺纹标准化技术委员会，1947 年成立）排在 TC 序列的最前面。目前，ISO 共有近 3000 个 TC、SC 和 WG，它们主要负责相应专业领域标准的制定（修订）工作，对于交叉领域，ISO 成立了专门的政策制定委员会来协调交叉领域标准的制定（修订）工作。

（三）ISO 食品相关标准体系介绍

ISO 标准的内容涉及广泛，从各种原材料到半成品和成品，其技术领域涉及信息技术、交通运输、农业、保健和环境等。从 TC 角度看，ISO 中与食品有关的 TC 主要有：TC 34（食品）、TC 93（淀粉及其衍生物和副产品）、TC 54（精油）和 TC 176（质量管理与质量保证）。与食品技术相关的 ISO 标准，绝大部分是由 ISO/TC 34（农产食品技术委员会）制定的。ISO/TC 34 下设 13 个分技术委员会、3 个工作组以及 1 个顾问咨询组。ISO 食品相关标准体系由基础标准（术语）、分析和取样方法标准、产品质量与分级标准、包装标准、贮运标准等组成。标准涵盖了绝大多数食品，如粮油、水果和蔬菜、乳和乳制品、肉和肉制品、淀粉、油脂、食品添加剂等。ISO 农产食品加工标准体系框架见表 7 - 1。

表 7 - 1 ISO 农产食品加工标准体系框架

委员会码名称	标准涉及领域
TC 34	食品
TC 34 /AG	顾问咨询组
TC 34 W/G 7	转基因生物及其产品工作组
TC 34 W/ G 8	食品安全管理体系工作组
TC 34 W/G 9	农业食品链可追溯系统的设计和发展原则工作组
TC 34 /SC 2	油料种子、果仁和含油种子
TC 34 /SC 3	果蔬产品
TC 34 /SC 4	谷物和豆类
TC 34 /SC 5	乳和乳制品
TC 34 /SC 6	肉、禽、鱼、蛋及其产品
TC 34 /SC 7	香料和调味品
TC 34 /SC 8	茶
TC 34 /SC 9	微生物
TC 34 /SC 10	动物饲料
TC 34 /SC 11	动植物油脂
TC 34 /SC 12	感官分析
TC 34 /SC 14	新鲜和干的、脱水水果和蔬菜
TC 34 /SC 15	咖啡
TC 54	精油
TC 93	淀粉（包括淀粉衍生物及其副产品）
TC 176	质量管理与质量保证

与食品行业密切相关的 ISO 标准主要有两个：ISO 9000 质量管理体系和 ISO 22000 食品安全管理体系。这两者分别对食品生产的质量、安全进行管理与指导。

1. ISO 9000 质量管理体系 由 ISO/TC 176（质量管理和质量保证技术委员会）制定发布，主要功能包括：组织内部的质量管理；用于第二方评价、认定或注册的依据；用于第三方质量管理体系认证或注册；为规范管理引用，作为强制性的要求；用于建立行业的质量管理体系要求的基础；提高产品的竞争力。我国在 20 世纪 90 年代将 ISO 9000 系列标准转化为国家标准，随后，不少行业也将 ISO 9000 系列标准转化为行业标准。ISO 9000 质量管理体系自诞生以来，每 5～8 年对其适用性和适宜性进行一次评审，经过不断地改进和完善，截至 2018 年已有五个版本，即 1987 版、1994 版、2000 版、2008 版和 2015 版。在 30 年的发展中，ISO 9000 国际管理标准和指导方针赢得了全球的认同，为建立高效的质量管理系统奠定了基础。

ISO 9000 不是单一标准，而是主要由一族标准组成。ISO 9000 的总体结构见表 7-2。

表 7-2　ISO 9000 系列标准构成

核心标准	其他标准	技术规范	小册子
ISO 9000 ISO 9001 ISO 9004 ISO 19011	ISO/TS 10002 ISO/TS 10019	ISO/TS 10006 ISO/TS 10007 ISO/TS 10013 ISO/TS 10014 ISO/TS 10017 ISO/TS 10018	质量管理原则 选择和使用指南 小型企业的应用

ISO 9000 的 4 个核心标准：①ISO 9000《质量管理体系——基础和术语》：表述质量管理体系基础知识，并规定质量管理体系术语。②ISO 9001《质量管理体系——要求》：规定质量管理体系要求，用于证实组织具有提供满足顾客要求和适用法规要求的产品的能力，目的在于提升顾客满意度。③ISO 9004《质量管理体系方法——业绩改进指南》：提供考虑质量管理体系的有效性和效率两方面的指南，目的是促进组织业绩改进和使顾客及其他相关方满意。④ISO 19011《质量管理体系——管理体系审核指南》：将质量管理体系审核和环境管理体系审核相结合的审核指导性标准。ISO 19011 标准为审核指南。

目前，ISO 9000 质量管理体系是企业普遍采用的质量管理体系，我国原国家质检总局已将多数 ISO 9000 族标准等同采用为国家标准（GB/T 19000 族标准），如：GB/T 19000—2016《质量管理体系 基础和术语》（等同采用 ISO 9000：2015）、GB/T 19001—2016《质量管理体系 要求》（等同采用 ISO 9001：2015）。

2. ISO 22000 食品安全管理体系　ISO 于 2005 年发布了由 ISO/TC 34/SC 17 分技术委员会制定的 ISO 22000：2005《食品安全管理体系 对整个食品供应链的要求》族标准，这也标志着 ISO 22000 族标准应运而生，2018 年该标准完成第一次修订（ISO 22000：2018）。获得认证的组织将在 3 年内过渡到 2018 版，届时 2005 版标准将被撤销。

ISO 22000 标准体系旨在确保全球的食品供应安全，是适用于整个食品供应链的食品安全管理体系框架，它将食品安全管理体系延伸到了整个食品供应链，并且作为一个体系对食品安全进行管理，增加了运用的灵活性。

（1）ISO 22000 标准体系组成　ISO 22000 族标准中的 ISO 22000 是该标准族中的第一份文件，该系列还包括 ISO/TS 22004《食品安全管理体系 应用指南》、ISO 22005《饲料与食品供应链中的可追溯性——系统设计和实施的一般原则与基本要求》、ISO/TS 22002—1《食品安全的前提方案 一般原则与基本要求》、ISO/TS 22002—2《食品安全的前提方案 食品生产》、ISO/TS 22002—3《食品安全的前提方案 耕作》、ISO/TS 22003《食品安全管理体系 食品安全管理体系认证与审核机构要求》等。

（2）ISO 22000 标准基本知识　①适用范围：本标准覆盖了食品链中包括餐饮的全过程，即种植、养殖、初级加工、生产制造、分销，一直到消费者使用。同时也包括与食品链中主营生产经营相关的其他组织，如生产设备制造商，包装材料商，食品添加剂和辅料生产商，杀虫剂、肥料的首要生产者等。②关键原则：本标准规定了食品安全管理体系的要求，以及包含的关键原则为交互式沟通；体系管理；过程控制；HACCP原理和前提方案。③核心内容：该体系的核心内容是危害分析，同时要求对在食品链中可能引入危害的食品安全因素进行分析控制的同时，灵活、全面地与前提方案的实施相结合。在明确食品链中各环节组织的地位和作用的前提下，将危害分析所识别的食品安全危害根据可能产生的后果进行分类，通过包含于HACCP计划和操作性前提方案的控制措施组合来控制。④应用方法：组织在采用本标准时，可以通过将本标准制定成审核准则，来促进本标准的实施。各组织也可以自由地选择必要的方式和方法来满足本标准的要求。⑤对于小型或较落后组织的应用：由于本标准重点关注的是食品加工、工艺、卫生、原料、仓储、运输、销售等方面，对于各组织中建立和实施本标准需要非常专业的知识，故对于小型或较落后组织需要借助外界的力量，如外聘专家或向行业协会寻求技术力量支撑来完成。

三、其他国际组织

（一）世界卫生组织

WHO是联合国下属的一个专门机构，只有主权国家才能参加。WHO成立于1948年，总部设置在瑞士日内瓦，截至2018年，共有194个成员国，是国际上最大的政府间卫生组织。

WHO负责对全球卫生事务提供领导，拟定卫生研究议程，制定规范和标准，阐明以证据为基础的政策方案，向各国提供技术支持，以及监测和评估卫生趋势。WHO的宗旨是使全世界人民获得尽可能高水平的健康。WHO的主要职能包括：促进流行病和地方病的防治；提供和改进公共卫生、疾病医疗和有关事项的教学与训练；推动确定生物制品的国际标准。WHO与食品安全有关的特别职责包括：协助政府部门加强与食品安全有关的卫生服务；促进改善营养、卫生设备和环境卫生；制定食品国际标准；协助在大众中宣传食品安全。

基于对食用不安全食品导致亿万人发病和死亡的关注，WHO在第53届世界大会中，要求总干事制定监测食源性疾病的全球战略，并展开一系列有关食品安全与健康的活动。2002年，《WHO全球食品安全战略》草案初步亮相，该战略的目标是减轻食源性疾病对人类健康和社会造成的负担。在此战略中，WHO提出目前食品主要存在的安全问题包括：微生物性有害因素、化学性有害因素、食源性疾病的监测、新技术开发缓慢、能力的建设不足。战略中WHO的中心任务是建立规范和标准，包括国际标准的制定和促进对危险性的评估。

（二）联合国粮食及农业组织

FAO是联合国的专门机构之一，总部设在意大利罗马，是各成员国间讨论粮食和农业问题的国际组织。截至2018年，FAO已拥有194个成员国和1个成员组织（欧盟）。实现粮食安全，确保人们正常获得积极健康生活所需的足够的优质食物是FAO的工作核心。

FAO 的战略目标主要包括：帮助人们消除饥饿、粮食不安全和营养不良；提高农业、林业、渔业生产率和持续性；减少农村贫困；推动建设包容、有效的农业和粮食系统；增强生计抵御威胁和危机的能力。

第二节　部分国家食品法规与标准

扫码"学一学"

一、欧盟食品法规与标准

欧洲联盟（EU，简称欧盟），总部设在比利时首都布鲁塞尔，是由欧洲共同体发展而来的，截至 2018 年，该联盟已拥有 28 个成员国。卫生和安全食品的自由流通是稳定和促进欧盟内部市场的一项关键原则，因此欧盟自 20 世纪 60 年代成立之初，就制定了食品政策，以确保食品在各成员国之间自由流通。随着食品工业以及社会的不断发展，欧盟的食品法律、标准体系不断完善，最终形成了完善的食品安全管理体系，欧盟在食品安全法律体系建设、监管机构设置和监管策略方面都处于世界领先地位。

（一）欧盟食品安全管理体制

欧盟对食品安全的监管实行集中管理模式，并且食品安全的决策部门与管理部门、风险分析部门相分离。目前，欧盟的食品安全决策部门包括：欧洲理事会以及欧盟委员会，它们负责有关法规及政策的制定，并对食品安全问题进行决策；管理事务主要由欧盟健康与消费者保护总署及其下属但相对独立的食品与兽医办公室负责；食品安全风险分析则主要由欧洲食品安全局负责。

欧盟的食品安全监管体系属于多层次的监管，除了欧盟层面的监管机构外，各成员国都设有本国的食品安全监管机构，如德国设有消费者保护、食品和农业部对全国的食品安全统一监管，并下设联邦风险评估研究所以及联邦消费者保护和食品安全局两个机构分别负责风险评估和风险管理；英国于 2000 年成立了独立的食品标准局行使食品安全监管职能；丹麦设有食品和农业渔业部负责全国的食品安全监管。

（二）欧盟食品相关法规与标准

1. 欧盟食品相关法规简介　20 世纪 90 年代，欧洲爆发了震惊世界的二噁英、疯牛病、掺假橄榄油等事件，造成了惨重的损失。这一系列危机的爆发使得欧盟食品法律体系逐渐走向完善。欧盟食品法律体系围绕保证欧盟具有最高食品安全标准这一终极目标，制定风险分析、从业者责任、可追溯性、高水平的透明度等基本原则，拥有一个从指导思想到宏观要求，再到具体规定都非常严谨的内在结构，涵盖了"从农场到餐桌"的整个食物链。

（1）欧盟食品法规的主要框架　具体来说，欧盟食品法规的主要框架包括"一个路线图，七部法规"。"一个路线图"指食品安全白皮书；"七部法规"是指在食品安全白皮书公布后制定的有关欧盟食品基本法、食品卫生法以及食品卫生的官方控制等一系列相关法规。

欧盟食品安全白皮书对食品安全问题进行了详细阐述，制定了一套连贯和透明的法规，提高了欧盟食品安全科学咨询体系的能力。虽然这本白皮书并不是规范性法律文件，但它确立了欧盟食品安全法规体系的基本原则，是欧盟食品和动物饲料生产及食品安全控制的

全新法律基础。白皮书对欧盟食品安全法规体系进行了完整的规划，确立了以下三个方面的战略思想：①倡导建立欧洲食品安全局，负责食品安全风险分析和提供该领域的科学咨询；②在食品立法当中始终贯彻"从农场到餐桌"的方法；③确立食品和饲料从业者对食品安全负有主要责任的原则。

欧盟于 2002 年制定了《食品基本法》。食品基本法包括三大部分：第一部分规定了食品立法的基本原则和要求；第二部分确定了欧洲食品安全局的建立；第三部分给出了在食品安全问题上的程序。2004 年，欧盟通过了《食品基本法》主要要求实施方法的指南文件。2004 年，欧盟又公布了 4 个补充性法规（《食品卫生法》《动物源性食品特殊卫生规则》《供人类消费的动物源性食品的官方控制组织细则》《确保符合饲料和食品法、动物健康和动物福利法规规定的官方控制》），整体被称为"食品卫生系列措施"，涵盖了 HACCP、可追溯性、饲料和食品控制以及从第三国进口食品的官方控制等方面的内容。

（2）欧盟食品法规体系的结构　欧盟的食品安全法规体系主要有两个层次：第一个层次就是以《食品基本法》及后续补充发展的法规为代表的食品安全领域的原则性规定；第二个层次则是在以上法规确立的原则指导下的一些具体的措施和要求。按照它们所涉及保障食品安全的不同角度，可以分为以下五个方面：①食品的化学安全（以及辐射污染要求），包括对食品中的添加剂和调味剂、食品中的污染物、食品中农药最大残留限量、食品接触材料等方面的要求。②食品的生物安全（含食品卫生），包括食品卫生（HACCP）、微生物污染、食品辐照等方面的具体规定。③有关食品标签的规定。④食品加工，包括生物技术和新颖食品的具体要求，具体包括食品添加剂、新颖食品、转基因食品、婴幼儿食品等方面的要求。⑤对某些类产品的垂直型规定。所谓垂直型规定是相对于水平型规定而言的，垂直型规定针对具体的食品并为该食品的各个方面制定控制标准，而水平型规定则是针对适用于所有食品或某类食品的某一方面的具体规定，如标签、包装等。

2. 欧盟食品相关标准简介　欧盟食品安全标准的制定机构包括欧洲标准化委员会和欧共体各成员国两层体制。其中欧洲标准化委员会标准是欧共体各成员国统一使用的区域级标准，对贸易有重要的作用。自 1998 年以来，欧洲标准化委员会致力于食品领域的分析方法标准制定，为工业、消费者和欧洲法规制定者提供了有价值的经验。

欧盟食品安全标准以反复使用为目的，主要是由欧盟标准化委员会（CEN）制定的标准，包括由公认机构批准的、非强制性的、规定产品或者相关的食品加工和生产方法的规则、指南或者特征的文件。

二、美国食品法规与标准

（一）美国食品安全管理体制

美国食品安全监管是建立在联邦制基础上的多部门联合监管模式。美国政府的三个分支机构——立法、司法和执法，在确保美国食品安全的工作中各司其职。国会发布法令确保食品供应的安全，从而在国家水平上建立起对公众的保护。执法各部门和机构颁布法规并负责法令的实施。为了便于多部门监管各行其责，同时又有利于对特定食品实行功能上的集中监管，美国建立了由总统食品安全顾问委员会负责综合协调，具体监管职责由卫生部、农业部、环境署等多个部门分别负责的综合性食品安全监管体系。

美国联邦及各州政府总共设立了20多个食品安全监管机构，主要监管机构有美国联邦卫生与人类服务部所属的美国食品药品管理局，美国农业部所属的食品安全检验局、动植物卫生检验局以及联邦环境保护署。

1. 美国食品药品管理局（U. S. Food and Drug Administration，FDA）　FDA负责监管美国国内和进口的绝大多数食品（不包括肉类和禽类），负责的食品约占美国食品消费量的80%。FDA下设的主要食品安全监管机构如下。

（1）食品安全与应用营养中心　FDA对食品的监管职责是通过该中心来实施的，目的是保证美国食品供应能够安全、卫生、有益，标签、标示真实；保证化妆品的安全和正确标识，保护公众健康。

（2）兽药中心　主要管理动物食品的添加剂及药品的生产和销售。这些动物既包括用于人类消费的食用动物，也包括作为人类伴侣的宠物。

（3）毒理学研究中心　作为研究机构，通过开展基础研究，为FDA的各中心提供所需的科学支持。该中心以动物作为研究对象来开展毒理学试验，并根据研究结果推断相关毒素对人类的影响。

2. 美国农业部（United States Department of Agriculture，USDA）　USDA下设食品安全检验局、动植物卫生检验局等多个机构。

（1）食品安全检验局　农业部负责公众健康的机构，主要负责监管国内和进口的肉、禽和相关产品，如含肉、禽的炖菜，比萨饼，冷冻食品，加工的蛋制品（一般液态、冷冻和干燥的巴氏杀菌的蛋制品）。

（2）动植物卫生检验局　负责监督和处理可能发生在农业方面的生物恐怖活动，如外来物种入侵、外来动植物疫病传入、野生动物及家畜疾病监控等，从而保护公共健康和美国农业及自然资源的安全。

3. 联邦环境保护署（U. S. Environmental Protection Agency，USEPA）　USEPA主要负责农药登记、注册；制定安全饮用水标准，并监测饮用水的质量，研究预防饮用水污染的途径；评估新杀虫剂的安全性，制定食品中农药残留限量等法律法规；教育公众安全使用杀虫剂等。

其余食品相关联邦政府机构在食品安全管理方面的基本职责简介，见表7-3。

表7-3　联邦政府机构的食品安全管理基本职责

联邦部委	主管机构	主要职责
卫生与公众服务部	疾病预防与控制中心	负责预防和控制食源性疾病
农业部	农业市场局	负责制定水果、蔬菜、肉、蛋、奶等常见食品的市场质量分级标准
	谷物检查、包装和牲畜饲养场管理局	负责制定谷物质量标准、检查程序及市场管理
	农业研究局	负责提供科学研究数据，确保食品供应安全并符合国内外相关法规要求
	经济研究局	负责研究经济问题对食品供应安全的影响
	国家农业统计局	负责收集、整理杀虫剂使用量等相关统计数据
	国家食品和农业研究所	负责与大学和科研院所进行合作，研究美国食品安全面临的挑战、应对措施并开展教育活动

续表

联邦部委	主管机构	主要职责
财政部	酒精、烟草和税务局	负责酒类产品的生产、标签和流通并进行管理
商务部	国家海洋渔业局	负责海产品的安全性和质量检查（该检查属于收费类、企业自愿申请的检查）
国土安全部	关税和边境局	负责在边境口岸协助检查进口食品
联邦贸易署		负责查处食品虚假广告

美国将食品安全体系分为联邦、州和地区三级，形成相互独立、相互合作的食品安全监管网。美国联邦食品安全监管机构实行垂直管理方式，以避免监管各个环节之间的脱漏或重复。州和地区监管机构的职责是配合联邦机构执行各种法规，检查辖区内的食品生产和销售点。为了加强各部门间的协作，还成立了专门的协作机构（如风险评估联盟、食源性疾病反应协作组等），以促进联邦各部门间以及联邦管理机构与州及地方相关机构间的协调、交流和合作。

（二）美国食品相关法规与标准

1. 美国食品相关法规简介　美国国会和各州议会作为立法机构，主要负责制定并颁布与食品安全相关的法令，并委托给美国政府机构的相关执法部门来强制性执行法令。执法部门主要包括 USDA、FDA、USEPA 等，它们遵循国会的授权为法令制定实施细则，并有权对现行法规进行修改和补充，以应对施行中新情况的出现，修改或补充的法规每年发布在美国的《联邦法规汇编》上。美国司法部门则负责对强制执法部门的一些监督工作以及就食品安全法规引发的争端给予公正的审判。

美国食品法律法规是由联邦和各州制定的适用于食品种植、养殖、加工、包装、运输、销售和消费各个环节的一整套法律规定，其中食品法律和由职能部门制定的规章是食品生产、销售企业必须强制执行的。美国的食品安全法律法规体系被公认为是较完备的法律法规体系，目前以《联邦食品、药品和化妆品法》为核心，该法自 1938 年发布以来经过多次修改，其权威性也逐渐加强，主要包括《禽类及禽产品检验法》《联邦肉类检验法》《蛋类产品检验法》《联邦杀虫剂、杀真菌剂和灭鼠剂法》《食品质量保护法》《公共卫生服务法》共七部法令，这些法律从一开始就集中于食品供应的不同领域，法规的制定以危险性分析和科学性为基础，并有预防性措施。近年来，美国食品安全形势出现了新趋势、新挑战：①进口食品日益增多；②消费者食用新鲜或简单初加工的食品比例不断增加；③食源性疾病易感染者（如老年人）比例不断增加，因此 2011 年美国对食品安全法律进行了近 70 多年来的最大一次修订，通过了《食品安全现代化法》。根据该法，食品企业必须落实 FDA 制定的强制性预防措施，并且要执行强制性的农产品安全标准。强调预防为主的食品安全监管理念，要求食品生产企业制订详细的食品安全风险预防计划，要求 FDA 针对水果、蔬菜产品的种植、采收和包装制定安全标准，并加大对食品生产企业的检查频次，密切联邦、州和地方食品安全监管机构之间的合作。

2. 美国食品相关标准简介　美国的食品安全标准主要包括检验检测方法标准和被技术法规引用后的肉类、水果、乳制品等产品的质量分等分级标准两大类。美国推行的是民间标准优先的标准化政策，鼓励政府部门参与民间团体的标准化活动。美国国家标准学会负责协调分散的标准体系及众多的标准化团体，是唯一批准发布美国国家标准的机构。经过美国国家标准学会认可的与食品安全有关的行业协会、标准化技术委员会和政府部门分别制定相关食品标准。

（1）行业协会制定的标准　主要包括分析化学师协会制定的食品、饲料和其他与农业及公共卫生有关的材料的检验与标准分析方法标准，谷物化学师协会制定的谷物化学分析方法和谷物加工工艺的标准，乳制品学会制定的奶制品产品定义、规格、分类标准等。

（2）标准化技术委员会制定的标准　如烘烤业卫生标准委员会制定的焙烤食品设备相关标准。

（3）政府部门　如农业部农业市场服务局制定的农产品分等分级标准，这些农产品分级标准是依据美国农业销售法制定的，对农产品的不同质量等级予以标明。

三、加拿大食品法规与标准

（一）加拿大食品安全管理体制

加拿大采取联邦制，实行联邦、省和市三级行政管理体制。在食品安全管理方面，采取分级管理、相互合作、广泛参与的模式，联邦、各省和市政当局都有管理食品安全的责任。

联邦一级的主要管理机构包括加拿大食品检验局（简称 CFIA）、卫生部、农业与农业食品部、加拿大海洋水产部、加拿大食品检察系统。

CFIA 是加拿大食品安全最主要的管理机构，主要负责强制执行相关政策和标准，负责管理联邦一级注册、产品跨省或在国际市场销售的食品企业，并对有关法规和标准执行情况进行监督。CFIA 另一项主要工作是对进出口食品实施监督检验。在食品安全管理方面，CFIA 的工作人员任务最重，除了检验肉、蛋、奶、鱼、蜂蜜、水果、蔬菜及其他加工食品外，还对动物屠宰和加工企业进行食品安全检验，对不符合联邦法规要求的产品、设施、操作方法，采取相应处罚措施，直至追究法律责任。

值得指出的是，CFIA 作为联邦政府机构，其对食品安全的监督和检验职权范围主要限定在涉及国际贸易和跨省（或地区）贸易的食品生产经营活动；而其他如食品零售店、餐饮业等非国际和跨省（或地区）食品生产经营活动的监督管理，为各省和地区、市政府的管辖权限，由其公共卫生及相关部门负责，也就是省级政府的食品安全机构为自己管辖权范围内、产品在本地销售的小食品企业提供检验；市政当局则负责向经营食品成品的饭店提供公共健康标准，并对其进行监督。

联邦一级的其他食品管理机构的主要职责分别是：卫生部负责制定食品的安全及营养质量标准、食品安全的相关政策，鉴定与评估食源性疾病及其健康威胁。农业与农业食品部负责食品和动植物（包括肉类、水产、蛋制品、奶制品、水果、蔬菜、种子、木材、生物制品、加工食品等）的加工、生产、管理等，并组织有关科研。海洋水产部负责与水产品养殖、加工等相关卫生标准的制定与管理。加拿大食品检察系统实施组织通过听证制定政策，确立一般法律基础的政策。

（二）加拿大食品相关法规与标准

1. 加拿大食品相关法规简介　加拿大形成了较为完善的食品安全法律法规体系，法律覆盖了食品、农产品从种植养殖到餐桌的全过程。法律无法覆盖的领域依靠政府行政法规或条例进行弥补。加拿大食品安全法律的立法部门为加拿大议会。加拿大主要有十几部食品安全法律，如《加拿大食品安全法》《食品药品法》《加拿大食品检验机构法》等，另外还有数十部条例，如《食品药品管理条例》《有害生物产品控制条例》等，形成了加拿大食品安全法律法规的基本框架。

《加拿大食品安全法》是加拿大最重要的食品法规，发布于2012年，部分条款（如第七十三条、九十四条、一百零九条和一百一十条）于当年即开始实施，于2018年9月整体生效。同时，为了《加拿大食品安全法》的有效执行，加拿大将于2019年1月正式生效实施了《加拿大食品安全条例》。

《加拿大食品安全法》整合了加拿大先前的四部重要食品安全法律，包括《加拿大农产品法》《水产品检验法》《肉类检验法》的全部条款和《消费者包装与标签法》中与食品相关的条款。该法将以往多部法律整合，可以保证监管部门对所有食物类商品的检验及法规执行的一致性，也有助于CFIA把工作重点放在高风险领域，从而使检查人员更有效率。该法适用范围涵盖食品检验、安全、标签和广告、食品进出口和省际交易、标准制定、相关人员许可证、食品生产企业标准等方面。《加拿大食品安全法》及条例重点是预防和减轻食品安全风险，明确了食品企业应对其生产和销售的食品安全负有责任，反映了国际公认的标准和管理要求。

2. 加拿大食品相关标准简介　加拿大卫生部负责食品安全与营养标准及政策的制定，作为食品政策决策的依据。加拿大食品标准分为强制性法规和标准。强制性食品技术法规由政府部门组织制定，属性视同法律。这些关于食品的营养质量强制性法规的内容主要包括：农产品质量技术、质量等级、标签标识、安全卫生要求、农兽药、种子、肥料、饲料添加剂、植物生长添加剂、农业投入品的生产和使用规定等。

四、日本食品法规与标准

日本虽然不是最早实行食品法的国家，但其继欧盟、美国后不久也提出了相关的理论，且十分注重相关的法律法规及标准的完善。随着日本食品安全法律法规的不断完善，检验的项目越来越庞杂，合格的判定标准和质量认证的程序也越来越复杂严谨，包括标签、包装、卫生注册等方面也得到了完善的发展。

（一）日本食品安全管理体制

目前，日本食品监管机构主要有厚生劳动省、农林水产省和食品安全委员会。食品监管机构呈三角形特征，三角形的顶点是内阁食品安全委员会，两翼是厚生省和农水省，这三个部门分工明确，职能既有交叉也有区别，形成了日本管理食品安全的"三驾马车"。

1. 食品安全委员会　设立于2003年，其主要职能包括：通过科学分析的方法，对食品安全实施检查和风险评估，这也是食品安全委员会的最主要职能；根据风险评估的结果，要求风险管理部门采取应对措施，并监督其实施；以委员会为核心，建立由政府机构、消费者、生产者等利益相关体广泛参与的风险信息沟通与公开机制，对风险信息实行综合管理，最终使得风险评估的结果能够公布。

2. 厚生劳动省　设立于1938年，主要承担日本食品风险管理的任务。其主要职责包括：制定并组织实施对国内及进口农产品质量安全监督管理措施；制定并组织实施农产品中农药残留限量的肯定列表制度；组织应对农产品中污染及食物中毒事件；对农产品生产设施实施 HACCP（危害分析与关键控制点）认证及更新；制定并组织实施农产品包装容器等规格标准等。

3. 农林水产省 正式成立于 1978 年，在 2001 年日本中央省厅再编后，农林水产省原有制定标准的职能被划归到厚生劳动省。农林水产省是《农药取缔法》《饲料安全法》《JAS 法》等有关法律执行的主体，下设消费安全局。其主要负责包括：国内生鲜农产品及其粗加工产品在生产环节的质量安全管理；农药等农业投入品在生产、销售与使用环节的监管；进口动植物检疫；国产和进口粮食的质量安全性检查；国内农产品品质、认证和标识的监管；农产品加工环节中推广 HACCP 的方法；流通环节中批发市场、屠宰场的设施建设；农产品质量安全信息的搜集、沟通等。

另外，为了减少由伪造食品产地等食品安全事件发生后应对不迅速、跨部门解决问题不利等问题，2009 年日本设立了内阁府消费者厅，以统一管理消费者行政事务。

（二）日本食品相关法规与标准

1. 日本食品相关法规简介 为了确保食品安全，日本政府在食品的原料生产、加工、流通等各个领域已经建立起一系列的食品安全保障体系。日本保障食品质量安全的法律法规体系由基本法律和一系列专业、专门法律法规组成。整体来看，日本的食品安全监管的法律法规体系分为三个层次。

（1）针对食品链中各个环节制定的一系列总的法律，如《食品卫生法》《食品安全基本法》，这些法律约束着所有关于食品方面的操作，具有最高的法律效力，是食品业内所有人士都必须遵循的法律。

（2）制定符合以上法律规定并由内阁批准通过的政令，如《食品安全委员令》等，这些虽然没有法律那么重要的地位，但也是具有很大强度的约束性和指导意义的。

（3）根据法律和政令，由各个下属县（日本的"县"相当于中国"省"的级别）针对自身不同情况所制定的法律性文件，如《食品卫生法实施规则》《关于乳和乳制品的成分标准省令》等，这些法律和政令具有地方性特征，在该县进行食品生产加工的企业必须遵循其相应的法律，且这些法律所提出的限定比第一级的法律更为严苛。

目前日本颁布的食品安全相关的法律法规共有 300 多种，其中《食品卫生法》和《食品安全基本法》是两大基本法律。

《食品卫生法》是日本控制食品质量安全最重要的综合法典，适用于国内产品和进口产品。该法规定了食品的成分规格、农药残留标准、食品的标识标准、食品生产设施标准、管理运营标准等标准设定的框架，同时明确了中央政府对进口食品的监督检查框架及各都道县府政府对国内食品生产、加工、流通、销售业者设施监督检查的框架。该法还明确了对国内流通及进口食品质量监督管理的程序及处罚。

《食品安全基本法》为日本食品安全行政制度提供了基本的原则和要素。其立法宗旨是确保食品安全与维护国民身体健康，并确立了通过风险分析判断食品是否安全的理念，强调对食品安全的风险预测能力，然后根据科学分析和风险预测结果采取必要的管理措施，对食品风险管理机构提出政策建议。同时确立了风险交流机制（对象涉及风险评估机构、风险管理机构、从业者、消费者），并评价风险管理机构及其管理政策的效果，提出食品安全突发事件和重大事件的应对措施。废止了以往依靠最终产品确认食品安全的方法。

　　总体来说，日本制定了覆盖面广、合理、紧凑的食品法律法规标准体系，并在实际实施执行过程中不断完善、吸取国外先进经验、结合自身国情，形成了一套比较完善的食品安全保障体系，并跻身为世界上食品安全监管最严格的国家之一。

　　2. 日本食品相关标准简介　目前，日本食品安全相关标准数量众多，形成了比较完善的标准体系，日本现行的食品安全标准主要由国家标准、行业标准和企业标准构成。

　　（1）国家标准　即 JAS 标准，主要以农、林、畜、水产品及其加工制品和优质品为对象。国家标准的制定机构是厚生劳动省，JAS 标准从本国实际出发，是结合了 90% 以上的国际标准内容而制定的。国家层面在整个日本食品安全标准体系中具有权威性和指导性作用。

　　（2）行业标准　在国家食品安全相关机构许可下，由行业团体、行业协会或社会组织制定的，仅用于本行业范围内有效的食品安全技术标准。对国家标准或地方标准具有补充和技术储备的作用。

　　（3）企业标准　企业生产的食品在没有国家、地方和行业标准参照的情况下，由各株式会社制定的操作规程或技术标准，以此作为本企业食品安全生产的依据。企业标准的特点是种类齐全、标准科学、先进实用、目的明确、与法律法规紧密相连、与国际标准接轨。

五、国外食品法规与标准查询

（一）手工查询

　　手工查询是在计算机信息查询出现之前最常用的查询方式。国外食品标准都有相应的纸质版单行本或汇编。根据标准名称、标准号以及检索工具（如《国际标准化组织目录》《联合国粮农组织在版书目》《世界卫生组织出版目录》《美国国家标准目录》等）等方式即可查询到所需标准。

（二）网络查询

　　网络查询是信息查询的巨大进步，也是目前国外食品法规与标准最主要的查询方式。目前很多网站都可以检索国外食品法规与标准，如国内的食品伙伴网、国道食品专题数据库、工业标准网等。另外，登录法规与标准制定发布机构的官网（如国际食品法典委员会、国际化标准组织、美国国家标准学会等）也能够有效地查询到所需法规与标准信息。

第三节　采用国际标准

一、采用国际标准的目的和意义

　　采用国际标准是指结合我国的实际情况，将国际上先进的标准进行分析研究，将适合我国的部分纳入我国标准中加以执行。采用国际标准可以减少技术性贸易壁垒，适应国际贸易环境，同时也有利于提高我国产品质量和技术水平。

二、采用国际标准的原则

　　为促进采用国际标准工作的开展，我国在 1993 年发布《采用国际标准和国外先进标准管理办法》，并在 2011 年发布替代管理办法——《采用国际标准管理办法》，该办法详述了

扫码"学一学"

采用国际标准的原则。

1. 采用国际标准，应当符合我国有关法律、法规，遵循国际惯例，做到技术先进、经济合理、安全可靠。

2. 制定（包括修订，下同）我国标准应当以相应国际标准（包括即将制定完成的国际标准）为基础。

3. 对于国际标准中通用的基础性标准、试验方法标准，应当优先采用。

4. 采用国际标准中的安全标准、卫生标准、环保标准制定我国标准，应当以保障国家安全、防止欺骗、保护人体健康和人身财产安全、保护动植物的生命和健康、保护环境为正当目标；除非这些国际标准由于基本气候、地理因素或者基本的技术问题等原因而对我国无效或者不适用。

5. 采用国际标准时，应当尽可能等同采用国际标准。由于基本气候、地理因素或者基本的技术问题等原因对国际标准进行修改时，应当将与国际标准的差异控制在合理的、必要的并且是最小的范围之内。

6. 我国的一个标准应当尽可能采用一个国际标准。当我国一个标准必须采用几个国际标准时，应当说明该标准与所采用的国际标准的对应关系。

7. 采用国际标准制定我国标准，应当尽可能与相应国际标准的制定同步，并可以采用标准制定的快速程序。

8. 采用国际标准，应当同我国的技术引进、企业的技术改造、新产品开发、老产品改进相结合。

9. 采用国际标准的我国标准的制定、审批、编号、发布、出版、组织实施和监督，同我国其他标准一样，按我国有关法律、法规和规章规定执行。

三、采用国际标准的程度和编写方法

（一）采用国际标准的程度

1. 等同采用（identical，代号 IDT）　与国际标准在技术内容和文本结构上相同，或者与国际标准在技术内容上相同，只存在少量编辑性修改。

2. 修改采用（modified，代号 MOD）　与国际标准之间存在技术性差异，并清楚地标明这些差异以及解释其产生的原因，允许包含编辑性修改。修改采用不包括只保留国际标准中少量或者不重要条款的情况。修改采用时，我国标准与国际标准在文本结构上应当对应，只有在不影响与国际标准的内容和文本结构进行比较的情况下才允许改变文本结构。

另外，我国标准与国际标准的对应关系除等同、修改外，还包括非等效（not equivalent，代号 NEQ）。非等效不属于采用国际标准，只表明我国标准与相应标准有对应关系。非等效指与相应国际标准在技术内容和文本结构上不同，它们之间的差异没有被清楚地标明。非等效还包括在我国标准中只保留了少量或不重要的国际标准条款的情况。

（二）采用国际标准的编写方法

采用国际标准的我国标准，在编制说明中，应当详细地说明采用该标准的目的、意义，标准的水平，我国标准同被采用标准的主要差异及其原因等。

在采用国际标准时，应当按 GB/T 1.1《标准化工作导则 第 1 部分：标准的结构和编写规则》的规定起草和编写我国标准。在等同采用 ISO/IEC（国际电工委员会）以外的其他组织的国际标准时，我国标准的文本结构应当与被采用的国际标准一致。

1. 等同采用国际标准的我国标准采用双编号的表示方法，示例：GB ×××××－×××/ISO ×××××：××××。

2. 修改采用国际标准的我国标准，只使用我国标准编号。

? 思考题

1. 简述 CAC、ISO 及 FDA 在食品安全体系中的作用。
2. 简述我国采用国际标准的程度及原则。
3. 论述国内外食品安全标准与法规的差异。

扫码"练一练"

实训十　国外法规与标准查询

一、实训目的

通过本实训能够更好地学习并初步掌握国外法规与标准的网络查询方法。

二、实训原理

常见国外法规与标准都能够通过网络查询并下载。

三、实训方法

上网查阅法规或标准；分组汇报；教师点评。

四、实训要求

1. 课前，学生以组为单位利用网络查询方法查找一个国外法规或标准，将查询过程以视频或 PPT 形式记录下来，同时了解查找的国外法规或标准的基本信息（如发布单位、时间、主要内容等），并用 PPT 形式记录下来。

2. 课上，以组为单位分别进行实训成果展示，组间点评讨论，抽查学生进行现场演示，教师总结考核。

实训十一　国内外标准对比

一、实训目的

通过本实训能够更好地掌握国内外标准的网络查询方法；初步掌握国外标准阅读能力。

二、实训原理

不同国家和地区的食品安全程度及管理体制不同，往往同一食品的同一指标会出现差异。

三、实训方法

上网查阅标准；分组汇报；教师点评。

四、实训要求

1. 课前，学生分别利用网络查询欧盟、日本、美国及 CAC 对生牛乳菌落总数的限定指标，说明并展示相关限值、限值依据及该依据查询途径，并以 PPT 形式记录下来。

2. 课上，以组为单位分别进行讲解，教师总结考核。

实训十二　采用国际标准的食品标准的查询

一、实训目的

通过本实训能够更好地了解采用国际标准的食品标准的格式及意义。

二、实训原理

我国采用国际标准的方法。

三、实训方法

上网查阅法规或标准；分组汇报；教师点评。

四、实训要求

1. 课前，学生以组为单位利用网络查询方法查找一个采用国际标准的食品标准。

2. 课上，学生以组为单位将查询到的标准基本信息进行讲解；教师提供国家食品标准事例，学生将两个标准进行比较，组内讨论、总结，并汇总两标准的差异（主要是格式差异），然后以组为单位分别讲解，教师总结考核。

3. 课下，学生下载并查阅 GB/T 1.1《标准化工作导则 第 1 部分：标准的结构和编写规则》。

实训十三　采用国际标准的食品标准的编写

一、实训目的

通过本实训初步掌握采用国际标准的食品标准的编写方法及注意事项。

二、实训原理

我国采用国际标准的采用原则及编写规范要求。

三、实训方法

标准编写；分组汇报；教师点评。

四、实训要求

1. 课前，学生下载并细读 GB/T 1.1《标准化工作导则 第 1 部分：标准的结构和编写规则》。

2. 课上，教师提供一个食品 CAC/ISO 标准简化版，讲解编写注意事项；学生以组为单位讨论并编写标准（等同采用、修改采用任选一种）；以组为单位分别展示；教师提供范例，对照讲解。

3. 课下，学生进一步完善修改标准，并提交最终版标准供教师考核。

（杨春杰）

第八章　食品企业标准体系

第一节　企业标准体系概述

☞ **案例讨论**

案例：2013 年 4 月，有消息称"农夫山泉生产产品标准倒退，农夫山泉瓶装水的生产标准还不如自来水"，农夫山泉因此陷入标准门事件。农夫山泉事件中争议的焦点在于饮用水的标准问题。农夫山泉称自己适用的是浙江省地方标准 DB 33/383—2005《瓶装饮用天然水》，但媒体曝出浙江省标准低于广东省标准，国家卫生计生委表示瓶装水有国家标准并应当适用国家标准，甚至因此产生了法律诉讼。

国家标准中，涉及饮用水的标准主要有 GB 5749—2006《生活饮用水卫生标准》、GB 19298—2003《瓶（桶）装饮用水卫生标准》等。而农夫山泉饮用天然水执行的是浙江省地方标准 DB 33/383—2005。

问题：1. 农夫山泉生产产品标准是否应该重新制定？

2. 根据相关食品企业标准体系建立内容，如何制定农夫山泉瓶装水的生产标准？

一、概念

（一）企业标准体系

企业标准体系（enterprise standard system）指的是企业已实施及拟实施的标准，按其内在联系形成的科学的有机整体（GB/T 13017—2018《企业标准体系编制指南》）。

扫码"学一学"

（二）企业标准体系表

企业标准体系表（diagram of enterprise standard system）是企业标准体系内标准按一定形式排列起来的图表，也是描述企业标准体系的模型，通常包括企业标准体系结构图、标准明细表，还可以包括标准统计表和编制说明。它是策划、分析、设计、建立、实施、评估企业标准体系的重要方法和工具。

（三）企业标准体系相关标准

目前，涉及企业标准体系的相关标准包括：GB/T 13016—2018《标准体系构建原则和要求》、GB/T 13017—2018《企业标准体系编制指南》、GB/T 35778—2017《企业标准化工作 指南》、GB/T 15496—2017《企业标准体系 要求》、GB/T 15497—2017《企业标准体系 产品实现》、GB/T 15498—2017《企业标准体系 基础保障》以及 GB/T 19273—2017《企业标准化工作 评价与改进》。

二、企业标准体系结构图

企业标准体系结构图是描述企业标准体系结构关系的逻辑框图，包括内外部相关环境以及内部各子体系相互支撑、相互配合的逻辑关系。根据企业实际情况，企业可相应采用功能结构、属性结构或序列结构。

（一）功能结构

通常，企业标准体系功能结构由产品实现标准体系、基础保障标准体系和岗位标准体系三个子体系组成，见图 8-1。

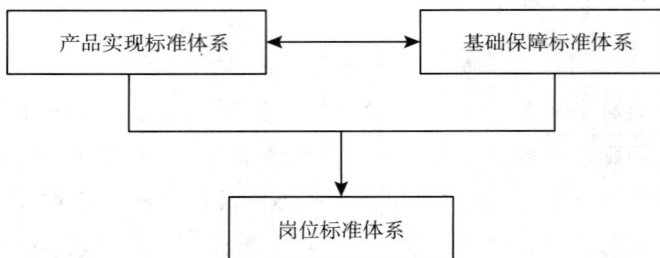

图 8-1　企业标准体系功能结构图

1. 产品实现标准体系　企业为满足顾客需求所执行的、规范产品实现全过程的标准，按其内在联系形成的科学的有机整体。产品实现标准体系应一般包括产品标准、设计和开发标准、生产/服务提供标准、营销标准、售后/交付后标准等子体系。

2. 基础保障标准体系　企业为保障企业生产、经营、管理有序开展所执行的，以提高全要素生产率为目标的标准，按其内在联系形成的科学的有机整体。基础保障标准体系一般包括规划计划和企业文化标准、标准化工作标准、人力资源标准、财务和审计标准、设备设施标准、质量管理标准、安全和职业健康标准、环境保护和能源管理标准、法务和合同管理标准、知识管理和信息标准、行政事务和综合标准等子体系。

3. 岗位标准体系　一般包括决策层标准、管理层标准和操作人员标准三个子体系。

（1）岗位标准体系应完整、齐全，每个岗位都应有岗位标准。

（2）岗位标准宜由岗位业务领导（指导）部门或岗位所在部门编制。

（3）岗位标准应以基础保障标准和产品实现标准为依据。当基础保障标准体系和产品实现标准体系中的标准能够满足该岗位作业要求时，基础保障标准体系和产品实现标准体系可直接作为岗位标准使用。

（4）岗位标准一般以作业指导书、操作规范、员工手册等形式体现，可以是书面文本、图表、多媒体，也可以是计算机软件化工作指令。

（二）属性结构

通常企业标准体系属性结构由技术标准体系、管理标准体系和工作标准体系三个子体系组成，见图 8－2。

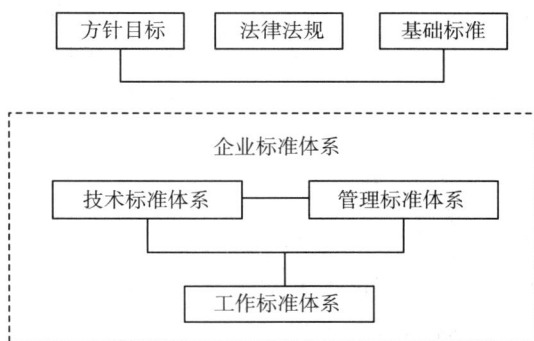

图 8－2　企业标准体系属性结构

"方针目标""法律法规""基础标准"是构建企业标准体系的依据和外部环境，属于上层文件。"技术标准体系"和"管理标准体系"间的连线表示二者之间的交互制约关系。"工作标准体系"同时实施"技术标准体系"和"管理标准体系"中的相应规定，是受技术标准和管理标准共同指导和制约的下层标准。

（三）序列结构

根据企业的实际情况，可以按企业、产品、服务、过程或项目等的工作序列构造标准体系结构图。序列结构一般用于局部标准体系的构建，如系统生命周期序列、企业价值链序列、工业产品生产序列、信息服务序列、项目管理序列等，详见 GB/T 13016—2018。

三、标准明细表

标准明细表的表头，用来描述标准明细的不同属性，应根据企业标准化管理的需要而设定，通常包括序号、标准体系编号、子体系名称、标准名称、引用标准编号、归口部门、实施缓急程度、宜定级别、标准状态等。标准明细表常见格式见表 8－1；为适应企业的统计查找等需求，标准体系明细表还可以简化，见表 8－2；若想详细统计，也可以采用标准登记台账格式，见表 8－3。

表 8－1　××（层次或序列编号）标准明细表

序号	标准体系编号	子体系名称	标准名称	归口部门	备注

表8-2 ××（层次或序列编号）标准明细简表

序号	标准编号	标准名称	归口部门	备注

表8-3 标准明细表的格式（标准登记台账格式）

序号	代码	标准编号	标准名称	采用或对应的国际标准或国外标准编号	实施日期	被代替或作废标准的编号	备注

四、标准统计表

按照 GB/T 13016—2018 的规定，标准统计表的格式根据统计目的，可设置不同的标准类别（如国家标准、行业标准、地方标准、团体标准、企业标准）及统计项（如基础标准、方法标准等）。标准统计表格式见表8-4。

表8-4 标准统计表格式

标准类别	统计项		
	应有数（个）	现有数（个）	现有数/应有数（%）
国家标准			
行业标准			
团体标准			
地方标准			
企业标准			
共计			
基础标准			
方法标准			
产品、过程、服务标准			
零部件、元器件标准			
原材料标准			
安全、卫生、环保标准			
其他			
共计			

第二节 企业标准体系表编制

一、概述

企业标准体系表编制是一项复杂工作，需要领导支持和参与，以业务部门为主体，以标准化部门为支撑，通过需求调研、制定原则和目标、明确范围边界，来编制标准体系结构图、标准明细表，对标准明细进行统计分析，编写标准体系表编制说明。

二、企业标准体系表编制方法

（一）确定目标和原则

根据企业的生产经营战略，制定企业标准体系建设目标，确定构建企业标准体系的原则，明确纳入企业标准体系的标准收录原则。

（二）界定范围和边界

根据企业标准体系建设目标和原则，明确企业标准化体系范围，界定企业标准体系的边界。通常包括以下方面。

1. 从业务经营、专业领域、产品体系、标准类型、标准级别、用户需求等维度，对企业标准体系进行深入分析，分析企业标准体系的边界，确定企业标准体系覆盖的内容范围，涵盖的业务活动、专业领域、产品范围等。

2. 确定收录的企业内部规范性文件的范围。

3. 确定收录的企业外部规范性文件的范围，国际和国外标准、国家标准、行业标准、地方标准、团体标准以及其他先进企业标准，以及相关起到标准作用的技术法规、行业规定等。

（三）明确结构

根据建设目标和原则、范围和边界，通过不断优化，选择企业标准体系的结构形式，逐级确定企业标准体系的结构。通常包括以下方面。

1. 明确企业标准体系结构形式，可参照 GB/T 13017—2018 中附录 A 选用功能模式、集成模式或板块模式，也可根据企业情况综合采纳三种模式，形成适宜的结构形式。

2. 根据企业标准体系的复杂程度和自身特点，可按照自上向下、自下向上、两者结合等方式构建标准体系的各级子体系。

3. 明确各子体系之间的相互支撑、相互协调的逻辑关系，确定各子体系之间的边界和范围。

（四）梳理标准明细表

根据企业标准体系结构图和标准收录原则，分析、梳理标准明细。

1. 结合企业的用户使用和管理需求，确定标准明细表格式。

2. 分析、整理纳入企业标准体系管理的现有标准和拟制定的标准。

3. 召集相关领域专家，分析宜采用和拟采用的外部标准。

4. 确定标准明细表的编号规则，编制标准明细表。

（五）统计分析

根据企业标准化需要，按一定的标准类型角度，对标准明细进行统计分析。

（六）编写企业标准体系表编制说明

企业标准体系表编制说明可包括但不限于以下内容。

1. 企业标准体系建设的背景。

2. 企业标准体系建设的目标和实施策略。

3. 企业标准体系表编制原则和依据。

4. 本企业、行业、竞争对手、合作伙伴的标准化现状、问题和需求分析。

5. 企业标准体系结构关系，子体系的划分依据和划分情况，各子体系内容说明（概念内涵、边界范围、使用领域）。

6. 企业标准明细表和统计分析，结合企业标准统计表分析现有标准与国际标准的差异、特点和优势或薄弱环节，明确近期及将来的标准化重点方向。

7. 编制过程中的问题总结和实施建议。

第三节 食品企业标准的制定

一、食品企业标准的制定范围

食品生产企业可以根据企业需要制定下列企业标准，并在组织生产之前向省、自治区、直辖市卫生行政部门备案。

1. 企业生产的产品，因没有国家标准、行业标准和地方标准，而制定的企业产品标准。

2. 为提高产品质量和技术进步而制定的严于国家标准、行业标准或地方标准的企业产品标准。

3. 对国家标准、行业标准选择或补充的标准。

4. 工艺、工装、半成品的方法标准。

5. 生产、经营活动中的管理标准和工作标准。

二、食品企业标准的制定原则

1. 贯彻国家和地方的有关方针、政策、法律、法规，严格执行强制性国家标准、行业标准和地方标准。

2. 保证安全、卫生，充分考虑使用要求，保护消费者利益，保护环境。

3. 有利于企业技术进步，保证和提高产品质量，改善经营管理和增加社会经济效益。

4. 积极采用国际标准和国外先进标准。

5. 有利于合理利用国家资源、能源，推广科学技术成果；有利于产品的通用互换，符合使用要求，技术先进，经济合理。

6. 有利于对外经济技术合作和对外贸易。

7. 本企业内的企业标准之间应协调一致。

三、食品企业标准的制定程序

制定企业标准的一般程序：编制计划、调查研究，起草标准草案、征求意见，对标准草案进行必要的验证，审查、批准、编号、发布。

四、食品企业标准的备案

集团公司所属企业适用统一的企业标准的，可以由集团公司总部或者其所属任一生

扫码"学一学"

产企业向所在地省级卫生行政部门备案。该企业标准备案时，应当注明适用的各企业名称及地址。委托加工或者授权制造的食品，委托方或者授权方已经备案的企业标准，受托方或者被授权方无须重复备案。但委托方或者授权方在备案时，应当注明受托方或者被授权方的名称及地址。委托方或者授权方无相关企业标准的，以及受托方或者被授权方不执行委托方或者授权方标准的，受托方或者被授权方应当制定企业标准，并按照规定备案。

企业标准应当包括食品原料（包括主料、配料和使用的食品添加剂）、生产工艺以及与食品安全相关的指标、限量、技术要求。企业标准的编写应当符合 GB/T 1.1《标准化工作导则 第 1 部分：标准的结构和编写规则》的要求。

企业标准备案时应当提交下列材料：①企业标准备案登记表；②企业标准文本（一式八份）及电子版；③企业标准编制说明；④省级卫生行政部门规定的其他资料。企业标准编制说明应当详细说明企业标准制定过程，以及与相关国家标准、地方标准、国际标准、国外标准的比较情况。备案的企业标准由企业的法定代表人或者主要负责人签署。企业标准备案有效期为 3 年。有效期届满需要延续备案的，企业应当对备案的企业标准进行复审，并填写企业标准延续备案表，到原备案的卫生行政部门办理延续备案手续。企业经复审认为需要修订企业标准的，应当在修订后重新备案。

> **? 思考题**
>
> 1. 食品企业标准体系由哪几个部分组成？各部分包括哪些内容？
> 2. 什么是食品企业标准体系表？体系表包括哪些内容？
> 3. 参照企业标准制定规范制定一个企业标准（可选择肉制品企业、乳制品企业、食品添加剂企业等）。

扫码"练一练"

实训十四 编写 ××企业标准体系表

一、实训目的

通过本实训能够更好地掌握根据食品企业标准体系编写标准体系表的方法。

二、实训原理

本企业标准体系表、根据国家标准 GB/T 15496《企业标准体系 要求》、GB/T 15497《企业标准体系 技术标准体系》、GB/T 15498《企业标准体系 管理标准和工作标准体系》、GB/T 13016《标准体系表编制原则和要求》、GB/T 13017《企业标准体系表编制指南》的要求，结合本公司行政组织机构的设置及生产、经营的实际编制而成。本企业标准体系以技术标准为主体，包括管理标准和工作标准。

三、实训方法

上网查阅资料；分组讨论；教师点评。

四、实训要求

本标准体系表的编制本着目标明确、科学有效、系统性强、层次分明、协调一致的原则，尽量使标准体系表做到全面成套、层次恰当、划分明确。

实训十五　编写 ×× 企业新型三合一奶茶产品标准

一、实训目的

通过本实训能够更好地理解产品标准的定义；掌握产品标准的内容；编制一份完整的企业产品标准。

二、实训原理

产品标准：规定产品应满足的要求以确保其适用性的标准。

完整的产品标准：一般应包括分类、要求、试验方法、检验规则，以及标志、包装、运输和贮存等内容，至少应包括前四项内容。

单项产品标准：只包括上述内容中的一项或几项内容。一般包括产品分类标准，产品型号或代号编制方法标准，产品技术要求标准，产品试验方法标准，产品的标志、包装、运输和贮存标准，产品技术条件标准等。

《标准化法》中规定，企业生产的产品没有国家标准和行业标准的，应当制定企业标准，作为组织生产的依据。

企业在制定产品标准时，应当做到以下几点。

1. 不能与国家法律、法规和上级的强制性标准相抵触。

2. 同一级标准（企业内各类企业标准）之间相互协调，不能发生矛盾。

3. 产品标准本身的分类、技术要求、试验方法、检验规则之间要相互衔接，保持一致。只有符合上述要求，企业的生产才能正常进行，产品标准才能有效实施。

三、实训内容

某公司生产出一种新型三合一奶茶（固体饮料），现暂无相应国家或行业的质量标准，查阅资料，根据公司产品和实际情况制定该产品的产品标准。

四、实训要求

根据给出的实训原理和实训内容，参阅给出的示例，分组讨论，每组编制一份完整的企业产品标准，进行组间评价，教师点评。

（王洋）

附录

中华人民共和国食品安全法

（2009 年 2 月 28 日第十一届全国人民代表大会常务委员会第七次会议通过
2015 年 4 月 24 日第十二届全国人民代表大会常务委员会第十四次会议修订
根据 2018 年 12 月 29 日第十三届全国人民代表大会常务委员会第七次会议
《关于修改〈中华人民共和国产品质量法〉等五部法律的决定》修正）

目　录

第一章　总　　则

第一条　为了保证食品安全，保障公众身体健康和生命安全，制定本法。

第二条　在中华人民共和国境内从事下列活动，应当遵守本法：

（一）食品生产和加工（以下称食品生产），食品销售和餐饮服务（以下称食品经营）；

（二）食品添加剂的生产经营；

（三）用于食品的包装材料、容器、洗涤剂、消毒剂和用于食品生产经营的工具、设备

（以下称食品相关产品）的生产经营；

  （四）食品生产经营者使用食品添加剂、食品相关产品；

  （五）食品的贮存和运输；

  （六）对食品、食品添加剂、食品相关产品的安全管理。

  供食用的源于农业的初级产品（以下称食用农产品）的质量安全管理，遵守《中华人民共和国农产品质量安全法》的规定。但是，食用农产品的市场销售、有关质量安全标准的制定、有关安全信息的公布和本法对农业投入品作出规定的，应当遵守本法的规定。

  第三条 食品安全工作实行预防为主、风险管理、全程控制、社会共治，建立科学、严格的监督管理制度。

  第四条 食品生产经营者对其生产经营食品的安全负责。

  食品生产经营者应当依照法律、法规和食品安全标准从事生产经营活动，保证食品安全，诚信自律，对社会和公众负责，接受社会监督，承担社会责任。

  第五条 国务院设立食品安全委员会，其职责由国务院规定。

  国务院食品安全监督管理部门依照本法和国务院规定的职责，对食品生产经营活动实施监督管理。

  国务院卫生行政部门依照本法和国务院规定的职责，组织开展食品安全风险监测和风险评估，会同国务院食品安全监督管理部门制定并公布食品安全国家标准。

  国务院其他有关部门依照本法和国务院规定的职责，承担有关食品安全工作。

  第六条 县级以上地方人民政府对本行政区域的食品安全监督管理工作负责，统一领导、组织、协调本行政区域的食品安全监督管理工作以及食品安全突发事件应对工作，建立健全食品安全全程监督管理工作机制和信息共享机制。

  县级以上地方人民政府依照本法和国务院的规定，确定本级食品安全监督管理、卫生行政部门和其他有关部门的职责。有关部门在各自职责范围内负责本行政区域的食品安全监督管理工作。

  县级人民政府食品安全监督管理部门可以在乡镇或者特定区域设立派出机构。

  第七条 县级以上地方人民政府实行食品安全监督管理责任制。上级人民政府负责对下一级人民政府的食品安全监督管理工作进行评议、考核。县级以上地方人民政府负责对本级食品安全监督管理部门和其他有关部门的食品安全监督管理工作进行评议、考核。

  第八条 县级以上人民政府应当将食品安全工作纳入本级国民经济和社会发展规划，将食品安全工作经费列入本级政府财政预算，加强食品安全监督管理能力建设，为食品安全工作提供保障。

  县级以上人民政府食品安全监督管理部门和其他有关部门应当加强沟通、密切配合，按照各自职责分工，依法行使职权，承担责任。

  第九条 食品行业协会应当加强行业自律，按照章程建立健全行业规范和奖惩机制，提供食品安全信息、技术等服务，引导和督促食品生产经营者依法生产经营，推动行业诚信建设，宣传、普及食品安全知识。

  消费者协会和其他消费者组织对违反本法规定，损害消费者合法权益的行为，依法进行社会监督。

  第十条 各级人民政府应当加强食品安全的宣传教育，普及食品安全知识，鼓励社会组织、基层群众性自治组织、食品生产经营者开展食品安全法律、法规以及食品安全标准和知识的普及工作，倡导健康的饮食方式，增强消费者食品安全意识和自我保护能力。

新闻媒体应当开展食品安全法律、法规以及食品安全标准和知识的公益宣传，并对食品安全违法行为进行舆论监督。有关食品安全的宣传报道应当真实、公正。

第十一条　国家鼓励和支持开展与食品安全有关的基础研究、应用研究，鼓励和支持食品生产经营者为提高食品安全水平采用先进技术和先进管理规范。

国家对农药的使用实行严格的管理制度，加快淘汰剧毒、高毒、高残留农药，推动替代产品的研发和应用，鼓励使用高效低毒低残留农药。

第十二条　任何组织或者个人有权举报食品安全违法行为，依法向有关部门了解食品安全信息，对食品安全监督管理工作提出意见和建议。

第十三条　对在食品安全工作中做出突出贡献的单位和个人，按照国家有关规定给予表彰、奖励。

第二章　食品安全风险监测和评估

第十四条　国家建立食品安全风险监测制度，对食源性疾病、食品污染以及食品中的有害因素进行监测。

国务院卫生行政部门会同国务院食品安全监督管理等部门，制定、实施国家食品安全风险监测计划。

国务院食品安全监督管理部门和其他有关部门获知有关食品安全风险信息后，应当立即核实并向国务院卫生行政部门通报。对有关部门通报的食品安全风险信息以及医疗机构报告的食源性疾病等有关疾病信息，国务院卫生行政部门应当会同国务院有关部门分析研究，认为必要的，及时调整国家食品安全风险监测计划。

省、自治区、直辖市人民政府卫生行政部门会同同级食品安全监督管理等部门，根据国家食品安全风险监测计划，结合本行政区域的具体情况，制定、调整本行政区域的食品安全风险监测方案，报国务院卫生行政部门备案并实施。

第十五条　承担食品安全风险监测工作的技术机构应当根据食品安全风险监测计划和监测方案开展监测工作，保证监测数据真实、准确，并按照食品安全风险监测计划和监测方案的要求报送监测数据和分析结果。

食品安全风险监测工作人员有权进入相关食用农产品种植养殖、食品生产经营场所采集样品、收集相关数据。采集样品应当按照市场价格支付费用。

第十六条　食品安全风险监测结果表明可能存在食品安全隐患的，县级以上人民政府卫生行政部门应当及时将相关信息通报同级食品安全监督管理等部门，并报告本级人民政府和上级人民政府卫生行政部门。食品安全监督管理等部门应当组织开展进一步调查。

第十七条　国家建立食品安全风险评估制度，运用科学方法，根据食品安全风险监测信息、科学数据以及有关信息，对食品、食品添加剂、食品相关产品中生物性、化学性和物理性危害因素进行风险评估。

国务院卫生行政部门负责组织食品安全风险评估工作，成立由医学、农业、食品、营养、生物、环境等方面的专家组成的食品安全风险评估专家委员会进行食品安全风险评估。食品安全风险评估结果由国务院卫生行政部门公布。

对农药、肥料、兽药、饲料和饲料添加剂等的安全性评估，应当有食品安全风险评估专家委员会的专家参加。

食品安全风险评估不得向生产经营者收取费用，采集样品应当按照市场价格支付费用。

第十八条 有下列情形之一的，应当进行食品安全风险评估：

（一）通过食品安全风险监测或者接到举报发现食品、食品添加剂、食品相关产品可能存在安全隐患的；

（二）为制定或者修订食品安全国家标准提供科学依据需要进行风险评估的；

（三）为确定监督管理的重点领域、重点品种需要进行风险评估的；

（四）发现新的可能危害食品安全因素的；

（五）需要判断某一因素是否构成食品安全隐患的；

（六）国务院卫生行政部门认为需要进行风险评估的其他情形。

第十九条 国务院食品安全监督管理、农业行政等部门在监督管理工作中发现需要进行食品安全风险评估的，应当向国务院卫生行政部门提出食品安全风险评估的建议，并提供风险来源、相关检验数据和结论等信息、资料。属于本法第十八条规定情形的，国务院卫生行政部门应当及时进行食品安全风险评估，并向国务院有关部门通报评估结果。

第二十条 省级以上人民政府卫生行政、农业行政部门应当及时相互通报食品、食用农产品安全风险监测信息。

国务院卫生行政、农业行政部门应当及时相互通报食品、食用农产品安全风险评估结果等信息。

第二十一条 食品安全风险评估结果是制定、修订食品安全标准和实施食品安全监督管理的科学依据。

经食品安全风险评估，得出食品、食品添加剂、食品相关产品不安全结论的，国务院食品安全监督管理等部门应当依据各自职责立即向社会公告，告知消费者停止食用或者使用，并采取相应措施，确保该食品、食品添加剂、食品相关产品停止生产经营；需要制定、修订相关食品安全国家标准的，国务院卫生行政部门应当会同国务院食品安全监督管理部门立即制定、修订。

第二十二条 国务院食品安全监督管理部门应当会同国务院有关部门，根据食品安全风险评估结果、食品安全监督管理信息，对食品安全状况进行综合分析。对经综合分析表明可能具有较高程度安全风险的食品，国务院食品安全监督管理部门应当及时提出食品安全风险警示，并向社会公布。

第二十三条 县级以上人民政府食品安全监督管理部门和其他有关部门、食品安全风险评估专家委员会及其技术机构，应当按照科学、客观、及时、公开的原则，组织食品生产经营者、食品检验机构、认证机构、食品行业协会、消费者协会以及新闻媒体等，就食品安全风险评估信息和食品安全监督管理信息进行交流沟通。

第三章　食品安全标准

第二十四条 制定食品安全标准，应当以保障公众身体健康为宗旨，做到科学合理、安全可靠。

第二十五条 食品安全标准是强制执行的标准。除食品安全标准外，不得制定其他食品强制性标准。

第二十六条 食品安全标准应当包括下列内容：

（一）食品、食品添加剂、食品相关产品中的致病性微生物，农药残留、兽药残留、生物毒素、重金属等污染物质以及其他危害人体健康物质的限量规定；

（二）食品添加剂的品种、使用范围、用量；

（三）专供婴幼儿和其他特定人群的主辅食品的营养成分要求；

（四）对与卫生、营养等食品安全要求有关的标签、标志、说明书的要求；

（五）食品生产经营过程的卫生要求；

（六）与食品安全有关的质量要求；

（七）与食品安全有关的食品检验方法与规程；

（八）其他需要制定为食品安全标准的内容。

第二十七条 食品安全国家标准由国务院卫生行政部门会同国务院食品安全监督管理部门制定、公布，国务院标准化行政部门提供国家标准编号。

食品中农药残留、兽药残留的限量规定及其检验方法与规程由国务院卫生行政部门、国务院农业行政部门会同国务院食品安全监督管理部门制定。

屠宰畜、禽的检验规程由国务院农业行政部门会同国务院卫生行政部门制定。

第二十八条 制定食品安全国家标准，应当依据食品安全风险评估结果并充分考虑食用农产品安全风险评估结果，参照相关的国际标准和国际食品安全风险评估结果，并将食品安全国家标准草案向社会公布，广泛听取食品生产经营者、消费者、有关部门等方面的意见。

食品安全国家标准应当经国务院卫生行政部门组织的食品安全国家标准审评委员会审查通过。食品安全国家标准审评委员会由医学、农业、食品、营养、生物、环境等方面的专家以及国务院有关部门、食品行业协会、消费者协会的代表组成，对食品安全国家标准草案的科学性和实用性等进行审查。

第二十九条 对地方特色食品，没有食品安全国家标准的，省、自治区、直辖市人民政府卫生行政部门可以制定并公布食品安全地方标准，报国务院卫生行政部门备案。食品安全国家标准制定后，该地方标准即行废止。

第三十条 国家鼓励食品生产企业制定严于食品安全国家标准或者地方标准的企业标准，在本企业适用，并报省、自治区、直辖市人民政府卫生行政部门备案。

第三十一条 省级以上人民政府卫生行政部门应当在其网站上公布制定和备案的食品安全国家标准、地方标准和企业标准，供公众免费查阅、下载。

对食品安全标准执行过程中的问题，县级以上人民政府卫生行政部门应当会同有关部门及时给予指导、解答。

第三十二条 省级以上人民政府卫生行政部门应当会同同级食品安全监督管理、农业行政等部门，分别对食品安全国家标准和地方标准的执行情况进行跟踪评价，并根据评价结果及时修订食品安全标准。

省级以上人民政府食品安全监督管理、农业行政等部门应当对食品安全标准执行中存在的问题进行收集、汇总，并及时向同级卫生行政部门通报。

食品生产经营者、食品行业协会发现食品安全标准在执行中存在问题的，应当立即向卫生行政部门报告。

第四章　食品生产经营

第一节　一般规定

第三十三条　食品生产经营应当符合食品安全标准，并符合下列要求：

（一）具有与生产经营的食品品种、数量相适应的食品原料处理和食品加工、包装、贮存等场所，保持该场所环境整洁，并与有毒、有害场所以及其他污染源保持规定的距离；

（二）具有与生产经营的食品品种、数量相适应的生产经营设备或者设施，有相应的消毒、更衣、盥洗、采光、照明、通风、防腐、防尘、防蝇、防鼠、防虫、洗涤以及处理废水、存放垃圾和废弃物的设备或者设施；

（三）有专职或者兼职的食品安全专业技术人员、食品安全管理人员和保证食品安全的规章制度；

（四）具有合理的设备布局和工艺流程，防止待加工食品与直接入口食品、原料与成品交叉污染，避免食品接触有毒物、不洁物；

（五）餐具、饮具和盛放直接入口食品的容器，使用前应当洗净、消毒，炊具、用具用后应当洗净，保持清洁；

（六）贮存、运输和装卸食品的容器、工具和设备应当安全、无害，保持清洁，防止食品污染，并符合保证食品安全所需的温度、湿度等特殊要求，不得将食品与有毒、有害物品一同贮存、运输；

（七）直接入口的食品应当使用无毒、清洁的包装材料、餐具、饮具和容器；

（八）食品生产经营人员应当保持个人卫生，生产经营食品时，应当将手洗净，穿戴清洁的工作衣、帽等；销售无包装的直接入口食品时，应当使用无毒、清洁的容器、售货工具和设备；

（九）用水应当符合国家规定的生活饮用水卫生标准；

（十）使用的洗涤剂、消毒剂应当对人体安全、无害；

（十一）法律、法规规定的其他要求。

非食品生产经营者从事食品贮存、运输和装卸的，应当符合前款第六项的规定。

第三十四条　禁止生产经营下列食品、食品添加剂、食品相关产品：

（一）用非食品原料生产的食品或者添加食品添加剂以外的化学物质和其他可能危害人体健康物质的食品，或者用回收食品作为原料生产的食品；

（二）致病性微生物，农药残留、兽药残留、生物毒素、重金属等污染物质以及其他危害人体健康的物质含量超过食品安全标准限量的食品、食品添加剂、食品相关产品；

（三）用超过保质期的食品原料、食品添加剂生产的食品、食品添加剂；

（四）超范围、超限量使用食品添加剂的食品；

（五）营养成分不符合食品安全标准的专供婴幼儿和其他特定人群的主辅食品；

（六）腐败变质、油脂酸败、霉变生虫、污秽不洁、混有异物、掺假掺杂或者感官性状异常的食品、食品添加剂；

（七）病死、毒死或者死因不明的禽、畜、兽、水产动物肉类及其制品；

（八）未按规定进行检疫或者检疫不合格的肉类，或者未经检验或者检验不合格的肉类制品；

（九）被包装材料、容器、运输工具等污染的食品、食品添加剂；

（十）标注虚假生产日期、保质期或者超过保质期的食品、食品添加剂；

（十一）无标签的预包装食品、食品添加剂；

（十二）国家为防病等特殊需要明令禁止生产经营的食品；

（十三）其他不符合法律、法规或者食品安全标准的食品、食品添加剂、食品相关产品。

第三十五条 国家对食品生产经营实行许可制度。从事食品生产、食品销售、餐饮服务，应当依法取得许可。但是，销售食用农产品和仅销售预包装食品的，不需要取得许可。仅销售预包装食品的，应当报所在地县级以上地方人民政府食品安全监督管理部门备案。

县级以上地方人民政府食品安全监督管理部门应当依照《中华人民共和国行政许可法》的规定，审核申请人提交的本法第三十三条第一款第一项至第四项规定要求的相关资料，必要时对申请人的生产经营场所进行现场核查；对符合规定条件的，准予许可；对不符合规定条件的，不予许可并书面说明理由。

第三十六条 食品生产加工小作坊和食品摊贩等从事食品生产经营活动，应当符合本法规定的与其生产经营规模、条件相适应的食品安全要求，保证所生产经营的食品卫生、无毒、无害，食品安全监督管理部门应当对其加强监督管理。

县级以上地方人民政府应当对食品生产加工小作坊、食品摊贩等进行综合治理，加强服务和统一规划，改善其生产经营环境，鼓励和支持其改进生产经营条件，进入集中交易市场、店铺等固定场所经营，或者在指定的临时经营区域、时段经营。

食品生产加工小作坊和食品摊贩等的具体管理办法由省、自治区、直辖市制定。

第三十七条 利用新的食品原料生产食品，或者生产食品添加剂新品种、食品相关产品新品种，应当向国务院卫生行政部门提交相关产品的安全性评估材料。国务院卫生行政部门应当自收到申请之日起六十日内组织审查；对符合食品安全要求的，准予许可并公布；对不符合食品安全要求的，不予许可并书面说明理由。

第三十八条 生产经营的食品中不得添加药品，但是可以添加按照传统既是食品又是中药材的物质。按照传统既是食品又是中药材的物质目录由国务院卫生行政部门会同国务院食品安全监督管理部门制定、公布。

第三十九条 国家对食品添加剂生产实行许可制度。从事食品添加剂生产，应当具有与所生产食品添加剂品种相适应的场所、生产设备或者设施、专业技术人员和管理制度，并依照本法第三十五条第二款规定的程序，取得食品添加剂生产许可。

生产食品添加剂应当符合法律、法规和食品安全国家标准。

第四十条 食品添加剂应当在技术上确有必要且经过风险评估证明安全可靠，方可列入允许使用的范围；有关食品安全国家标准应当根据技术必要性和食品安全风险评估结果及时修订。

食品生产经营者应当按照食品安全国家标准使用食品添加剂。

第四十一条 生产食品相关产品应当符合法律、法规和食品安全国家标准。对直接接触食品的包装材料等具有较高风险的食品相关产品，按照国家有关工业产品生产许可证管理的规定实施生产许可。食品安全监督管理部门应当加强对食品相关产品生产活动的监督管理。

第四十二条 国家建立食品安全全程追溯制度。

食品生产经营者应当依照本法的规定，建立食品安全追溯体系，保证食品可追溯。国家鼓励食品生产经营者采用信息化手段采集、留存生产经营信息，建立食品安全追溯体系。

国务院食品安全监督管理部门会同国务院农业行政等有关部门建立食品安全全程追溯协作机制。

第四十三条 地方各级人民政府应当采取措施鼓励食品规模化生产和连锁经营、配送。

国家鼓励食品生产经营企业参加食品安全责任保险。

第二节 生产经营过程控制

第四十四条 食品生产经营企业应当建立健全食品安全管理制度，对职工进行食品安全知识培训，加强食品检验工作，依法从事生产经营活动。

食品生产经营企业的主要负责人应当落实企业食品安全管理制度，对本企业的食品安全工作全面负责。

食品生产经营企业应当配备食品安全管理人员，加强对其培训和考核。经考核不具备食品安全管理能力的，不得上岗。食品安全监督管理部门应当对企业食品安全管理人员随机进行监督抽查考核并公布考核情况。监督抽查考核不得收取费用。

第四十五条 食品生产经营者应当建立并执行从业人员健康管理制度。患有国务院卫生行政部门规定的有碍食品安全疾病的人员，不得从事接触直接入口食品的工作。

从事接触直接入口食品工作的食品生产经营人员应当每年进行健康检查，取得健康证明后方可上岗工作。

第四十六条 食品生产企业应当就下列事项制定并实施控制要求，保证所生产的食品符合食品安全标准：

（一）原料采购、原料验收、投料等原料控制；

（二）生产工序、设备、贮存、包装等生产关键环节控制；

（三）原料检验、半成品检验、成品出厂检验等检验控制；

（四）运输和交付控制。

第四十七条 食品生产经营者应当建立食品安全自查制度，定期对食品安全状况进行检查评价。生产经营条件发生变化，不再符合食品安全要求的，食品生产经营者应当立即采取整改措施；有发生食品安全事故潜在风险的，应当立即停止食品生产经营活动，并向所在地县级人民政府食品安全监督管理部门报告。

第四十八条 国家鼓励食品生产经营企业符合良好生产规范要求，实施危害分析与关键控制点体系，提高食品安全管理水平。

对通过良好生产规范、危害分析与关键控制点体系认证的食品生产经营企业，认证机构应当依法实施跟踪调查；对不再符合认证要求的企业，应当依法撤销认证，及时向县级以上人民政府食品安全监督管理部门通报，并向社会公布。认证机构实施跟踪调查不得收取费用。

第四十九条　食用农产品生产者应当按照食品安全标准和国家有关规定使用农药、肥料、兽药、饲料和饲料添加剂等农业投入品，严格执行农业投入品使用安全间隔期或者休药期的规定，不得使用国家明令禁止的农业投入品。禁止将剧毒、高毒农药用于蔬菜、瓜果、茶叶和中草药材等国家规定的农作物。

食用农产品的生产企业和农民专业合作经济组织应当建立农业投入品使用记录制度。

县级以上人民政府农业行政部门应当加强对农业投入品使用的监督管理和指导，建立健全农业投入品安全使用制度。

第五十条　食品生产者采购食品原料、食品添加剂、食品相关产品，应当查验供货者的许可证和产品合格证明；对无法提供合格证明的食品原料，应当按照食品安全标准进行检验；不得采购或者使用不符合食品安全标准的食品原料、食品添加剂、食品相关产品。

食品生产企业应当建立食品原料、食品添加剂、食品相关产品进货查验记录制度，如实记录食品原料、食品添加剂、食品相关产品的名称、规格、数量、生产日期或者生产批号、保质期、进货日期以及供货者名称、地址、联系方式等内容，并保存相关凭证。记录和凭证保存期限不得少于产品保质期满后六个月；没有明确保质期的，保存期限不得少于二年。

第五十一条　食品生产企业应当建立食品出厂检验记录制度，查验出厂食品的检验合格证和安全状况，如实记录食品的名称、规格、数量、生产日期或者生产批号、保质期、检验合格证号、销售日期以及购货者名称、地址、联系方式等内容，并保存相关凭证。记录和凭证保存期限应当符合本法第五十条第二款的规定。

第五十二条　食品、食品添加剂、食品相关产品的生产者，应当按照食品安全标准对所生产的食品、食品添加剂、食品相关产品进行检验，检验合格后方可出厂或者销售。

第五十三条　食品经营者采购食品，应当查验供货者的许可证和食品出厂检验合格证或者其他合格证明（以下称合格证明文件）。

食品经营企业应当建立食品进货查验记录制度，如实记录食品的名称、规格、数量、生产日期或者生产批号、保质期、进货日期以及供货者名称、地址、联系方式等内容，并保存相关凭证。记录和凭证保存期限应当符合本法第五十条第二款的规定。

实行统一配送经营方式的食品经营企业，可以由企业总部统一查验供货者的许可证和食品合格证明文件，进行食品进货查验记录。

从事食品批发业务的经营企业应当建立食品销售记录制度，如实记录批发食品的名称、规格、数量、生产日期或者生产批号、保质期、销售日期以及购货者名称、地址、联系方式等内容，并保存相关凭证。记录和凭证保存期限应当符合本法第五十条第二款的规定。

第五十四条　食品经营者应当按照保证食品安全的要求贮存食品，定期检查库存食品，及时清理变质或者超过保质期的食品。

食品经营者贮存散装食品，应当在贮存位置标明食品的名称、生产日期或者生产批号、保质期、生产者名称及联系方式等内容。

第五十五条　餐饮服务提供者应当制定并实施原料控制要求，不得采购不符合食品安全标准的食品原料。倡导餐饮服务提供者公开加工过程，公示食品原料及其来源等信息。

餐饮服务提供者在加工过程中应当检查待加工的食品及原料，发现有本法第三十四条第六项规定情形的，不得加工或者使用。

第五十六条　餐饮服务提供者应当定期维护食品加工、贮存、陈列等设施、设备；定期清洗、校验保温设施及冷藏、冷冻设施。

餐饮服务提供者应当按照要求对餐具、饮具进行清洗消毒，不得使用未经清洗消毒的餐具、饮具；餐饮服务提供者委托清洗消毒餐具、饮具的，应当委托符合本法规定条件的餐具、饮具集中消毒服务单位。

第五十七条　学校、托幼机构、养老机构、建筑工地等集中用餐单位的食堂应当严格遵守法律、法规和食品安全标准；从供餐单位订餐的，应当从取得食品生产经营许可的企业订购，并按照要求对订购的食品进行查验。供餐单位应当严格遵守法律、法规和食品安全标准，当餐加工，确保食品安全。

学校、托幼机构、养老机构、建筑工地等集中用餐单位的主管部门应当加强对集中用餐单位的食品安全教育和日常管理，降低食品安全风险，及时消除食品安全隐患。

第五十八条　餐具、饮具集中消毒服务单位应当具备相应的作业场所、清洗消毒设备或者设施，用水和使用的洗涤剂、消毒剂应当符合相关食品安全国家标准和其他国家标准、卫生规范。

餐具、饮具集中消毒服务单位应当对消毒餐具、饮具进行逐批检验，检验合格后方可出厂，并应当随附消毒合格证明。消毒后的餐具、饮具应当在独立包装上标注单位名称、地址、联系方式、消毒日期以及使用期限等内容。

第五十九条　食品添加剂生产者应当建立食品添加剂出厂检验记录制度，查验出厂产品的检验合格证和安全状况，如实记录食品添加剂的名称、规格、数量、生产日期或者生产批号、保质期、检验合格证号、销售日期以及购货者名称、地址、联系方式等相关内容，并保存相关凭证。记录和凭证保存期限应当符合本法第五十条第二款的规定。

第六十条　食品添加剂经营者采购食品添加剂，应当依法查验供货者的许可证和产品合格证明文件，如实记录食品添加剂的名称、规格、数量、生产日期或者生产批号、保质期、进货日期以及供货者名称、地址、联系方式等内容，并保存相关凭证。记录和凭证保存期限应当符合本法第五十条第二款的规定。

第六十一条　集中交易市场的开办者、柜台出租者和展销会举办者，应当依法审查入场食品经营者的许可证，明确其食品安全管理责任，定期对其经营环境和条件进行检查，发现其有违反本法规定行为的，应当及时制止并立即报告所在地县级人民政府食品安全监督管理部门。

第六十二条　网络食品交易第三方平台提供者应当对入网食品经营者进行实名登记，明确其食品安全管理责任；依法应当取得许可证的，还应当审查其许可证。

网络食品交易第三方平台提供者发现入网食品经营者有违反本法规定行为的，应当及时制止并立即报告所在地县级人民政府食品安全监督管理部门；发现严重违法行为的，应当立即停止提供网络交易平台服务。

第六十三条　国家建立食品召回制度。食品生产者发现其生产的食品不符合食品安全标准或者有证据证明可能危害人体健康的，应当立即停止生产，召回已经上市销售的食品，通知相关生产经营者和消费者，并记录召回和通知情况。

食品经营者发现其经营的食品有前款规定情形的，应当立即停止经营，通知相关生产经营者和消费者，并记录停止经营和通知情况。食品生产者认为应当召回的，应当立即召回。由于食品经营者的原因造成其经营的食品有前款规定情形的，食品经营者应当召回。

食品生产经营者应当对召回的食品采取无害化处理、销毁等措施，防止其再次流入市场。但是，对因标签、标志或者说明书不符合食品安全标准而被召回的食品，食品生产者在采取补救措施且能保证食品安全的情况下可以继续销售；销售时应当向消费者明示补救措施。

食品生产经营者应当将食品召回和处理情况向所在地县级人民政府食品安全监督管理部门报告；需要对召回的食品进行无害化处理、销毁的，应当提前报告时间、地点。食品安全监督管理部门认为必要的，可以实施现场监督。

食品生产经营者未依照本条规定召回或者停止经营的，县级以上人民政府食品安全监督管理部门可以责令其召回或者停止经营。

第六十四条　食用农产品批发市场应当配备检验设备和检验人员或者委托符合本法规定的食品检验机构，对进入该批发市场销售的食用农产品进行抽样检验；发现不符合食品安全标准的，应当要求销售者立即停止销售，并向食品安全监督管理部门报告。

第六十五条　食用农产品销售者应当建立食用农产品进货查验记录制度，如实记录食用农产品的名称、数量、进货日期以及供货者名称、地址、联系方式等内容，并保存相关凭证。记录和凭证保存期限不得少于六个月。

第六十六条　进入市场销售的食用农产品在包装、保鲜、贮存、运输中使用保鲜剂、防腐剂等食品添加剂和包装材料等食品相关产品，应当符合食品安全国家标准。

第三节　标签、说明书和广告

第六十七条　预包装食品的包装上应当有标签。标签应当标明下列事项：

（一）名称、规格、净含量、生产日期；

（二）成分或者配料表；

（三）生产者的名称、地址、联系方式；

（四）保质期；

（五）产品标准代号；

（六）贮存条件；

（七）所使用的食品添加剂在国家标准中的通用名称；

（八）生产许可证编号；

（九）法律、法规或者食品安全标准规定应当标明的其他事项。

专供婴幼儿和其他特定人群的主辅食品，其标签还应当标明主要营养成分及其含量。

食品安全国家标准对标签标注事项另有规定的，从其规定。

第六十八条　食品经营者销售散装食品，应当在散装食品的容器、外包装上标明食品的名称、生产日期或者生产批号、保质期以及生产经营者名称、地址、联系方式等内容。

第六十九条　生产经营转基因食品应当按照规定显著标示。

第七十条　食品添加剂应当有标签、说明书和包装。标签、说明书应当载明本法第六十七条第一款第一项至第六项、第八项、第九项规定的事项，以及食品添加剂的使用范围、用量、使用方法，并在标签上载明"食品添加剂"字样。

第七十一条　食品和食品添加剂的标签、说明书，不得含有虚假内容，不得涉及疾病预防、治疗功能。生产经营者对其提供的标签、说明书的内容负责。

食品和食品添加剂的标签、说明书应当清楚、明显，生产日期、保质期等事项应当显著标注，容易辨识。

食品和食品添加剂与其标签、说明书的内容不符的，不得上市销售。

第七十二条 食品经营者应当按照食品标签标示的警示标志、警示说明或者注意事项的要求销售食品。

第七十三条 食品广告的内容应当真实合法，不得含有虚假内容，不得涉及疾病预防、治疗功能。食品生产经营者对食品广告内容的真实性、合法性负责。

县级以上人民政府食品安全监督管理部门和其他有关部门以及食品检验机构、食品行业协会不得以广告或者其他形式向消费者推荐食品。消费者组织不得以收取费用或者其他牟取利益的方式向消费者推荐食品。

第四节 特殊食品

第七十四条 国家对保健食品、特殊医学用途配方食品和婴幼儿配方食品等特殊食品实行严格监督管理。

第七十五条 保健食品声称保健功能，应当具有科学依据，不得对人体产生急性、亚急性或者慢性危害。

保健食品原料目录和允许保健食品声称的保健功能目录，由国务院食品安全监督管理部门会同国务院卫生行政部门、国家中医药管理部门制定、调整并公布。

保健食品原料目录应当包括原料名称、用量及其对应的功效；列入保健食品原料目录的原料只能用于保健食品生产，不得用于其他食品生产。

第七十六条 使用保健食品原料目录以外原料的保健食品和首次进口的保健食品应当经国务院食品安全监督管理部门注册。但是，首次进口的保健食品中属于补充维生素、矿物质等营养物质的，应当报国务院食品安全监督管理部门备案。其他保健食品应当报省、自治区、直辖市人民政府食品安全监督管理部门备案。

进口的保健食品应当是出口国（地区）主管部门准许上市销售的产品。

第七十七条 依法应当注册的保健食品，注册时应当提交保健食品的研发报告、产品配方、生产工艺、安全性和保健功能评价、标签、说明书等材料及样品，并提供相关证明文件。国务院食品安全监督管理部门经组织技术审评，对符合安全和功能声称要求的，准予注册；对不符合要求的，不予注册并书面说明理由。对使用保健食品原料目录以外原料的保健食品作出准予注册决定的，应当及时将该原料纳入保健食品原料目录。

依法应当备案的保健食品，备案时应当提交产品配方、生产工艺、标签、说明书以及表明产品安全性和保健功能的材料。

第七十八条 保健食品的标签、说明书不得涉及疾病预防、治疗功能，内容应当真实，与注册或者备案的内容相一致，载明适宜人群、不适宜人群、功效成分或者标志性成分及其含量等，并声明"本品不能代替药物"。保健食品的功能和成分应当与标签、说明书相一致。

第七十九条 保健食品广告除应当符合本法第七十三条第一款的规定外，还应当声明"本品不能代替药物"；其内容应当经生产企业所在地省、自治区、直辖市人民政府食品安全监督管理部门审查批准，取得保健食品广告批准文件。省、自治区、直辖市人民政府食品安全监督管理部门应当公布并及时更新已经批准的保健食品广告目录以及批准的广告内容。

第八十条　特殊医学用途配方食品应当经国务院食品安全监督管理部门注册。注册时，应当提交产品配方、生产工艺、标签、说明书以及表明产品安全性、营养充足性和特殊医学用途临床效果的材料。

特殊医学用途配方食品广告适用《中华人民共和国广告法》和其他法律、行政法规关于药品广告管理的规定。

第八十一条　婴幼儿配方食品生产企业应当实施从原料进厂到成品出厂的全过程质量控制，对出厂的婴幼儿配方食品实施逐批检验，保证食品安全。

生产婴幼儿配方食品使用的生鲜乳、辅料等食品原料、食品添加剂等，应当符合法律、行政法规的规定和食品安全国家标准，保证婴幼儿生长发育所需的营养成分。

婴幼儿配方食品生产企业应当将食品原料、食品添加剂、产品配方及标签等事项向省、自治区、直辖市人民政府食品安全监督管理部门备案。

婴幼儿配方乳粉的产品配方应当经国务院食品安全监督管理部门注册。注册时，应当提交配方研发报告和其他表明配方科学性、安全性的材料。

不得以分装方式生产婴幼儿配方乳粉，同一企业不得用同一配方生产不同品牌的婴幼儿配方乳粉。

第八十二条　保健食品、特殊医学用途配方食品、婴幼儿配方乳粉的注册人或者备案人应当对其提交材料的真实性负责。

省级以上人民政府食品安全监督管理部门应当及时公布注册或者备案的保健食品、特殊医学用途配方食品、婴幼儿配方乳粉目录，并对注册或者备案中获知的企业商业秘密予以保密。

保健食品、特殊医学用途配方食品、婴幼儿配方乳粉生产企业应当按照注册或者备案的产品配方、生产工艺等技术要求组织生产。

第八十三条　生产保健食品，特殊医学用途配方食品、婴幼儿配方食品和其他专供特定人群的主辅食品的企业，应当按照良好生产规范的要求建立与所生产食品相适应的生产质量管理体系，定期对该体系的运行情况进行自查，保证其有效运行，并向所在地县级人民政府食品安全监督管理部门提交自查报告。

第五章　食品检验

第八十四条　食品检验机构按照国家有关认证认可的规定取得资质认定后，方可从事食品检验活动。但是，法律另有规定的除外。

食品检验机构的资质认定条件和检验规范，由国务院食品安全监督管理部门规定。

符合本法规定的食品检验机构出具的检验报告具有同等效力。

县级以上人民政府应当整合食品检验资源，实现资源共享。

第八十五条　食品检验由食品检验机构指定的检验人独立进行。

检验人应当依照有关法律、法规的规定，并按照食品安全标准和检验规范对食品进行检验，尊重科学，恪守职业道德，保证出具的检验数据和结论客观、公正，不得出具虚假检验报告。

第八十六条 食品检验实行食品检验机构与检验人负责制。食品检验报告应当加盖食品检验机构公章，并有检验人的签名或者盖章。食品检验机构和检验人对出具的食品检验报告负责。

第八十七条 县级以上人民政府食品安全监督管理部门应当对食品进行定期或者不定期的抽样检验，并依据有关规定公布检验结果，不得免检。进行抽样检验，应当购买抽取的样品，委托符合本法规定的食品检验机构进行检验，并支付相关费用；不得向食品生产经营者收取检验费和其他费用。

第八十八条 对依照本法规定实施的检验结论有异议的，食品生产经营者可以自收到检验结论之日起七个工作日内向实施抽样检验的食品安全监督管理部门或者其上一级食品安全监督管理部门提出复检申请，由受理复检申请的食品安全监督管理部门在公布的复检机构名录中随机确定复检机构进行复检。复检机构出具的复检结论为最终检验结论。复检机构与初检机构不得为同一机构。复检机构名录由国务院认证认可监督管理、食品安全监督管理、卫生行政、农业行政等部门共同公布。

采用国家规定的快速检测方法对食用农产品进行抽查检测，被抽查人对检测结果有异议的，可以自收到检测结果时起四小时内申请复检。复检不得采用快速检测方法。

第八十九条 食品生产企业可以自行对所生产的食品进行检验，也可以委托符合本法规定的食品检验机构进行检验。

食品行业协会和消费者协会等组织、消费者需要委托食品检验机构对食品进行检验的，应当委托符合本法规定的食品检验机构进行。

第九十条 食品添加剂的检验，适用本法有关食品检验的规定。

第六章　食品进出口

第九十一条 国家出入境检验检疫部门对进出口食品安全实施监督管理。

第九十二条 进口的食品、食品添加剂、食品相关产品应当符合我国食品安全国家标准。

进口的食品、食品添加剂应当经出入境检验检疫机构依照进出口商品检验相关法律、行政法规的规定检验合格。

进口的食品、食品添加剂应当按照国家出入境检验检疫部门的要求随附合格证明材料。

第九十三条 进口尚无食品安全国家标准的食品，由境外出口商、境外生产企业或者其委托的进口商向国务院卫生行政部门提交所执行的相关国家（地区）标准或者国际标准。国务院卫生行政部门对相关标准进行审查，认为符合食品安全要求的，决定暂予适用，并及时制定相应的食品安全国家标准。进口利用新的食品原料生产的食品或者进口食品添加剂新品种、食品相关产品新品种，依照本法第三十七条的规定办理。

出入境检验检疫机构按照国务院卫生行政部门的要求，对前款规定的食品、食品添加剂、食品相关产品进行检验。检验结果应当公开。

第九十四条 境外出口商、境外生产企业应当保证向我国出口的食品、食品添加剂、食品相关产品符合本法以及我国其他有关法律、行政法规的规定和食品安全国家标准的要求，并对标签、说明书的内容负责。

进口商应当建立境外出口商、境外生产企业审核制度，重点审核前款规定的内容；审核不合格的，不得进口。

发现进口食品不符合我国食品安全国家标准或者有证据证明可能危害人体健康的，进口商应当立即停止进口，并依照本法第六十三条的规定召回。

第九十五条 境外发生的食品安全事件可能对我国境内造成影响，或者在进口食品、食品添加剂、食品相关产品中发现严重食品安全问题的，国家出入境检验检疫部门应当及时采取风险预警或者控制措施，并向国务院食品安全监督管理、卫生行政、农业行政部门通报。接到通报的部门应当及时采取相应措施。

县级以上人民政府食品安全监督管理部门对国内市场上销售的进口食品、食品添加剂实施监督管理。发现存在严重食品安全问题的，国务院食品安全监督管理部门应当及时向国家出入境检验检疫部门通报。国家出入境检验检疫部门应当及时采取相应措施。

第九十六条 向我国境内出口食品的境外出口商或者代理商、进口食品的进口商应当向国家出入境检验检疫部门备案。向我国境内出口食品的境外食品生产企业应当经国家出入境检验检疫部门注册。已经注册的境外食品生产企业提供虚假材料，或者因其自身的原因致使进口食品发生重大食品安全事故的，国家出入境检验检疫部门应当撤销注册并公告。

国家出入境检验检疫部门应当定期公布已经备案的境外出口商、代理商、进口商和已经注册的境外食品生产企业名单。

第九十七条 进口的预包装食品、食品添加剂应当有中文标签；依法应当有说明书的，还应当有中文说明书。标签、说明书应当符合本法以及我国其他有关法律、行政法规的规定和食品安全国家标准的要求，并载明食品的原产地以及境内代理商的名称、地址、联系方式。预包装食品没有中文标签、中文说明书或者标签、说明书不符合本条规定的，不得进口。

第九十八条 进口商应当建立食品、食品添加剂进口和销售记录制度，如实记录食品、食品添加剂的名称、规格、数量、生产日期、生产或者进口批号、保质期、境外出口商和购货者名称、地址及联系方式、交货日期等内容，并保存相关凭证。记录和凭证保存期限应当符合本法第五十条第二款的规定。

第九十九条 出口食品生产企业应当保证其出口食品符合进口国（地区）的标准或者合同要求。

出口食品生产企业和出口食品原料种植、养殖场应当向国家出入境检验检疫部门备案。

第一百条 国家出入境检验检疫部门应当收集、汇总下列进出口食品安全信息，并及时通报相关部门、机构和企业：

（一）出入境检验检疫机构对进出口食品实施检验检疫发现的食品安全信息；

（二）食品行业协会和消费者协会等组织、消费者反映的进口食品安全信息；

（三）国际组织、境外政府机构发布的风险预警信息及其他食品安全信息，以及境外食品行业协会等组织、消费者反映的食品安全信息；

（四）其他食品安全信息。

国家出入境检验检疫部门应当对进出口食品的进口商、出口商和出口食品生产企业实施信用管理，建立信用记录，并依法向社会公布。对有不良记录的进口商、出口商和出口食品生产企业，应当加强对其进出口食品的检验检疫。

第一百零一条 国家出入境检验检疫部门可以对向我国境内出口食品的国家（地区）的食品安全管理体系和食品安全状况进行评估和审查，并根据评估和审查结果，确定相应检验检疫要求。

第七章 食品安全事故处置

第一百零二条 国务院组织制定国家食品安全事故应急预案。

县级以上地方人民政府应当根据有关法律、法规的规定和上级人民政府的食品安全事故应急预案以及本行政区域的实际情况，制定本行政区域的食品安全事故应急预案，并报上一级人民政府备案。

食品安全事故应急预案应当对食品安全事故分级、事故处置组织指挥体系与职责、预防预警机制、处置程序、应急保障措施等作出规定。

食品生产经营企业应当制定食品安全事故处置方案，定期检查本企业各项食品安全防范措施的落实情况，及时消除事故隐患。

第一百零三条 发生食品安全事故的单位应当立即采取措施，防止事故扩大。事故单位和接收病人进行治疗的单位应当及时向事故发生地县级人民政府食品安全监督管理、卫生行政部门报告。

县级以上人民政府农业行政等部门在日常监督管理中发现食品安全事故或者接到事故举报，应当立即向同级食品安全监督管理部门通报。

发生食品安全事故，接到报告的县级人民政府食品安全监督管理部门应当按照应急预案的规定向本级人民政府和上级人民政府食品安全监督管理部门报告。县级人民政府和上级人民政府食品安全监督管理部门应当按照应急预案的规定上报。

任何单位和个人不得对食品安全事故隐瞒、谎报、缓报，不得隐匿、伪造、毁灭有关证据。

第一百零四条 医疗机构发现其接收的病人属于食源性疾病病人或者疑似病人的，应当按照规定及时将相关信息向所在地县级人民政府卫生行政部门报告。县级人民政府卫生行政部门认为与食品安全有关的，应当及时通报同级食品安全监督管理部门。

县级以上人民政府卫生行政部门在调查处理传染病或者其他突发公共卫生事件中发现与食品安全相关的信息，应当及时通报同级食品安全监督管理部门。

第一百零五条 县级以上人民政府食品安全监督管理部门接到食品安全事故的报告后，应当立即会同同级卫生行政、农业行政等部门进行调查处理，并采取下列措施，防止或者减轻社会危害：

（一）开展应急救援工作，组织救治因食品安全事故导致人身伤害的人员；

（二）封存可能导致食品安全事故的食品及其原料，并立即进行检验；对确认属于被污染的食品及其原料，责令食品生产经营者依照本法第六十三条的规定召回或者停止经营；

（三）封存被污染的食品相关产品，并责令进行清洗消毒；

（四）做好信息发布工作，依法对食品安全事故及其处理情况进行发布，并对可能产生的危害加以解释、说明。

发生食品安全事故需要启动应急预案的，县级以上人民政府应当立即成立事故处置指挥机构，启动应急预案，依照前款和应急预案的规定进行处置。

发生食品安全事故，县级以上疾病预防控制机构应当对事故现场进行卫生处理，并对与事故有关的因素开展流行病学调查，有关部门应当予以协助。县级以上疾病预防控制机构应当向同级食品安全监督管理、卫生行政部门提交流行病学调查报告。

第一百零六条　发生食品安全事故，设区的市级以上人民政府食品安全监督管理部门应当立即会同有关部门进行事故责任调查，督促有关部门履行职责，向本级人民政府和上一级人民政府食品安全监督管理部门提出事故责任调查处理报告。

涉及两个以上省、自治区、直辖市的重大食品安全事故由国务院食品安全监督管理部门依照前款规定组织事故责任调查。

第一百零七条　调查食品安全事故，应当坚持实事求是、尊重科学的原则，及时、准确查清事故性质和原因，认定事故责任，提出整改措施。

调查食品安全事故，除了查明事故单位的责任，还应当查明有关监督管理部门、食品检验机构、认证机构及其工作人员的责任。

第一百零八条　食品安全事故调查部门有权向有关单位和个人了解与事故有关的情况，并要求提供相关资料和样品。有关单位和个人应当予以配合，按照要求提供相关资料和样品，不得拒绝。

任何单位和个人不得阻挠、干涉食品安全事故的调查处理。

第八章　监督管理

第一百零九条　县级以上人民政府食品安全监督管理部门根据食品安全风险监测、风险评估结果和食品安全状况等，确定监督管理的重点、方式和频次，实施风险分级管理。

县级以上地方人民政府组织本级食品安全监督管理、农业行政等部门制定本行政区域的食品安全年度监督管理计划，向社会公布并组织实施。

食品安全年度监督管理计划应当将下列事项作为监督管理的重点：

（一）专供婴幼儿和其他特定人群的主辅食品；

（二）保健食品生产过程中的添加行为和按照注册或者备案的技术要求组织生产的情况，保健食品标签、说明书以及宣传材料中有关功能宣传的情况；

（三）发生食品安全事故风险较高的食品生产经营者；

（四）食品安全风险监测结果表明可能存在食品安全隐患的事项。

第一百一十条　县级以上人民政府食品安全监督管理部门履行食品安全监督管理职责，有权采取下列措施，对生产经营者遵守本法的情况进行监督检查：

（一）进入生产经营场所实施现场检查；

（二）对生产经营的食品、食品添加剂、食品相关产品进行抽样检验；

（三）查阅、复制有关合同、票据、账簿以及其他有关资料；

（四）查封、扣押有证据证明不符合食品安全标准或者有证据证明存在安全隐患以及用于违法生产经营的食品、食品添加剂、食品相关产品；

（五）查封违法从事生产经营活动的场所。

第一百一十一条 对食品安全风险评估结果证明食品存在安全隐患，需要制定、修订食品安全标准的，在制定、修订食品安全标准前，国务院卫生行政部门应当及时会同国务院有关部门规定食品中有害物质的临时限量值和临时检验方法，作为生产经营和监督管理的依据。

第一百一十二条 县级以上人民政府食品安全监督管理部门在食品安全监督管理工作中可以采用国家规定的快速检测方法对食品进行抽查检测。

对抽查检测结果表明可能不符合食品安全标准的食品，应当依照本法第八十七条的规定进行检验。抽查检测结果确定有关食品不符合食品安全标准的，可以作为行政处罚的依据。

第一百一十三条 县级以上人民政府食品安全监督管理部门应当建立食品生产经营者食品安全信用档案，记录许可颁发、日常监督检查结果、违法行为查处等情况，依法向社会公布并实时更新；对有不良信用记录的食品生产经营者增加监督检查频次，对违法行为情节严重的食品生产经营者，可以通报投资主管部门、证券监督管理机构和有关的金融机构。

第一百一十四条 食品生产经营过程中存在食品安全隐患，未及时采取措施消除的，县级以上人民政府食品安全监督管理部门可以对食品生产经营者的法定代表人或者主要负责人进行责任约谈。食品生产经营者应当立即采取措施，进行整改，消除隐患。责任约谈情况和整改情况应当纳入食品生产经营者食品安全信用档案。

第一百一十五条 县级以上人民政府食品安全监督管理等部门应当公布本部门的电子邮件地址或者电话，接受咨询、投诉、举报。接到咨询、投诉、举报，对属于本部门职责的，应当受理并在法定期限内及时答复、核实、处理；对不属于本部门职责的，应当移交有权处理的部门并书面通知咨询、投诉、举报人。有权处理的部门应当在法定期限内及时处理，不得推诿。对查证属实的举报，给予举报人奖励。

有关部门应当对举报人的信息予以保密，保护举报人的合法权益。举报人举报所在企业的，该企业不得以解除、变更劳动合同或者其他方式对举报人进行打击报复。

第一百一十六条 县级以上人民政府食品安全监督管理等部门应当加强对执法人员食品安全法律、法规、标准和专业知识与执法能力等的培训，并组织考核。不具备相应知识和能力的，不得从事食品安全执法工作。

食品生产经营者、食品行业协会、消费者协会等发现食品安全执法人员在执法过程中有违反法律、法规规定的行为以及不规范执法行为的，可以向本级或者上级人民政府食品安全监督管理等部门或者监察机关投诉、举报。接到投诉、举报的部门或者机关应当进行核实，并将经核实的情况向食品安全执法人员所在部门通报；涉嫌违法违纪的，按照本法和有关规定处理。

第一百一十七条 县级以上人民政府食品安全监督管理等部门未及时发现食品安全系统性风险，未及时消除监督管理区域内的食品安全隐患的，本级人民政府可以对其主要负责人进行责任约谈。

地方人民政府未履行食品安全职责，未及时消除区域性重大食品安全隐患的，上级人民政府可以对其主要负责人进行责任约谈。

被约谈的食品安全监督管理等部门、地方人民政府应当立即采取措施，对食品安全监督管理工作进行整改。

责任约谈情况和整改情况应当纳入地方人民政府和有关部门食品安全监督管理工作评议、考核记录。

第一百一十八条　国家建立统一的食品安全信息平台，实行食品安全信息统一公布制度。国家食品安全总体情况、食品安全风险警示信息、重大食品安全事故及其调查处理信息和国务院确定需要统一公布的其他信息由国务院食品安全监督管理部门统一公布。食品安全风险警示信息和重大食品安全事故及其调查处理信息的影响限于特定区域的，也可以由有关省、自治区、直辖市人民政府食品安全监督管理部门公布。未经授权不得发布上述信息。

县级以上人民政府食品安全监督管理、农业行政部门依据各自职责公布食品安全日常监督管理信息。

公布食品安全信息，应当做到准确、及时，并进行必要的解释说明，避免误导消费者和社会舆论。

第一百一十九条　县级以上地方人民政府食品安全监督管理、卫生行政、农业行政部门获知本法规定需要统一公布的信息，应当向上级主管部门报告，由上级主管部门立即报告国务院食品安全监督管理部门；必要时，可以直接向国务院食品安全监督管理部门报告。

县级以上人民政府食品安全监督管理、卫生行政、农业行政部门应当相互通报获知的食品安全信息。

第一百二十条　任何单位和个人不得编造、散布虚假食品安全信息。

县级以上人民政府食品安全监督管理部门发现可能误导消费者和社会舆论的食品安全信息，应当立即组织有关部门、专业机构、相关食品生产经营者等进行核实、分析，并及时公布结果。

第一百二十一条　县级以上人民政府食品安全监督管理等部门发现涉嫌食品安全犯罪的，应当按照有关规定及时将案件移送公安机关。对移送的案件，公安机关应当及时审查；认为有犯罪事实需要追究刑事责任的，应当立案侦查。

公安机关在食品安全犯罪案件侦查过程中认为没有犯罪事实，或者犯罪事实显著轻微，不需要追究刑事责任，但依法应当追究行政责任的，应当及时将案件移送食品安全监督管理等部门和监察机关，有关部门应当依法处理。

公安机关商请食品安全监督管理、生态环境等部门提供检验结论、认定意见以及对涉案物品进行无害化处理等协助的，有关部门应当及时提供，予以协助。

第九章　法律责任

第一百二十二条　违反本法规定，未取得食品生产经营许可从事食品生产经营活动，或者未取得食品添加剂生产许可从事食品添加剂生产活动的，由县级以上人民政府食品安全监督管理部门没收违法所得和违法生产经营的食品、食品添加剂以及用于违法生产经营的工具、设备、原料等物品；违法生产经营的食品、食品添加剂货值金额不足一万元的，并处五万元以上十万元以下罚款；货值金额一万元以上的，并处货值金额十倍以上二十倍以下罚款。

明知从事前款规定的违法行为，仍为其提供生产经营场所或者其他条件的，由县级以上人民政府食品安全监督管理部门责令停止违法行为，没收违法所得，并处五万元以上十万元以下罚款；使消费者的合法权益受到损害的，应当与食品、食品添加剂生产经营者承担连带责任。

第一百二十三条 违反本法规定，有下列情形之一，尚不构成犯罪的，由县级以上人民政府食品安全监督管理部门没收违法所得和违法生产经营的食品，并可以没收用于违法生产经营的工具、设备、原料等物品；违法生产经营的食品货值金额不足一万元的，并处十万元以上十五万元以下罚款；货值金额一万元以上的，并处货值金额十五倍以上三十倍以下罚款；情节严重的，吊销许可证，并可以由公安机关对其直接负责的主管人员和其他直接责任人员处五日以上十五日以下拘留：

（一）用非食品原料生产食品、在食品中添加食品添加剂以外的化学物质和其他可能危害人体健康的物质，或者用回收食品作为原料生产食品，或者经营上述食品；

（二）生产经营营养成分不符合食品安全标准的专供婴幼儿和其他特定人群的主辅食品；

（三）经营病死、毒死或者死因不明的禽、畜、兽、水产动物肉类，或者生产经营其制品；

（四）经营未按规定进行检疫或者检疫不合格的肉类，或者生产经营未经检验或者检验不合格的肉类制品；

（五）生产经营国家为防病等特殊需要明令禁止生产经营的食品；

（六）生产经营添加药品的食品。

明知从事前款规定的违法行为，仍为其提供生产经营场所或者其他条件的，由县级以上人民政府食品安全监督管理部门责令停止违法行为，没收违法所得，并处十万元以上二十万元以下罚款；使消费者的合法权益受到损害的，应当与食品生产经营者承担连带责任。

违法使用剧毒、高毒农药的，除依照有关法律、法规规定给予处罚外，可以由公安机关依照第一款规定给予拘留。

第一百二十四条 违反本法规定，有下列情形之一，尚不构成犯罪的，由县级以上人民政府食品安全监督管理部门没收违法所得和违法生产经营的食品、食品添加剂，并可以没收用于违法生产经营的工具、设备、原料等物品；违法生产经营的食品、食品添加剂货值金额不足一万元的，并处五万元以上十万元以下罚款；货值金额一万元以上的，并处货值金额十倍以上二十倍以下罚款；情节严重的，吊销许可证：

（一）生产经营致病性微生物，农药残留、兽药残留、生物毒素、重金属等污染物质以及其他危害人体健康的物质含量超过食品安全标准限量的食品、食品添加剂；

（二）用超过保质期的食品原料、食品添加剂生产食品、食品添加剂，或者经营上述食品、食品添加剂；

（三）生产经营超范围、超限量使用食品添加剂的食品；

（四）生产经营腐败变质、油脂酸败、霉变生虫、污秽不洁、混有异物、掺假掺杂或者感官性状异常的食品、食品添加剂；

（五）生产经营标注虚假生产日期、保质期或者超过保质期的食品、食品添加剂；

（六）生产经营未按规定注册的保健食品、特殊医学用途配方食品、婴幼儿配方乳粉，或者未按注册的产品配方、生产工艺等技术要求组织生产；

（七）以分装方式生产婴幼儿配方乳粉，或者同一企业以同一配方生产不同品牌的婴幼儿配方乳粉；

（八）利用新的食品原料生产食品，或者生产食品添加剂新品种，未通过安全性评估；

（九）食品生产经营者在食品安全监督管理部门责令其召回或者停止经营后，仍拒不召回或者停止经营。

除前款和本法第一百二十三条、第一百二十五条规定的情形外，生产经营不符合法律、法规或者食品安全标准的食品、食品添加剂的，依照前款规定给予处罚。

生产食品相关产品新品种，未通过安全性评估，或者生产不符合食品安全标准的食品相关产品的，由县级以上人民政府食品安全监督管理部门依照第一款规定给予处罚。

第一百二十五条　违反本法规定，有下列情形之一的，由县级以上人民政府食品安全监督管理部门没收违法所得和违法生产经营的食品、食品添加剂，并可以没收用于违法生产经营的工具、设备、原料等物品；违法生产经营的食品、食品添加剂货值金额不足一万元的，并处五千元以上五万元以下罚款；货值金额一万元以上的，并处货值金额五倍以上十倍以下罚款；情节严重的，责令停产停业，直至吊销许可证：

（一）生产经营被包装材料、容器、运输工具等污染的食品、食品添加剂；

（二）生产经营无标签的预包装食品、食品添加剂或者标签、说明书不符合本法规定的食品、食品添加剂；

（三）生产经营转基因食品未按规定进行标示；

（四）食品生产经营者采购或者使用不符合食品安全标准的食品原料、食品添加剂、食品相关产品。

生产经营的食品、食品添加剂的标签、说明书存在瑕疵但不影响食品安全且不会对消费者造成误导的，由县级以上人民政府食品安全监督管理部门责令改正；拒不改正的，处二千元以下罚款。

第一百二十六条　违反本法规定，有下列情形之一的，由县级以上人民政府食品安全监督管理部门责令改正，给予警告；拒不改正的，处五千元以上五万元以下罚款；情节严重的，责令停产停业，直至吊销许可证：

（一）食品、食品添加剂生产者未按规定对采购的食品原料和生产的食品、食品添加剂进行检验；

（二）食品生产经营企业未按规定建立食品安全管理制度，或者未按规定配备或者培训、考核食品安全管理人员；

（三）食品、食品添加剂生产经营者进货时未查验许可证和相关证明文件，或者未按规定建立并遵守进货查验记录、出厂检验记录和销售记录制度；

（四）食品生产经营企业未制定食品安全事故处置方案；

（五）餐具、饮具和盛放直接入口食品的容器，使用前未经洗净、消毒或者清洗消毒不合格，或者餐饮服务设施、设备未按规定定期维护、清洗、校验；

（六）食品生产经营者安排未取得健康证明或者患有国务院卫生行政部门规定的有碍食品安全疾病的人员从事接触直接入口食品的工作；

（七）食品经营者未按规定要求销售食品；

（八）保健食品生产企业未按规定向食品安全监督管理部门备案，或者未按备案的产品配方、生产工艺等技术要求组织生产；

（九）婴幼儿配方食品生产企业未将食品原料、食品添加剂、产品配方、标签等向食品安全监督管理部门备案；

（十）特殊食品生产企业未按规定建立生产质量管理体系并有效运行，或者未定期提交自查报告；

（十一）食品生产经营者未定期对食品安全状况进行检查评价，或者生产经营条件发生变化，未按规定处理；

（十二）学校、托幼机构、养老机构、建筑工地等集中用餐单位未按规定履行食品安全管理责任；

（十三）食品生产企业、餐饮服务提供者未按规定制定、实施生产经营过程控制要求。

餐具、饮具集中消毒服务单位违反本法规定用水，使用洗涤剂、消毒剂，或者出厂的餐具、饮具未按规定检验合格并随附消毒合格证明，或者未按规定在独立包装上标注相关内容的，由县级以上人民政府卫生行政部门依照前款规定给予处罚。

食品相关产品生产者未按规定对生产的食品相关产品进行检验的，由县级以上人民政府食品安全监督管理部门依照第一款规定给予处罚。

食用农产品销售者违反本法第六十五条规定的，由县级以上人民政府食品安全监督管理部门依照第一款规定给予处罚。

第一百二十七条　对食品生产加工小作坊、食品摊贩等的违法行为的处罚，依照省、自治区、直辖市制定的具体管理办法执行。

第一百二十八条　违反本法规定，事故单位在发生食品安全事故后未进行处置、报告的，由有关主管部门按照各自职责分工责令改正，给予警告；隐匿、伪造、毁灭有关证据的，责令停产停业，没收违法所得，并处十万元以上五十万元以下罚款；造成严重后果的，吊销许可证。

第一百二十九条　违反本法规定，有下列情形之一的，由出入境检验检疫机构依照本法第一百二十四条的规定给予处罚：

（一）提供虚假材料，进口不符合我国食品安全国家标准的食品、食品添加剂、食品相关产品；

（二）进口尚无食品安全国家标准的食品，未提交所执行的标准并经国务院卫生行政部门审查，或者进口利用新的食品原料生产的食品或者进口食品添加剂新品种、食品相关产品新品种，未通过安全性评估；

（三）未遵守本法的规定出口食品；

（四）进口商在有关主管部门责令其依照本法规定召回进口的食品后，仍拒不召回。

违反本法规定，进口商未建立并遵守食品、食品添加剂进口和销售记录制度、境外出口商或者生产企业审核制度的，由出入境检验检疫机构依照本法第一百二十六条的规定给予处罚。

第一百三十条　违反本法规定，集中交易市场的开办者、柜台出租者、展销会的举办者允许未依法取得许可的食品经营者进入市场销售食品，或者未履行检查、报告等义务的，由县级以上人民政府食品安全监督管理部门责令改正，没收违法所得，并处五万元以上二十万元以下罚款；造成严重后果的，责令停业，直至由原发证部门吊销许可证；使消费者的合法权益受到损害的，应当与食品经营者承担连带责任。

食用农产品批发市场违反本法第六十四条规定的，依照前款规定承担责任。

第一百三十一条　违反本法规定，网络食品交易第三方平台提供者未对入网食品经营者进行实名登记、审查许可证，或者未履行报告、停止提供网络交易平台服务等义务的，由县级以上人民政府食品安全监督管理部门责令改正，没收违法所得，并处五万元以上二十万元以下罚款；造成严重后果的，责令停业，直至由原发证部门吊销许可证；使消费者的合法权益受到损害的，应当与食品经营者承担连带责任。

消费者通过网络食品交易第三方平台购买食品，其合法权益受到损害的，可以向入网食品经营者或者食品生产者要求赔偿。网络食品交易第三方平台提供者不能提供入网食品经营者的真实名称、地址和有效联系方式的，由网络食品交易第三方平台提供者赔偿。网络食品交易第三方平台提供者赔偿后，有权向入网食品经营者或者食品生产者追偿。网络食品交易第三方平台提供者作出更有利于消费者承诺的，应当履行其承诺。

第一百三十二条　违反本法规定，未按要求进行食品贮存、运输和装卸的，由县级以上人民政府食品安全监督管理等部门按照各自职责分工责令改正，给予警告；拒不改正的，责令停产停业，并处一万元以上五万元以下罚款；情节严重的，吊销许可证。

第一百三十三条　违反本法规定，拒绝、阻挠、干涉有关部门、机构及其工作人员依法开展食品安全监督检查、事故调查处理、风险监测和风险评估的，由有关主管部门按照各自职责分工责令停产停业，并处二千元以上五万元以下罚款；情节严重的，吊销许可证；构成违反治安管理行为的，由公安机关依法给予治安管理处罚。

违反本法规定，对举报人以解除、变更劳动合同或者其他方式打击报复的，应当依照有关法律的规定承担责任。

第一百三十四条　食品生产经营者在一年内累计三次因违反本法规定受到责令停产停业、吊销许可证以外处罚的，由食品安全监督管理部门责令停产停业，直至吊销许可证。

第一百三十五条　被吊销许可证的食品生产经营者及其法定代表人、直接负责的主管人员和其他直接责任人员自处罚决定作出之日起五年内不得申请食品生产经营许可，或者从事食品生产经营管理工作、担任食品生产经营企业食品安全管理人员。

因食品安全犯罪被判处有期徒刑以上刑罚的，终身不得从事食品生产经营管理工作，也不得担任食品生产经营企业食品安全管理人员。

食品生产经营者聘用人员违反前两款规定的，由县级以上人民政府食品安全监督管理部门吊销许可证。

第一百三十六条　食品经营者履行了本法规定的进货查验等义务，有充分证据证明其不知道所采购的食品不符合食品安全标准，并能如实说明其进货来源的，可以免予处罚，但应当依法没收其不符合食品安全标准的食品；造成人身、财产或者其他损害的，依法承担赔偿责任。

第一百三十七条　违反本法规定，承担食品安全风险监测、风险评估工作的技术机构、技术人员提供虚假监测、评估信息的，依法对技术机构直接负责的主管人员和技术人员给予撤职、开除处分；有执业资格的，由授予其资格的主管部门吊销执业证书。

第一百三十八条　违反本法规定，食品检验机构、食品检验人员出具虚假检验报告的，由授予其资质的主管部门或者机构撤销该食品检验机构的检验资质，没收所收取的检验费用，并处检验费用五倍以上十倍以下罚款，检验费用不足一万元的，并处五万元以上十万元以下罚款；依法对食品检验机构直接负责的主管人员和食品检验人员给予撤职或者开除处分；导致发生重大食品安全事故的，对直接负责的主管人员和食品检验人员给予开除处分。

违反本法规定，受到开除处分的食品检验机构人员，自处分决定作出之日起十年内不得从事食品检验工作；因食品安全违法行为受到刑事处罚或者因出具虚假检验报告导致发生重大食品安全事故受到开除处分的食品检验机构人员，终身不得从事食品检验工作。食品检验机构聘用不得从事食品检验工作的人员的，由授予其资质的主管部门或者机构撤销该食品检验机构的检验资质。

食品检验机构出具虚假检验报告，使消费者的合法权益受到损害的，应当与食品生产经营者承担连带责任。

第一百三十九条　违反本法规定，认证机构出具虚假认证结论，由认证认可监督管理部门没收所收取的认证费用，并处认证费用五倍以上十倍以下罚款，认证费用不足一万元的，并处五万元以上十万元以下罚款；情节严重的，责令停业，直至撤销认证机构批准文件，并向社会公布；对直接负责的主管人员和负有直接责任的认证人员，撤销其执业资格。

认证机构出具虚假认证结论，使消费者的合法权益受到损害的，应当与食品生产经营者承担连带责任。

第一百四十条　违反本法规定，在广告中对食品作虚假宣传，欺骗消费者，或者发布未取得批准文件、广告内容与批准文件不一致的保健食品广告的，依照《中华人民共和国广告法》的规定给予处罚。

广告经营者、发布者设计、制作、发布虚假食品广告，使消费者的合法权益受到损害的，应当与食品生产经营者承担连带责任。

社会团体或者其他组织、个人在虚假广告或者其他虚假宣传中向消费者推荐食品，使消费者的合法权益受到损害的，应当与食品生产经营者承担连带责任。

违反本法规定，食品安全监督管理等部门、食品检验机构、食品行业协会以广告或者其他形式向消费者推荐食品，消费者组织以收取费用或者其他牟取利益的方式向消费者推荐食品的，由有关主管部门没收违法所得，依法对直接负责的主管人员和其他直接责任人员给予记大过、降级或者撤职处分；情节严重的，给予开除处分。

对食品作虚假宣传且情节严重的，由省级以上人民政府食品安全监督管理部门决定暂停销售该食品，并向社会公布；仍然销售该食品的，由县级以上人民政府食品安全监督管理部门没收违法所得和违法销售的食品，并处二万元以上五万元以下罚款。

第一百四十一条　违反本法规定，编造、散布虚假食品安全信息，构成违反治安管理行为的，由公安机关依法给予治安管理处罚。

媒体编造、散布虚假食品安全信息的，由有关主管部门依法给予处罚，并对直接负责的主管人员和其他直接责任人员给予处分；使公民、法人或者其他组织的合法权益受到损害的，依法承担消除影响、恢复名誉、赔偿损失、赔礼道歉等民事责任。

第一百四十二条　违反本法规定，县级以上地方人民政府有下列行为之一的，对直接负责的主管人员和其他直接责任人员给予记大过处分；情节较重的，给予降级或者撤职处分；情节严重的，给予开除处分；造成严重后果的，其主要负责人还应当引咎辞职：

（一）对发生在本行政区域内的食品安全事故，未及时组织协调有关部门开展有效处置，造成不良影响或者损失；

（二）对本行政区域内涉及多环节的区域性食品安全问题，未及时组织整治，造成不良影响或者损失；

（三）隐瞒、谎报、缓报食品安全事故；

（四）本行政区域内发生特别重大食品安全事故，或者连续发生重大食品安全事故。

第一百四十三条　违反本法规定，县级以上地方人民政府有下列行为之一的，对直接负责的主管人员和其他直接责任人员给予警告、记过或者记大过处分；造成严重后果的，给予降级或者撤职处分：

（一）未确定有关部门的食品安全监督管理职责，未建立健全食品安全全程监督管理工作机制和信息共享机制，未落实食品安全监督管理责任制；

（二）未制定本行政区域的食品安全事故应急预案，或者发生食品安全事故后未按规定立即成立事故处置指挥机构、启动应急预案。

第一百四十四条　违反本法规定，县级以上人民政府食品安全监督管理、卫生行政、农业行政等部门有下列行为之一的，对直接负责的主管人员和其他直接责任人员给予记大过处分；情节较重的，给予降级或者撤职处分；情节严重的，给予开除处分；造成严重后果的，其主要负责人还应当引咎辞职：

（一）隐瞒、谎报、缓报食品安全事故；

（二）未按规定查处食品安全事故，或者接到食品安全事故报告未及时处理，造成事故扩大或者蔓延；

（三）经食品安全风险评估得出食品、食品添加剂、食品相关产品不安全结论后，未及时采取相应措施，造成食品安全事故或者不良社会影响；

（四）对不符合条件的申请人准予许可，或者超越法定职权准予许可；

（五）不履行食品安全监督管理职责，导致发生食品安全事故。

第一百四十五条　违反本法规定，县级以上人民政府食品安全监督管理、卫生行政、农业行政等部门有下列行为之一，造成不良后果的，对直接负责的主管人员和其他直接责任人员给予警告、记过或者记大过处分；情节较重的，给予降级或者撤职处分；情节严重的，给予开除处分：

（一）在获知有关食品安全信息后，未按规定向上级主管部门和本级人民政府报告，或者未按规定相互通报；

（二）未按规定公布食品安全信息；

（三）不履行法定职责，对查处食品安全违法行为不配合，或者滥用职权、玩忽职守、徇私舞弊。

第一百四十六条　食品安全监督管理等部门在履行食品安全监督管理职责过程中，违法实施检查、强制等执法措施，给生产经营者造成损失的，应当依法予以赔偿，对直接负责的主管人员和其他直接责任人员依法给予处分。

第一百四十七条　违反本法规定，造成人身、财产或者其他损害的，依法承担赔偿责任。生产经营者财产不足以同时承担民事赔偿责任和缴纳罚款、罚金时，先承担民事赔偿责任。

第一百四十八条 消费者因不符合食品安全标准的食品受到损害的，可以向经营者要求赔偿损失，也可以向生产者要求赔偿损失。接到消费者赔偿要求的生产经营者，应当实行首负责任制，先行赔付，不得推诿；属于生产者责任的，经营者赔偿后有权向生产者追偿；属于经营者责任的，生产者赔偿后有权向经营者追偿。

生产不符合食品安全标准的食品或者经营明知是不符合食品安全标准的食品，消费者除要求赔偿损失外，还可以向生产者或者经营者要求支付价款十倍或者损失三倍的赔偿金；增加赔偿的金额不足一千元的，为一千元。但是，食品的标签、说明书存在不影响食品安全且不会对消费者造成误导的瑕疵的除外。

第一百四十九条 违反本法规定，构成犯罪的，依法追究刑事责任。

第十章　附　则

第一百五十条 本法下列用语的含义：

食品，指各种供人食用或者饮用的成品和原料以及按照传统既是食品又是中药材的物品，但是不包括以治疗为目的的物品。

食品安全，指食品无毒、无害，符合应当有的营养要求，对人体健康不造成任何急性、亚急性或者慢性危害。

预包装食品，指预先定量包装或者制作在包装材料、容器中的食品。

食品添加剂，指为改善食品品质和色、香、味以及为防腐、保鲜和加工工艺的需要而加入食品中的人工合成或者天然物质，包括营养强化剂。

用于食品的包装材料和容器，指包装、盛放食品或者食品添加剂用的纸、竹、木、金属、搪瓷、陶瓷、塑料、橡胶、天然纤维、化学纤维、玻璃等制品和直接接触食品或者食品添加剂的涂料。

用于食品生产经营的工具、设备，指在食品或者食品添加剂生产、销售、使用过程中直接接触食品或者食品添加剂的机械、管道、传送带、容器、用具、餐具等。

用于食品的洗涤剂、消毒剂，指直接用于洗涤或者消毒食品、餐具、饮具以及直接接触食品的工具、设备或者食品包装材料和容器的物质。

食品保质期，指食品在标明的贮存条件下保持品质的期限。

食源性疾病，指食品中致病因素进入人体引起的感染性、中毒性等疾病，包括食物中毒。

食品安全事故，指食源性疾病、食品污染等源于食品，对人体健康有危害或者可能有危害的事故。

第一百五十一条 转基因食品和食盐的食品安全管理，本法未作规定的，适用其他法律、行政法规的规定。

第一百五十二条 铁路、民航运营中食品安全的管理办法由国务院食品安全监督管理部门会同国务院有关部门依照本法制定。

保健食品的具体管理办法由国务院食品安全监督管理部门依照本法制定。

食品相关产品生产活动的具体管理办法由国务院食品安全监督管理部门依照本法制定。

国境口岸食品的监督管理由出入境检验检疫机构依照本法以及有关法律、行政法规的规定实施。

军队专用食品和自供食品的食品安全管理办法由中央军事委员会依照本法制定。

第一百五十三条 国务院根据实际需要，可以对食品安全监督管理体制作出调整。

第一百五十四条 本法自 2015 年 10 月 1 日起施行。

参考文献

［1］张廷华．食品标准化［M］.北京：中国标准出版社，2007.

［2］信海红．质量技术监督基础［M］.北京：中国质检出版社，2014.

［3］张文显．法理学［M］.北京：高等教育出版社，2011.

［4］杨玉红．食品标准与法规［M］.北京：中国轻工业出版社，2014.

［5］信春鹰．中华人民共和国食品安全法解读［M］.北京：中国法制出版社，2015.

［6］张建新．食品标准与技术法规［M］.北京：中国农业出版社，2007.

［7］李春田．标准化概论.5版.［M］.北京：中国人民大学出版社，2010.

［8］王世平．食品标准与法规［M］.北京：科学出版社，2010.

［9］王晓英，邵威平．食品法律法规与标准［M］.郑州：郑州大学出版社，2012.

［10］吴晓彤，王尔茂．食品法律法规与标准［M］.北京：科学出版社，2010.

［11］钱和，林琳，于瑞莲．食品安全法律法规与标准［M］.北京：化学工业出版社，2015.

［12］吴澎，赵丽欣，张淼．食品法律法规与标准.2版.［M］.北京：化学工业出版社，2015.

［13］刁恩杰．食品安全与质量管理学［M］.北京：化学工业出版社，2009.

［14］王振旭，魏法山，乔青青，等．我国食品标准的现状及存在的问题［J］.食品安全导刊，2017，(18)：16－17.

［15］孙红梅，刘凤松．国内外食品安全法规与标准体系现状［J］.中国食物与营养，2018，24（4）：23－25.